普通高等教育"十二五"规划教材

电力系统继电保护

主　编　褚晓锐　郑发平
副主编　黄　敏　沙全会
骆　燕　王庆菊

中国水利水电出版社
www.waterpub.com.cn

内 容 提 要

本书为普通高等教育“十二五”规划教材。

全书共分9章，第1章绪论，第2、3、4章分别介绍电网的电流保护、距离保护和输电线路纵联保护，第5章介绍自动重合闸，第6、7、8章分别介绍电力变压器保护、发电机保护和母线保护，第9章介绍数字式继电保护基础。

本书可作为“电气工程及其自动化”、“智能电网信息工程”专业本科教材或高职高专电力系统相关专业教材，也可作为电力系统继电保护工程技术人员及科研人员的参考书。

图书在版编目（CIP）数据

电力系统继电保护/褚晓锐，郑发平主编．—北京：中国水利水电出版社，2013.1（2023.1 重印）
普通高等教育“十二五”规划教材
ISBN 978-7-5170-0360-1

Ⅰ．①电… Ⅱ．①褚…②郑… Ⅲ．①电力系统-继电保护-高等学校-教材 Ⅳ．①TM77

中国版本图书馆 CIP 数据核字（2012）第 315757 号

书　　名	普通高等教育“十二五”规划教材 **电力系统继电保护**
作　　者	主　编　褚晓锐　郑发平 副主编　黄敏　沙全会　骆燕　王庆菊
出版发行	中国水利水电出版社 （北京市海淀区玉渊潭南路1号D座　100038） 网址：www.waterpub.com.cn E-mail：sales@mwr.gov.cn 电话：（010）68545888（营销中心）
经　　售	北京科水图书销售有限公司 电话：（010）68545874、63202643 全国各地新华书店和相关出版物销售网点
排　　版	中国水利水电出版社微机排版中心
印　　刷	北京市密东印刷有限公司
规　　格	184mm×260mm　16开本　13印张　308千字
版　　次	2013年1月第1版　2023年1月第3次印刷
印　　数	5001—6000册
定　　价	**35.00**元

前言

本书为普通高等教育“十二五”规划教材。本书根据应用型本科教育教学要求而编写，同时兼顾了高等职业教育的教学需要，并根据目前电力系统的特点和发展趋势等因素而编写。

由于目前在电力系统中，数字化技术发展非常迅速，特别是在现阶段广泛采用数字式继电保护装置，因此，本书在较全面的介绍继电保护原理的基础上，删除了大部分传统模拟式继电保护的有关内容，加强了对数字式保护原理的介绍。全书从内容取材上力求理论联系实际，并反映近年来电力系统继电保护的新成果。

本书从最简单的电流保护及电流继电器入手，对继电保护的基本概念、基本工作原理、实现技术以及解决继电保护问题的基本方法等方面，由浅入深做了较全面的讲解。

本书由西昌学院褚晓锐、郑发平任主编，黄敏、沙全会、骆燕、王庆菊任副主编。其中，第1、2、6章由褚晓锐编写，第3、5章由郑发平编写，第4章由黄敏编写，第7章由沙全会编写，第8章由王庆菊编写，第9章由骆燕编写。褚晓锐负责全书的统稿工作。

限于编者的水平和经验，编写时间仓促，书中难免有不妥或错误之处，恳请读者批评指正。

编者

2013年1月

目录

第1章 绪　论

1.1 电力系统运行状态及电力系统继电保护的作用

电力系统是电能生产、变换、输送、分配和使用的各种电气设备按照一定的技术与经济要求有机组成的一个联合系统。一般将电能通过的设备称为电力系统的一次设备，如发电机、变压器、断路器、母线、输电线路、补偿电容器、电动机及其他用电设备等。对一次设备的运行状态进行监视、测量、控制和保护的设备，称为电力系统的二次设备。当前电能一般还不能大容量的存储，生产、输送和消耗是在同一时间完成的。电力系统的某些设备，随时都有因绝缘材料的老化、制造中的缺陷、自然灾害等原因出现故障而退出运行。为满足时刻变化的负荷用电需求和电力设备安全运行的要求，致使电力系统的运行状态随时都在变化。

根据不同的运行条件，将电力系统的运行状态分为正常运行状态、不正常运行状态和故障状态。电力系统运行控制的目的就是通过自动和人工的控制，使电力系统尽快摆脱不正常运行状态和故障状态，能够长时间的在正常状态下运行。

1.1.1 正常运行状态

在正常状态下运行的电力系统以足够的电功率满足负荷对电能的需求；系统中各发电、输电、变电、配电和用电设备均在规定的长期安全工作限额内运行；电力系统中各母线电压和频率均在允许的偏差范围内，提供合格的电能等方面属于电力系统的正常运行状态。

1.1.2 不正常运行状态

电力系统的正常工作遭到破坏但还未形成故障，可继续运行一段时间的这种情况，称为不正常运行状态。

例如，因负荷潮流超过电气设备的额定上限造成的电流升高，系统中出现功率缺额而引起的频率降低，发电机突然甩负荷引起的发电机频率升高，中性点不接地系统和非有效接地系统中的单相接地引起的非接地相对地电压的升高，以及电力系统发生振荡等，都属于不正常运行状态。

1.1.3 故障状态

电力系统的所有一次设备在运行过程中由于外力、绝缘老化、误操作、设计制造缺陷等原因会发生如短路、断线等故障。最常见同时也是最危险的故障是发生各种类型的短路。发生短路可能产生以下后果。

（1）通过短路点的很大短路电流和所燃起的电弧，使故障元件损坏。

（2）短路电流通过非故障元件，由于发热和电动力的作用，会使其损坏或缩短其使用寿命。

(3) 电力系统中部分地区的电压大大降低，使大量的电力用户的正常工作遭到破坏或产生废品。

(4) 破坏电力系统中各发电厂之间并列运行的稳定性，引起系统振荡，甚至使系统瓦解和崩溃。

故障和不正常运行状态都可能在电力系统中引起事故。事故，是指系统或其中一部分的正常工作遭到破坏，并造成对用户停电或少送电或电能质量变坏到不能允许的地步，甚至造成人身伤亡和电气设备损坏的事件。事故的发生，除了由于自然因素（如遭受雷击、架空线路倒杆等）以外，可能由于设备制造上的缺陷、技术和安装的错误、检修质量不高或运行维护不当而引起，还可能由于故障切除迟缓或设备被错误的切除，致使故障发展成为事故甚至引起事故扩大。

1.1.4　电力系统继电保护的作用

电力系统中的发电机、变压器、输电线路、母线以及用电设备，一旦发生故障，迅速而有选择性地切除故障设备，既能保护电气设备免遭损坏，又能提高电力系统运行的稳定性，是保证电力系统及其设备安全运行最有效的方法之一。切除故障的时间通常要求小到几十毫秒到几百毫秒。实践证明，只有装设在每个电力元件上的电力系统继电保护装置，才有可能完成这个任务。电力系统继电保护装置就是指能反应电力系统中电气设备发生故障或不正常运行状态，并动作于断路器跳闸或发出信号的一种自动装置。

电力系统继电保护是泛指继电保护技术和由各种继电保护装置组成的继电保护系统，包括继电保护的原理、设计、配置、整定、调试等技术，也包括由获取电量信息的电压、电流互感器二次回路，经过继电保护装置到断路器跳闸线圈的一整套具体设备，如果需要利用通信手段传送信息，还包括通信设备。

电力系统继电保护的基本任务是：

(1) 自动、迅速、有选择性地将故障元件从电力系统中切除，使故障元件免于继续遭到损坏，保障其他非故障部分迅速恢复正常运行。

(2) 反应电气设备的不正常运行状态，并根据运行维护条件，而动作于发出信号或跳闸。此时一般不要求保护迅速动作，而是根据电力系统及其元件的危害程度规定一定的延时，以免短暂的运行波动造成不必要的动作和干扰引起的误动作。

1.2　电力系统继电保护的基本原理及其组成

1.2.1　电力系统继电保护的基本原理

要完成电力系统继电保护的基本任务，应该要求它能够正确的区分系统正常运行与发生故障或不正常运行状态之间的差别，以实现保护。

对于图1.1(a)所示我国常用的110kV及以下单侧电源供电网络，在正常运行时，每条线路上都流过由它供电的负荷电流$\dot{I}_L$，越靠近电源端，负荷电流越大。假定在线路BC上发生三相短路[图1.1(b)]，从电源到短路点之间将流过很大的短路电流$\dot{I}_K$。利用流过被保护元件中电流幅值的增大，可以构成过电流保护。正常运行时，各变电所母线上的电压一般都在额定电压±5%～±10%范围内变化，且靠近电源端母线上的电压略高。短路后，各母线电压有不同程度的降低，离短路点越近，电压降得越低，短路点的相间或对地电压降低到零。利用短路时电压幅值的降低，可以构成低电压保护。

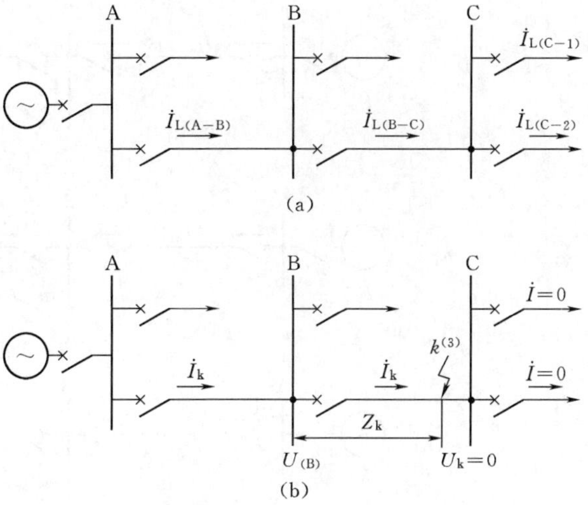

图 1.1 单侧电源供电网络接线

(a) 正常运行情况；(b) 三相短路情况

在正常运行时，线路始端的电压与电流之比反应的是该线路与供电负荷的等值阻抗及负荷阻抗角（功率因数角），其数值一般较大，阻抗角较小。短路后，线路始端的电压与电流之比反应的是该测量点到短路点之间线路段的阻抗，其值较小，如不考虑分布电容时一般正比于该线路段的距离（长度），阻抗角为线路阻抗角，较大。利用测量阻抗幅值的降低和阻抗角的变大，可以构成距离（低阻抗）保护。

如果发生不对称短路故障，则在供电网络中会出现某些不对称分量，如负序或零序电流和电压等，并且其幅值较大。而在正常运行时系统对称，负序和零序分量不会出现。利用这些序分量构成的序分量保护。

短路点到电源之间的所有元件中诸如以上的电气量，在正常运行与短路时都有相同规律的差异。利用这些差异构成的保护装置，短路时都有可能作出反应，但还需要甄别出哪一个是发生短路的元件。若是发生短路的元件，则保护动作跳开该元件，切除故障；若是短路点到电源之间的非故障元件，则保护可靠不动作。常用的方法是预先给定各电力元件保护的保护范围，求出保护范围末端发生短路时的电气量，考虑适当的可靠性裕度后作为保护装置的动作整定值，短路时测得的电气量与之进行比较，作出是否为本元件短路的判断。

对于220kV及以上多侧电源的输电网络中的任一电力元件，如图1.2中的线路AB，在正常运行的任一瞬间，负荷电流总是从一侧流入而从另一侧流出，如图1.2(a)所示。如果规定电流的正方向是从母线流向线路，那么AB两侧电流的大小相等，相位相差180°，两侧电流的相量和为零。并且只要被保护的线路AB内部没有短路（电流没有其他的流通回路），即使发生被保护的线路AB外部短路，如图1.2(b)所示的$k1$点短路情况下，这种关系始终保持成立。但是，当发生被保护的线路AB内部$k2$点短路［图1.2(c)］时，两侧电源分别向短路点供给短路电流$\dot{I}'_{k2}$和$\dot{I}''_{k2}$，线路AB两侧的电流都是由母线流向线路，此时两个电流一般不相等，在理想条件（两侧电动势同相位且全系统的阻抗角相等）下，两个电流同相位，两个电流的相量和等于短路点总电流，其值较大。

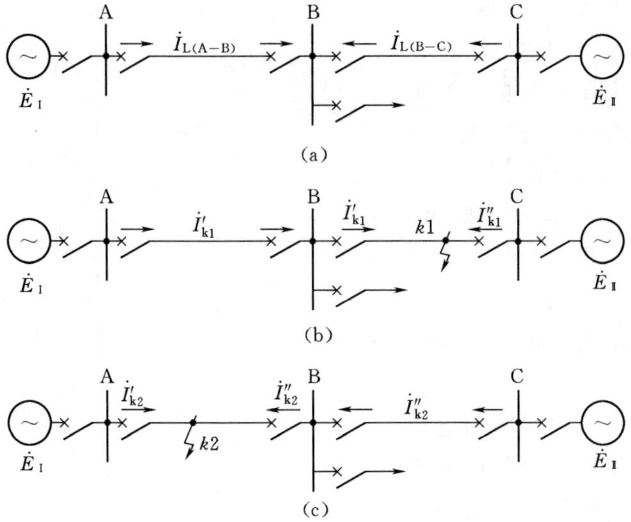

图 1.2 双侧电源网络接线

(a) 正常运行；(b) $k1$ 点短路；(c) $k2$ 点短路

利用每个电力元件在内部与外部短路时两侧电流的相量的差别可以构成电流差动保护，利用两侧电流相位的差别可以构成电流相位差动保护，利用两侧功率方向的差别可以构成方向比较式纵联保护，利用两侧测量阻抗的大小和方向等还可以构成其他原理的纵联保护。利用某种通信通道同时比较被保护元件两侧正常运行与故障时电气量差异的保护，称为纵联保护。它们只在被保护元件内部故障时动作，可以快速切除被保护元件内部任意点的故障，被认为具有绝对的选择性，常被用作 220kV 及以上输电网络和较大容量发电机、变压器、电动机等电力元件的主保护。

除反映上述各种电气量变化特征的保护外，还可以根据电力元件的特点实现反应非电量特征的保护。例如，当变压器油箱内部的绕组短路时，反应于变压器油受热分解所产生的气体，构成瓦斯保护（气体保护）；反应于电动机绕组温度的升高而构成的过热保护（温度保护）等。

1.2.2 电力系统保护装置的构成

一般继电保护装置由测量比较元件、逻辑判断元件和执行输出元件三部分组成，如图 1.3 所示。

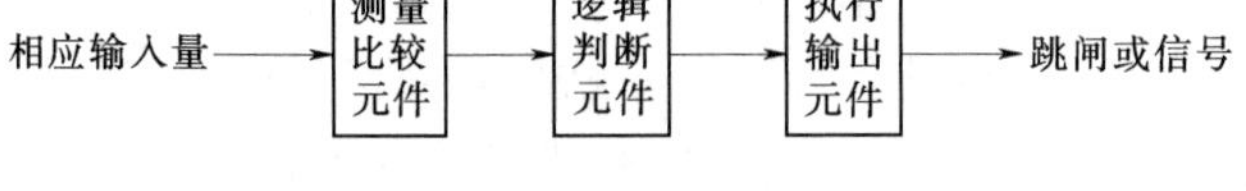

图 1.3 继电保护装置的组成框图

1. 测量比较元件

测量比较元件用于测量通过被保护电力元件的物理参量，并与其给定的值进行比较，根据比较的结果，给出“是”、“非”、“0”或“1”性质的一组逻辑信号，从而判断保护装置是否应该启动。根据需要继电保护装置往往有一个或多个测量比较元件。

2. 逻辑判断元件

逻辑判断元件根据测量比较元件输出逻辑信号的性质、先后顺序、持续时间等，使保护装置按一定的逻辑关系判定故障的类型和范围，最后确定是否应该使断路器跳闸、发出信号或不动作，并将对应的指令传给执行输出部分。

3. 执行输出元件

执行输出元件根据逻辑判断部分传来的指令，发出跳开断路器的跳闸脉冲及相应的动作信息、发出警报或不动作。

1.2.3 继电保护的工作回路

要完成继电保护的任务，除需要继电保护装置外，必须通过可靠的继电保护工作回路的正确工作，才能最后完成跳开故障元件的断路器、对系统或电力元件运行状态发出警报、正常运行时不动作的任务。

在继电保护的工作回路中一般包括：将通过一次电力设备的电流、电压线性地传变为适合继电保护等二次设备使用的电流、电压，并使一次设备与二次设备隔离的设备，如电流、电压互感器及与保护装置连接的电缆等；断路器跳闸线圈及与保护装置出口间的连接电缆，指示保护装置动作情况的信号设备；保护装置及跳闸、信号回路设备的工作电源等。

1.2.4 电力系统继电保护的工作配合

每一套电力保护都有预先严格划定的保护范围（或保护区），只有在保护范围内发生故障，该保护才动作。保护范围划分的基本原则是任一个元件的故障都能可靠地被切除并且造成的停电范围最小，或对系统正常运行的影响最小。一般借助于断路器实现保护范围的划分。

图 1.4 给出了一个简单电力系统部分电力元件保护的保护范围的划分，其中每个虚线框表示一个保护范围。由图 1.4 可见，发电机保护与低压母线保护、低压母线保护与变压器保护等上、下级电力元件的保护区间必须重叠，这是为了保证任意处的故障都置于保护区内。同时重叠区越小越好，因为在重叠区内发生短路时，会造成两个保护区内所有的断路器跳闸，扩大停电范围。

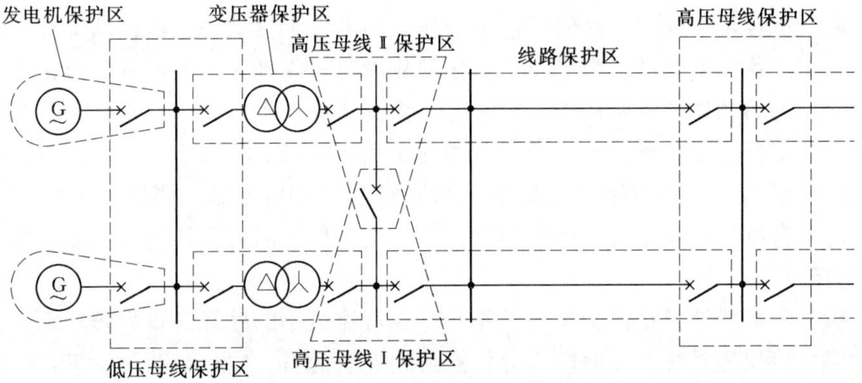

图 1.4 保护范围配合关系示意图

为了确保故障元件能够从电力系统中被切除，一般每个重要的电力元件配备两套保护，一套称为主保护，一套称为后备保护。图1.4示出的是各电力设备主保护的保护区。实践证明，保护装置拒动、保护回路中的其他环节损坏、断路器拒动、工作电源不正常乃至消失等时有发生，造成主保护不能快速切除故障，这时需要后备保护来切除故障。

一般下级电力元件的后备保护安装在上级（近电源侧）元件的断路器处，称为远后备保护。当多个电源向该电力元件供电时，需要在所有电源侧的上级元件处配置远后备保护。远后备保护动作将切除所有上级电源侧的断路器，造成事故扩大。同时远后备保护的保护范围覆盖所有下级电力元件的主保护范围，它能解决远后备保护范围内所有故障元件由任何原因造成的不能切除问题。远后备保护的配置、配合需要一定的系统接线条件，在高压电网中往往不能满足灵敏度的要求因而采用近后备附加断路器失灵保护的方案。近后备保护与主保护安装在同一断路器处，当主保护拒动时由后备保护启动断路器跳闸，当断路器失灵时，由失灵保护启动跳开所有与故障元件相连的电源侧断路器。

由后备保护动作切除故障，一般会扩大故障造成的影响。为了最大限度的缩小故障对电力系统正常运行产生的影响，应保证由主保护快速切除各种类型的故障，一般后备保护都延时动作，等待主保护确实不动作后才动作。因此，主保护与后备保护之间存在动作时间和动作灵敏度的配合。

由上述可见，电力系统中的每一个重要元件都必须配备至少两套保护，电力系统的每一处都在保护范围的覆盖下，系统任意点的故障都能被自动发现并切除。现代电力系统离开完善的继电保护系统是不能运行，没有安装保护的电力元件，是不允许接入电力系统工作。

1.3　对电力系统继电保护的基本要求

动作于跳闸的继电保护，在技术上一般应满足四个基本要求，即可靠性、选择性、速动性和灵敏性。

1.3.1　可靠性

继电保护可靠性包括安全性和信赖性，是对继电保护性能的最根本要求。所谓安全性是要求继电保护在不需要它动作时可靠不动作，即不发生误动作。所谓信赖性，是要求继电保护在规定的保护范围内发生了应该动作的故障时可靠动作，即不发生拒绝动作。

继电保护的误动作和拒绝动作都会给电力系统造成严重危害。安全性和信赖性主要取决于保护装置本身的制造质量、保护回路的连接和运行维护的水平。一般而言，保护装置的组成元件质量越高、回路接线越简单，保护的工作就越可靠。同时，正确的调试、整定，良好的运行维护以及丰富的运行经验，对于提高保护的可靠性具有重要的作用。

1.3.2　选择性

继电保护的选择性是指保护装置动作时，在可能最小的区间内将故障从电力系统中断开，最大限度地保证系统中无故障部分仍能继续安全运行。它包含两种意思：一是只应由装在故障元件上的保护装置动作切除故障；二是要力争相邻元件的保护装置对它起后备保护作用。

在图 1.5 所示的网络中，当线路 AB 上 $k1$ 点短路时，应由线路 AB 的保护动作跳开断路器 QF1 和 QF2，故障被切除。而在线路 CD 上 $k3$ 点短路时，由线路 CD 的保护动作跳开断路器 QF6，只有变电所 D 停电。一故障元件上的保护装置如此有选择性地切除故障，可以使停电的范围最小，甚至不停电。如果 $k3$ 点故障时，由于种种原因造成断路器 QF6 跳不开，相邻线路 BC 的保护动作跳开断路器 QF5，相对的停电范围也是较小的，相邻线路的保护对它起到了远后备作用，这种保护的动作也是有选择性的。若线路 BC 的保护本来能够动作跳开断路器 QF5，而线路 AB 的保护抢先跳开了断路器 QF1 和 QF3，则该保护动作是无选择性的。

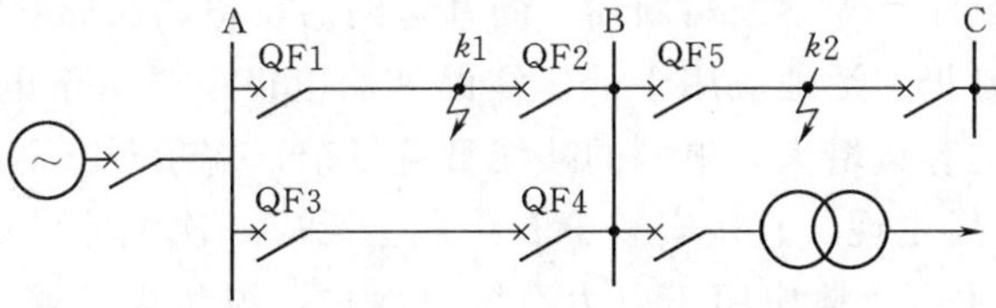

图 1.5 保护选择性说明图

1.3.3 速动性

继电保护的速动性是指尽可能快地切除故障，以减少设备及用户在大短路电流、低电压下运行的时间，降低设备的损坏程度，提高电力系统并列运行的稳定性。动作迅速而又能满足选择性要求的保护装置，一般结构都比较复杂，价格比较昂贵，对大量的中、低压电力元件，不一定都采用高速动作的保护。对保护速动性的要求应根据电力系统的接线和被保护元件的具体情况，经技术经济比较后确定。一些必须快速切除的故障有：

（1）根据维持系统稳定的要求，必须快速切除的高压输电线路上发生的故障。

（2）使发电厂或重要用户的母线电压低于允许值（一般为 0.7 倍额定电压）。

（3）大容量的发电机、变压器和电动机内部发生的故障。

（4）中、低压线路导线截面过小，为避免过热不允许延时切除的故障。

（5）可能危及人身安全、对通信系统或铁路信号系统有强烈干扰的故障。

故障切除时间等于保护装置和断路器动作时间的总和，一般的快速保护的动作时间为 0.06～0.12s，最快的可达 0.01～0.04s，一般的断路器的动作时间为 0.06～0.15s，最快的可达 0.02～0.06s。

1.3.4 灵敏性

继电保护的灵敏性，是指对于其保护范围内发生故障或不正常运行状态的反应能力。满足灵敏性要求的保护装置应该是在规定的保护范围内部故障时，在系统的任意运行条件下，无论短路点的位置、短路的类型如何，以及短路点是否有过渡电阻，当发生短路时都能敏锐感觉、正确反应。灵敏性通常用灵敏系数或灵敏度来衡量。

可靠性、选择性、速动性和灵敏性的四个基本要求是评价和研究继电保护性能的基础，在它们之间，既有矛盾的一面，又要根据被保护元件在电力系统中的作用，使以上四个基本要求在所配置的保护中得到统一。这四“性”之间，紧密联系，既矛盾又统一，必须根据具体电力系统运行的主要矛盾和矛盾的主要方面，配置、配合、整定每个电力元件的继电保护，充分发挥和利用继电保护的科学性、工程技术性，使继电保护为提高电力系统运行的安全性、稳定性和经济性发挥最大效能。继电保护的科学研究、设计、制造和运行的大部分工作也是围绕如何处理好这四者的辩证统一关系进行的。

1.4　电力系统继电保护发展简史

继电保护科学和技术是随电力系统的发展而发展起来的。电力系统发生短路是不可避免的，伴随着短路，则电流增大。为避免发电机被烧坏，最早采用熔断器串联于供电线路中，当发生短路时，短路电流首先熔断熔断器，断开短路的设备，保护发电机。这种保护方式，由于简单，时至今日仍广泛地应用于低压线路和用电设备。由于电力系统的发展，用电设备的功率、发电机的容量增大，电网的接线日益复杂，熔断器已不能满足选择性和快速性的要求，于1890年后出现了直接安装于断路器上反应一次电流的电磁型过电流继电器。19世纪初，继电器才广泛地应用于电力系统电保护，被认为是继电保护技术发展的开端。

1901年出现了感应型过电流继电器。1908年提出了比较被保护元件两端电流的电流差动保护原理。1910年方向性电流保护开始应用，并出现了将电流与电压相比较的保护原理，导致了1920年后距离保护装置的出现。随着电力线载波技术的发展，在1927年前后，出现了利用高压输电线载波传送输电线路两端功率方向或电流相位的高频保护装置。在1950年后，就提出了利用故障点产生的行波实现快速保护的设想，在1975年前后诞生了行波保护装置。1980年左右反应工频故障分量（或称工频突变量）原理的保护被大量研究，1990年后该原理的保护装置被广泛应用。

机电式保护装置由具有机械转动部件带动触点开、合的机电式继电器如电磁型、感应型和电动型继电器组成，由于其工作比较可靠不需要外加工作电源，抗干扰性能好，使用了相当长的时间，特别是单个继电器目前仍在电力系统中广泛使用。但这种保护装置体积大、动作速度慢、触点易磨损和粘连，难以满足高压、大容量电力系统的需要。

20世纪50年代，随着晶体管的发展，出现了晶体管式继电保护装置。这种保护装置体积小、动作速度快、无机械转动部分、无触点。经过20余年的研究和实践，晶体管式装置的抗干扰问题从理论和实践上得到较为满意的解决。20世纪70年代，晶体管式保护在我国被大量采用。集成电路技术的发展，可以将众多的晶体管集成在一块芯片上，从而出现了体积更小、工作更可靠的集成电路保护。20世纪80年代后期，静态继电保护装置由晶体管式向集成电路式过渡，成为静态继电保护主要形式。

20世纪60年代末，已有了用小型计算机实现继电保护的设想，但由于小型计算机当时价格昂贵，难于实际采用。由此开始了对继电保护计算机算法的大量研究，为后来微型计算机式保护的发展奠定了理论基础。随着微处理器技术的快速发展和价格的急剧下降，在20世纪70年代后期，出现了性能比较完善的微机保护样机并投入系统试运行。80年代，微机保护在硬件结构和软件技术方面已趋成熟。进入90年代，微机保护已在我国大量应用，主运算器由8位机、16位机，发展到目前的32位机；数据转换与处理器件由模数转换器（A/D）、电压频率转换器（VFC），发展到数字处理器（DSP）。这种由计算机技术构成的继电保护称为数字式继电保护。这种保护可由相同的硬件实现不同原理的保护，使制造大为简化，生产标准化、批量化，硬件可靠性高；具有强大的存储、记忆和运算能力，可以实现复杂原理的保护，为新原理保护的发展提供了实现条件；除了实现保护功能外，还可兼有故障录波、故障测距、事件顺序记录和与保护管理中心计算机以及调度自动化系统通信等功能，这对于保护的运行管理、电网事故分析以及事故后的处理等有重要意义。另外，它可以不断地对本身的硬件和软件自检，发现装置的异常情况并通知运行维护中心，工作的可靠性很高。

20世纪90年代后半期，在数字式继电保技术和调度自动化技术的支撑下，变电所自动化技术和无人值守运行模式得到迅速发展，融测量、控制、保护和数据通信为一体的变电所综合自动化装备，已成为目前我国绝大部分新建变电所的二次装备。

继电保护是电力科学中最活跃的分支，经历机电式、整流式、晶体管式、集成电路式和数字式五个发展阶段。电力系统的快速发展为继电保护技术提出更艰巨的任务，电子技术、计算机技术、通信技术等又为继电保护技术的发展不断注入新的活力，继电保护技术与其他学科的交叉、渗透日益深入。因此可以预计，继电保护学科必将不断发展，达到更高的理论和技术高度。

1.5　电力系统继电保护工作的特点

继电保护在电力系统中的作用及其对电力系统安全连续供电的重要性，要求继电保护必须具有一定的性能、特点，因而对继电保护工作者也应提出相应的要求。继电保护的主要特点及对保护工作者的要求如下：

(1) 电力系统是由很多复杂的一次主设备和二次保护、控制、调节、信号等辅助设备组成的一个有机的整体。每个设备都有其特有的运行特性和故障时的工况。任一设备的故障都将立即引起系统正常运行状态的改变或破坏，给其他设备以及整个系统造成不同程度的影响。因此，继电保护的工作牵涉到每个电气主设备和二次辅助设备。这就要求继电保护工作者对所有这些设备的工作原理、性能、参数计算和故障状态的分析等有较深刻地理解，还要有广泛的生产运行知识。此外对于整个电力系统的规划设计原则、运行方式制订的依据、电压及频率调节的理论、潮流及稳定计算的方法以及经济调度、安全控制原理和方法等都要有较清楚的概念。

(2) 电力系统继电保护是一门综合性的科学，它奠基于电工理论、电机学和电力系统分析等基础理论，还与电子技术、通信技术、计算机技术和信息科学等新理论、新技术有着密切的关系。纵观继电保护技术的发展史，可以看到电力系统通信技术上的每一个重大进展都导致了一种新保护原理的出现，例如高频保护、微波保护和光纤保护等；新电子元件的出现引起了继电保护装置的进步。由机电式和整流式发展到晶体管式保护装置、集成电路式保护装置和数字式保护，就充分说明了这个问题。目前数字式保护的普及及光纤通信和信息网络的实现正在使继电保护技术的面貌发生根本的变化。在继电保护的设计、制造和运行方面都将出现一些新的理论、新的概念和新的方法。由此可见，继电保护工作者应密切注意相邻学科中新理论、新技术、新材料的发展情况，积极而慎重地运用各种新技术成果，不断发展继电保护的理论、提高其技术水平和可靠性指标，改善保护装置的性能，以保证电力系统的安全运行。

(3) 继电保护是一门理论和实践并重的学科。为掌握继电保护装置的性能及其在电力系统故障时的动作行为，既需运用所学课程的理论知识对系统故障情况和保护装置动作行为进行分析，还需对继电保护装置进行实验室试验、数字仿真分析、在电力系统动态模型上试验、现场人工故障试验以及在现场条件下的试运行。仅有理论分析不能认为对保护性能的了解是充分的。只有经过各种严格的试验，试验结果和理论分析基本一致，并满足预定的要求，才能在实践中采用。因此，要搞好继电保护工作不仅要善于对系统运行和保护性能问题进行理论分析，还必须掌握科学的实验技术，尤其是在现场条件下进行调试和实验的技术。

(4) 继电保护的工作稍有差错，就可能对电力系统的运行造成严重的影响，给国民经济和人民生活带来不可估量的损失。国内外多次电力系统瓦解，进而导致广大地区工、农业生产瘫痪和社会秩序混乱的严重事故，常常是一个继电保护装置不正确动作引起的。因此继电保护工作者对电力系统的安全运行肩负着重大的责任。这就要求继电保护工作者具有高度的责任感，严谨细致的工作作风，在工作中树立可靠性第一的思想。此外，还要求他们有合作精神，主动配合各规划、设计和运行部门分析研究电力系统发展和运行情况，了解对继电保护的要求，以便及时采取应有的措施，确保继电保护满足电力系统安全运行的要求。

习题及思考题

1.1　何谓电力系统正常工作状态、不正常工作状态、故障状态以及事故？

1.2　何谓电力系统继电保护、继电保护装置？

1.3　继电保护装置在电力系统中所起的作用是什么？

1.4　继电保护装置通过哪些主要环节完成预定的保护功能，各环节的作用是什么？

1.5　依据电力元件正常工作、不正常工作和短路状态下的电气量幅值差异，已经构成哪些原理的保护，这些保护单靠保护整定值能切除保护范围内任意点的故障吗？

1.6　依据电力元件两端电气量在正常工作和短路状态下的差异，可以构成哪些原理的保护？

1.7　电力系统中上下级电力元件的保护区间为什么必须重叠？重叠区为什么越小越好？

1.8　后备保护的作用是什么？阐述远后备保护和近后备保护的优、缺点。

1.9　在图 1.6 中，当线路 CD 的 $k3$ 点发生短路故障时，哪些保护应动作？如保护 P6 和 P5 拒动，根据选择性的要求，哪些保护应动作？如线路 AB 的 $k1$ 点发生短路，根据选择性的要求，哪些保护应动作？如果保护 P2 或 2QF 拒动，哪些保护应动作？

1.10　在图 1.7 中，各断路器处应均装有继电保护装置 P1～P7。试回答下列问题：

(1) 当 $k1$ 点短路时，根据选择性要求应由哪个保护动作并跳开哪台断路器？若 6QF 因失灵而拒动，保护又将如何动作？

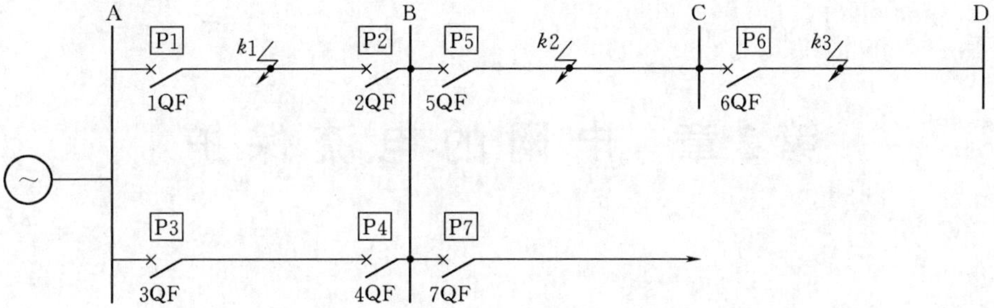

图 1.6　题 1.9 电网示意图

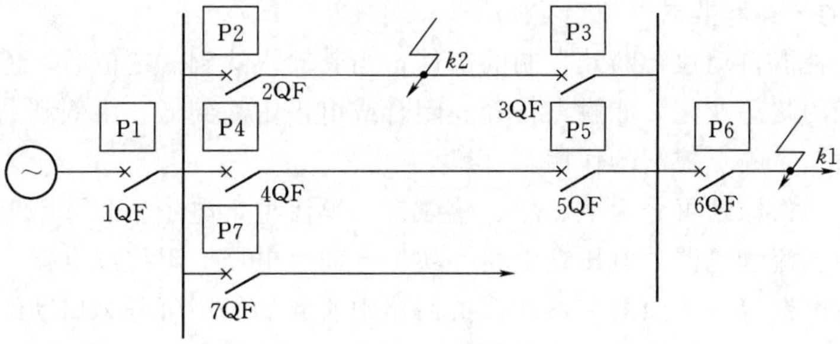

图 1.7　题 1.10 电网示意图

（2）当 $k2$ 点短路时，根据选择性要求应由哪些保护动作并跳开哪些断路器？若此时保护 P3 拒动或 3QF 拒跳，但保护 P1 动作并跳开 1QF，问此种动作是否有选择性？若拒动的断路器为 2QF，对保护 P1 的动作又应该如何评价？

第2章　电网的电流保护

2.1　继　电　器

2.1.1　继电器的分类和要求

继电器是一种能自动执行断续控制的部件，当其输入达到一定值时，能使其输出的被控制量发生预计的状态变化，如触点打开、闭合或电平由高到低、由低到高等，具有对被控电路实现“通”、“断”控制的作用。

继电器按照动作原理可分为电磁型、感应型、整流型、电子型和数字型等，按照反应的物理量可分为电流继电器、电压继电器、功率方向继电器、阻抗继电器、频率继电器和气体（瓦斯）继电器等，按照继电器在保护回路中所起的作用可分为启动继电器、量度继电器、时间继电器、中间继电器、信号继电器和出口继电器等。

对继电器的基本要求是工作可靠，动作过程具有“继电特性”。继电器的可靠工作是最重要的，主要通过各部分结构设计合理、制造工艺先进、经过高质量检测等来保证。其次要求继电器动作值误差小、功率损耗小、动作迅速、动稳定和热稳定性好以及抗干扰能力强。另外还要求继电器安装、整定方便，运行维护少，价格便宜等。

2.1.2　过电流继电器原理

量度继电器是实现保护的关键测量元件，量度继电器中有过量继电器和欠量继电器。过量继电器，如过电流继电器、过电压继电器、高频继电器等；欠量继电器，如低电压继电器、距离继电器、低频率继电器等。过电流继电器是实现电流保护的基本元件，也是反映于一个电气量而动作的简单过量继电器的典型。

过电流继电器原理框图如图2.1所示，来自电流互感器TA二次侧的电流I，加入到继电器的输入端，根据电流继电器的实现型式，例如电流型，则不需要经过变换，直接接入过电流继电器的线圈。若是电子型和数字型，由于实现电路是弱电回路，需要线性变换成弱电回路所需的信号电流。根据继电器的安装位置和工作任务给定动作值I_{op}，为使继电器具有普遍的使用价值，动作值I_{op}可以调整。当加入到继电器的电流I_r大于动作值时，比较环节有输出。在电磁型继电器中，由于需要靠电磁转矩驱动机械触点的转动、闭合，需要一定的功率和时间，继电器有自身固有动作时间（几毫秒），一般的干扰不会造成误动；对于电子型和数字型继电器，动作速度快、功率小，为提高动作的可靠性，防止干扰信号引起的误动作，故考虑了必须使测量

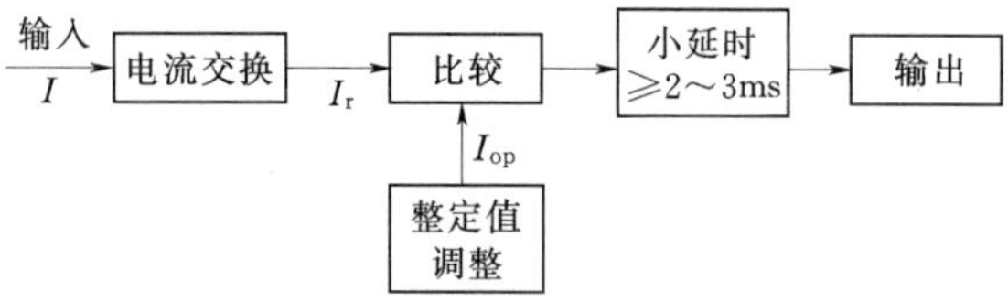

图2.1　过电流继电器原理框图

值大于动作值的持续时间不小于 2～3ms 时，才能动作于输出。为保证继电器动作后有可靠地输出，防止当输入电流在整定值附近波动时输出不停地跳变，在加入继电器的电流小于返回电流 I_{re}时，继电器才返回，返回电流 I_{re}小于动作电流 I_{op}。电流由较小值上升到动作电流及以上，继电器由不动作到动作；电流减小到返回电流 I_{re}及以下，继电器由动作再到返回。

2.1.3 继电器的继电特性

为了保证继电保护可靠工作，对其动作特性有明确的"继电特性"要求。对于过量继电器如过电流继电器，流过正常状态下的电流 I 时是不动作的，输出高电平（或其触点是打开的）只有其流过的电流大于整定的动作电流I_{op}时，继电器能够突然迅速的动作、稳定和可靠地输出低电平（或闭合其触点）；在继电器动作以后，只当电流减小到小于返回电流 I_{re} 以后；继电器又能立即突然地返回到输出高电平（或触点重新打开）。图 2.2 给出用输出电平低高表示过电流继电器动作与返回的继电特性曲线。无论启动和返回，继电器的动作都是明确的，不可能停留在某一个中间位置，这种特性称之为"继电特性"。

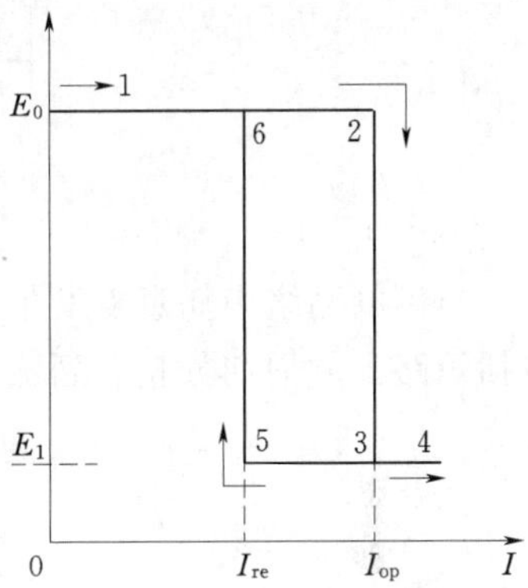

图 2.2 继电特性曲线图

返回电流与启动电流的比值称之为继电器的返回系数，可表示为

$$K_{re}=\frac{I_{re}}{I_{op}} \tag{2.1}$$

为了保证动作后输出状态的稳定性和可靠性，过电流继电器（以及一切过量动作的继电器）的返回系数恒小于 1。在实际应用中，常常要求过电流继电器有较高的返回系数，如 0.85～0.9。

2.2 单侧电源网络相间短路的电流保护

2.2.1 单侧电源网络相间短路时电流量值

110kV 及以上电压等级的电网，主要承担输电任务，形成多电源环网，采用中性点直接接地方式，其主保护一般由纵联保护担任，全线路上任意点故障都能快速切除。110kV 以下电压等级的电网，主要承担供、配电任务，发生单相接地后为保证继续供电，中性点采用非直接接地方式；为了便于继电保护的整定配合和运行管理，通常采用双电源互为备用，正常时单侧电源供电的运行方式，其主保护一般由阶段式动作特性的电流保护担任。

对于图 2.3 所示的单侧电源供电的网络，正常运行时，各条线路中流过所供的负荷电流，越是靠近电源侧的线路，流过的电流越大。负荷电流的大小，取决于用户负荷接入的多少，当用户的负荷同时都接入时，形成最大负荷电流。负荷电流与供电电压之间的相位角（功率因数角），一般小于 30°。各条线路中流过的最大负荷电流幅值如图 2.3 中曲线 1

所示。

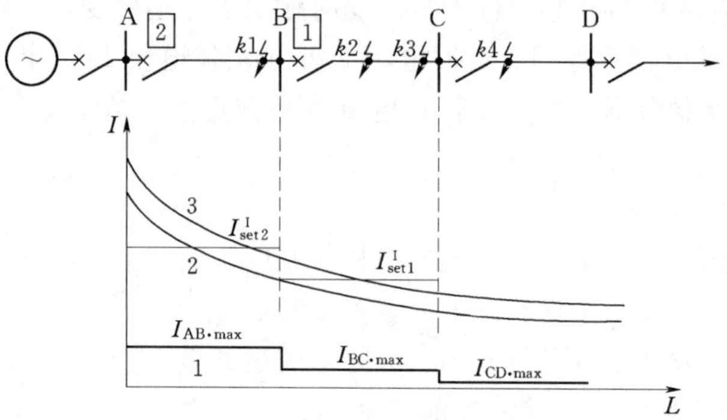

图 2.3 电流曲线

当供电网络中任意点发生三相和两相短路时，流过短路点与电源间线路中的短路电流包括短路工频周期分量、暂态高频分量和衰减直流分量。其短路工频周期分量近似计算式为

$$I_K = K_\varphi \frac{E_\varphi}{Z_S + Z_K} \tag{2.2}$$

式中 E_φ——系统等效电源的相电动势；

Z_K——短路点至保护安装处之间的阻抗；

Z_S——保护安装处到系统等效电源之间的阻抗；

K_φ——短路类型系数，三相短路取 1，两相短路取$\frac{\sqrt{3}}{2}$。

随整个电力系统开停机方式、保护安装处到电源之间电网的网络拓扑、负荷水平的变化，E_φ 和 Z_S 都会变化，造成短路电流的变化。随短路点距离保护安装处远近的变化和短路类型的不同，Z_K 和 K_φ 的值不同，短路电流也不同。总可以找到这样的系统运行方式，在相同地点发生相同类型的短路时流过保护安装处的电流最大，对继电保护而言称为系统最大运行方式，对应的系统等值阻抗最小，$Z_S = Z_{S\cdot min}$。也可以找到这样的系统运行方式，在相同地点发生相同类型的短路时流过保护安装处的电流最小，对继电保护而言称为系统最小运行方式，对应的系统等值阻抗最大，$Z_S = Z_{S\cdot max}$。取最大运行方式下三相短路和最小运行方式下两相短路，经计算后绘出流经保护安装处的短路电流随短路点距离变化的两条曲线，如图 2.3 中曲线 2、3 所示。在系统所有的运行方式下，在相同地点发生不同类型的短路时流过保护安装处的电流都介于这两个短路电流值之间。

比较曲线 1 与曲线 2、3，可以发现，在保护范围内短路电流的幅值总是大于负荷电流的幅值，而且要大很多。正常运行与短路状态间的差别明显，利用流过保护安装处电流幅值的大小来区分运行状态，实现保护简单可靠、方便易行。

2.2.2 电流速断保护

1. 工作原理

对于反应于短路电流幅值增大而瞬时动作的电流保护，称为电流速断保护。为了保证其选择性，一般只能保护线路的一部分。以图 2.3 所示的网络接线为例，假定在每条线路上均装有电流速断保护，当线路 AB 上发生故障时，希望保护 2 能瞬时动作，而当线路 BC 上故障时，希望保护 1 能瞬时动作，它们的保护范围最好能达到本线路全长的 100%。

以保护 2 为例，当相邻线路 BC 的始端（习惯上又称为出口处）$k2$ 点短路时，按照选择性的要求，速断保护 2 就不应该动作，因为该处的故障应由速断保护 1 动作切除。而当本线路末端 $k1$ 点短路时，希望速断保护 2 能够瞬时动作切除故障。但是实际上，$k1$ 点和 $k2$ 点短路时，从保护 2 安装处所流过的电流的数值几乎是一样的。因此，希望 $k1$ 点短路时速断保护 2 能动作，而 $k2$ 点短路时又不动作的要求就不可能同时得到满足。同样的，保护 1 也无法区别 $k3$ 点和 $k4$ 点的短路。

为解决这个矛盾可以有两种办法。通常都是优先保证动作的选择性，即从保护装置启动参数的整定上保证下一条线路出口处短路时不启动，在继电保护技术中，这又称为按躲开下一条线路出口处短路的条件整定。另一种办法就是在个别情况下，当快速切除故障是首要条件时，就采用无选择性的速断保护，而以自动重合闸来纠正这种无选择性动作。

对反应电流升高而动作的电流速断保护而言，能使该保护装置启动的最小电流值称为保护装置的整定电流，以 I_{set} 表示，显然必须当实际的短路电流 $I_k \geqslant I_{set}$ 时，保护装置才能动作。保护装置的整定电流 I_{set}，是用电力系统一次侧的参数表示的。它所代表的意义是：当在被保护线路的一次侧电流达到这个数值时，安装在该处的这套保护装置就能够动作。以保护 2 为例，为保证动作的选择性，保护装置的启动电流 I_{set2}^{I} 必须大于下一条线路出口处短路时可能的最大短路电流，从而造成在本线路末端短路时保护不能启动，保护不能启动的范围随运行方式、故障类型的变化而变化。在各种运行方式下发生各种短路保护都能动作切除故障的短路点位置的最小范围称为最小的保护范围，例如保护 2 的最小的保护范围为图 2.3 中直线 I_{set2}^{I} 与曲线 2 的交点前面的部分。

2. 电流速断保护的整定计算原则

(1) 动作电流的整定。为了保证电流速断保护动作的选择性，对保护 1 来讲，其整定的动作电流 I_{set1}^{I} 必须大于 $k4$ 点短路时可能出现的最大短路电流，即大于在最大运行方式下变电所 C 母线上三相短路时电流 $I_{K \cdot C \cdot max}$。

$$I_{set1}^{\mathrm{I}} > I_{K \cdot C \cdot max} = \frac{E_{\varphi}}{Z_{S \cdot min} + Z_{BC}} \tag{2.3}$$

动作电流为

$$I_{set1}^{\mathrm{I}} = K_{rel}^{\mathrm{I}} I_{K \cdot C \cdot max} \tag{2.4}$$

引入可靠系数 $K_{rel}^{\mathrm{I}} = 1.2 \sim 1.3$ 是考虑非周期分量的影响、实际的短路电流可能大于计算值、保护装置的实际动作值可能小于整定值和一定的裕度等因素。

对保护 2 来讲，按照同样的原则，其启动电流应整定得大于变电所 B 母线上短路时的最大短路电流 $I_{K \cdot B \cdot max}$，即

$$I_{set2}^{\mathrm{I}} = K_{rel}^{\mathrm{I}} I_{K \cdot B \cdot max} \tag{2.5}$$

计算出保护的一次动作电流后，还需要求出继电器的二次动作电流

$$I_{op}^{\mathrm{I}} = \frac{I_{set}^{\mathrm{I}}}{n_{TA}} K_{con} \tag{2.6}$$

式中　n_{TA}——电流互感器的变比；

K_{con}——电流互感器的接线系数，其值与电流互感器的接线方式有关，当电流互感器的二次侧为三相星形或两相星形接线时其值为 1，当二次侧为三角形接线时，其值为$\sqrt{3}$。

速断保护的动作时间取决于继电器本身固有的动作时间，一般小于 10ms。考虑到躲过线路中避雷器的放电时间为 40～60ms，一般加装一个动作时间为 60～80ms 的保护出口中间继电器，一方面提供延时，另一方面，电流继电器的触点容量比较小，不能直接接通跳闸线圈，利用中间继电器扩大触点的容量和数量。

保护的动作时限表示为 $t_1^{\mathrm{I}}=0\mathrm{s}$，若不计保护装置和断路器的动作时间，则保护可以无延时动作。

（2）保护范围的校验。保护的范围随运行方式、故障类型的变化而变化，最小的保护范围在系统最小运行方式下两相短路时出现。一般情况下，应按这种运行方式和故障类型来校检保护的最小范围，要求大于被保护线路全长的 15%～20%。保护的最小范围计算方式为

$$I_{set}^{\mathrm{I}}=I_{\mathrm{K}\cdot\mathrm{L}\cdot\min}=\frac{\sqrt{3}}{2}\frac{E_{\varphi}}{z_{\mathrm{S}\cdot\max}+z_1L_{\min}} \tag{2.7}$$

式中　L_{min}——电流速断保护的最小保护范围长度；

z_1——线路单位长度的正序阻抗。

3. 电流速断保护的单相原理接线

电流速断保护的单相原理接线如图 2.4 所示。过电流继电器接于电流互感器 TA 的二次侧，当流过它的电流大于它的动作电流 I_{op}^{I}后，比较环节 KA 有输出。在某些特殊情况下需要闭锁跳闸回路，设置闭锁环节。闭锁环节在保护不需要闭锁时输出为 1，在保护需要闭锁时输出为 0。当比较环节 KA 有输出并且不被闭锁时，与门有输出，发出跳闸命令的同时，启动信号回路的信号继电器 KS。

4. 电流速断保护的主要优、缺点

电流速断保护的优点是简单可靠、动作迅速，因而获得了广泛的应用；缺点是不能保护线路的全长，并且保护范围直接受运行方式变化的影响。

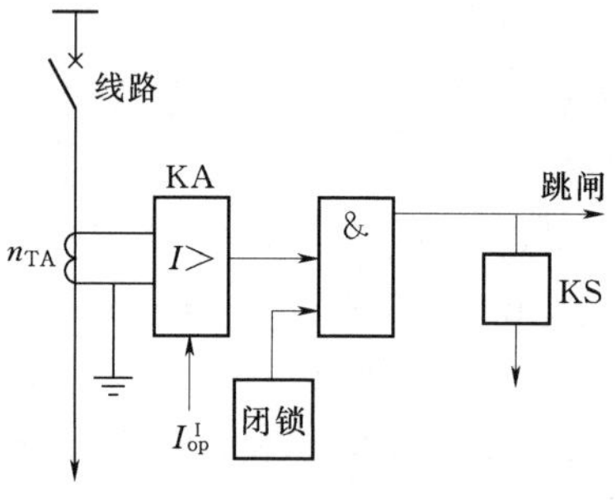

图 2.4　电流速断保护装置的单相接线原理图

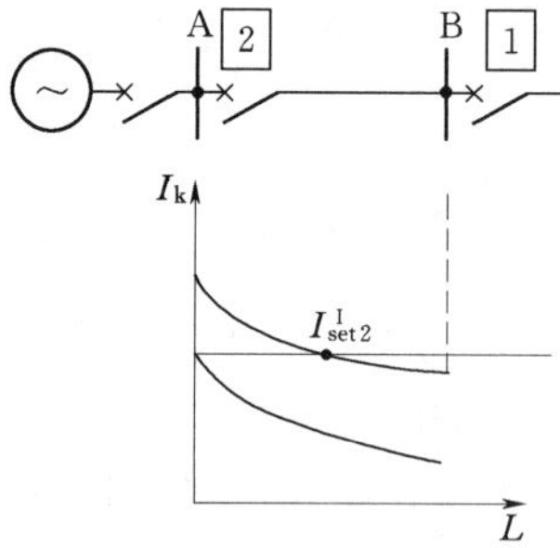

图 2.5　运行方式变化对电流速断保护范围的影响

当系统运行方式变化很大，或者被保护线路的长度很短时，速断保护就可能没有保护范围，因而不能采用。例如图 2.5 所示为系统运行方式变化很大的情况，当保护 2 电流速断按最大运行方式下保护选择性的条件整定以后，在最小运行方式下就没有保护范围；如

图 2.6 所示为被保护线路长短不同的情况，当线路较长时，其始端和末端短路电流的差别较大，因而短路电流变化曲线比较陡，保护范围比较大，如图 2.6（a）所示。而当线路短时，由于短路电流曲线变化平缓，速断保护的整定值在考虑了可靠系数以后，其保护范围将很小甚至等于零，如图 2.6（b）所示。

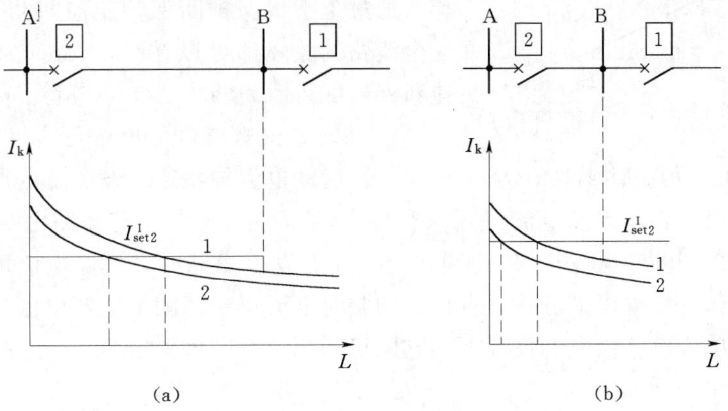

图 2.6　被保护线路长短不同时，对电流速断保护范围的影响

（a）长线路；（b）短线路

但在个别情况下，有选择性的电流速断也可以保护线路的全长，例如当电网的终端线路上采用线路—变压器组的接线方式，如图 2.7 所示时，由于线路和变压器可以看成是一个元件，因此速断保护就可以按照躲开变压器低压侧线路出口处 $k1$ 点的断路来整定，由于变压器的阻抗一般较大，因此 $k1$ 点的短路电流就大为减小，这样整定之后，电流速断就可以保护线路 AB 的全长，并能保护变压器的一部分。

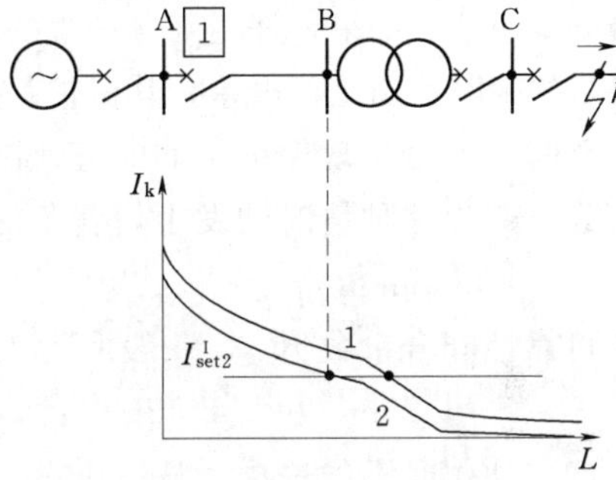

图 2.7　用于线路—变压器组的电流速断保护

2.2.3　限时电流速断保护

1. 工作原理

由于有选择的电流速断保护不能保护本线路的全长，因此可考虑增加一段带时限动作的保护，用来切除本线路上速断保护范围以外的故障，同时也能作为电流速断保护的后备，这就是限时电流速断保护。对这个保护的要求，首先是在任何情况下能保护本线路的全长，并且具有足够的灵敏性；其次是在满足上述要求的前提下，力求具有最小的动作时限；在下级线路短路时，保证下级保护优先切除故障，满足选择性要求。

例如图 2.8 所示系统保护 2，由于要求限时电流速断保护必须保护线路的全长，因此它的保护范围必然要延伸到下级线路中去，这样当下级线路出口处发生短路时，它就要启动，在这种情况下，为了保证动作的选择性，就必须使保护的动作带有一定的时限，此时限的大小与其延伸的范围有关。为了使这一时限尽量缩短，都是首先考虑它的保护范围不超过下级线路速断保护的范围，而动作时限则比下级线路的速断保护高出一个时间阶梯，

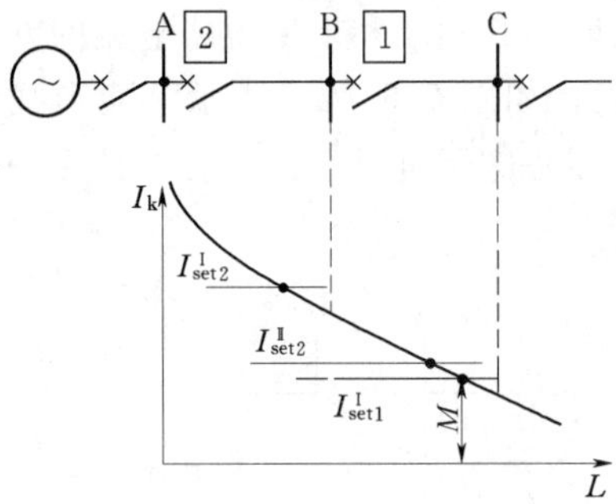

图 2.8　限时电流速断动作特性的分析

此时间阶梯以 Δt 表示。如果与下级线路的电流速断保护配合后，在本线路末端短路灵敏性不足时，则此限时电流速断保护与下级线路的限时电流速断保护配合，动作时限比下级的限时速断保护高出一个时间阶梯。通过上下级保护间保护定值与动作时间的配合，使全线路的故障都可以在一个 Δt（少数与限时电流速断保护配合时为两个 Δt）内切除。

2. 限时电流速断保护的整定

（1）启动电流的整定。设图 2.8 所示系统保护 1 装有电流速断保护，其启动电流按式（2.4）计算后为 $I^{\mathrm{I}}_{\mathrm{set1}}$，它与短路电流变化曲线的交点 M 即为保护 1 电流速断的保护范围，当在此点发生短路时，短路电流即为 $I^{\mathrm{I}}_{\mathrm{set1}}$，速断保护刚好能动作。根据以上分析，保护 2 的限时电流速断范围不应超出保护 1 电流速断的范围。因此在单侧电源供电的情况下，它的启动电流就应该整定为

$$I^{\mathrm{II}}_{\mathrm{set2}} \geqslant I^{\mathrm{I}}_{\mathrm{set1}} \tag{2.8}$$

在式（2.8）中能否选取两个电流相等？如果选取相等，就意味着保护 2 限时速断的保护范围正好和保护 1 速断保护的范围重合。这在理想情况下虽然可以，但在实践中是不允许的。因为保护 2 和保护 1 安装在不同的地点，使用不同的电流互感器和继电器，它们之间的特性很难完全一样。如果正好遇到保护 1 的电流速断出现负误差，其保护范围比计算值缩小，而保护 2 的限时速断是正误差，其保护范围比计算值增大，那么实际上，当计算的保护范围末端短路时，就会出现保护 1 的电流速断已不能动作，而保护 2 的限时速断仍然会启动的情况。为了避免这种情况的发生，就不能采用两个电流相等的整定方法，而必须采用

$$I^{\mathrm{II}}_{\mathrm{set2}} > I^{\mathrm{I}}_{\mathrm{set1}} \tag{2.9}$$

引入可靠性配合系数 $K^{\mathrm{II}}_{\mathrm{rel}}$，一般取为 1.1～1.2，则得

$$I^{\mathrm{II}}_{\mathrm{set2}} = K^{\mathrm{II}}_{\mathrm{rel}} I^{\mathrm{I}}_{\mathrm{set1}} \tag{2.10}$$

（2）动作时限的选择。从以上分析中已经得出，限时速断的动作时限 t^{II}_2，应选择得比下级线路速断保护的动作时限 t^{I}_1 高出一个时间阶梯 Δt，即

$$t^{\mathrm{II}}_2 = t^{\mathrm{I}}_1 + \Delta t \tag{2.11}$$

从尽快切除故障的观点来看，Δt 应越小越好，但是为了保证两个保护之间动作的选择性，其值又不能选择得太小。对于通常采用的断路器和间接作用于断路器的二次式继电器而言，Δt 的数值在 0.3～0.5s 之间，通常多取为 0.5s。

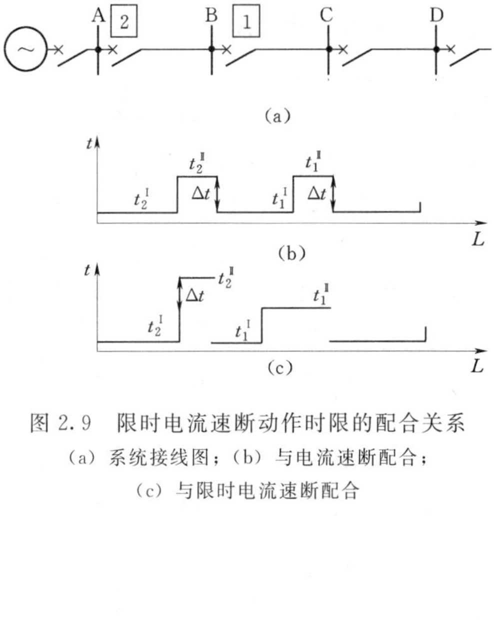

图 2.9　限时电流速断动作时限的配合关系

（a）系统接线图；（b）与电流速断配合；（c）与限时电流速断配合

按照上述原则整定的时限特性如图 2.9 所示。由图 2.9（b）可见，在保护 1 电流速断范围以内的故障，将以 t^{I}_1 的时间被切除，此时保护 2 的限时电流速断虽然可能启动，

但由于 t_2^{II} 较 t_1^{I} 大一个 Δt，保护 1 电流速断动作切除故障后，保护 2 返回，因而从时间上保证了选择性。又如当故障发生在保护 2 电流速断的范围以内时，则将以 t_1^{I} 的时间被切除，而当故障发生在速断的范围以外同时又在线路 AB 以内时，则将以 t_2^{II} 的时间被切除。

由此可见，当线路上装设了电流速断和限时电流速断保护以后，它们的联合工作就可以保证全线路范围内的故障都能够在 0.5s 的时间内予以切除，在一般情况下都能够满足速动性的要求。具有这种快速切除全线路各种故障能力的保护称为该线路的“主保护”。

3. 保护装置灵敏性的校验

为了能够保护本线路的全长，限时电流速断保护必须在系统最小运行方式下，线路末端发生两相短路时，具有足够的反应能力，这个能力通常用灵敏系数 K_{sen} 来衡量。对反应于数值上升而动作的过量保护装置，灵敏系数的含义是

$$K_{\text{sen}}=\frac{\text{保护范围内发生金属性短路时故障参数的计算值}}{\text{保护装置的动作参数值}} \tag{2.12}$$

对保护 2 的限时电流速断而言，即应采用系统最小的运行方式下线路 AB 末端发生两相短路时短路电流最小为故障参数的计算值。设此电流为 $I_{\text{K}\cdot\text{B}\cdot\min}$，代入式（2.12），则灵敏系数为

$$K_{\text{sen}}=\frac{I_{\text{K}\cdot\text{B}\cdot\min}}{I_{\text{set2}}^{\text{II}}} \tag{2.13}$$

为了保证在线路末端短路时，保护装置一定能够动作，要求 $K_{\text{sen}}\geqslant 1.3\sim1.5$。

当灵敏系数不能满足要求时，那就意味着将来真正发生内部故障时，由于上述不利因素的影响保护可能启动不了，达不到保护线路全长的目的，这是不允许的。为了解决这个问题，通常都是考虑降低限时电流速断的整定值，使之与下级线路的限时电流速断相配合，这样其动作时限就应该选择得比下级线路限时速断的时限再高一个 Δt，此时限时电流速断的动作时限为 1～1.2s。按照这个原则整定的时限特性如图 2.9（c）所示，此时

$$t_2^{\text{II}}=t_1^{\text{II}}+\Delta t \tag{2.14}$$

因此，保护范围的伸长，必然导致动作时限的升高。

4. 限时电流速断保护的单相原理接线

限时电流速断保护的单相原理接线如图 2.10 所示。它与电流速断保护接线的主要区别是增加了时间继电器 KT，这样当电流继电器 KA 启动后，还必须经过时间继电器 KT 的延时 t_2^{II} 才能动作于跳闸。而如果在 t_2^{II} 以前故障已经切除，则电流继电器 KA 立即返回，整个保护随即复归原状，而不会形成误动作。

2.2.4　定时限过电流保护

作为下级线路主保护拒动和断路器拒动时的远后备保护，同时作为本线路主保护拒动时的近后备保护，也作为过负荷时的保护，一般采用过电流保护。过电流保护通常是指其启动电流按照躲开最大负荷电流来整定的保护，当电流的幅值超过最大负荷电流值时启动。过电

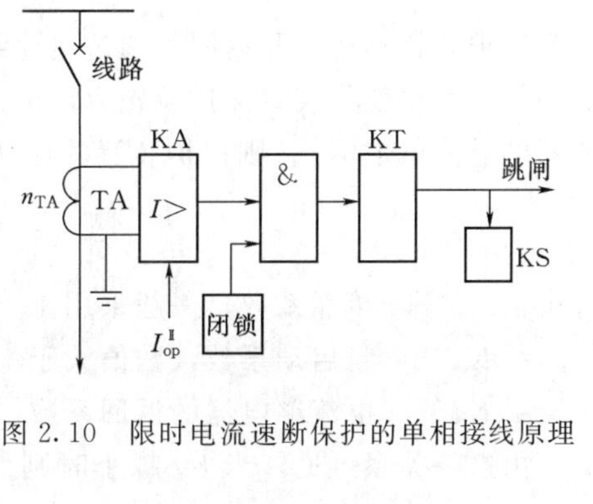

图 2.10　限时电流速断保护的单相接线原理

流保护有两种：一种是保护启动后出口动作时间是固定的整定时间，称为定时限过电流保护；另一种是出口动作时间与过电流的倍数相关，电流越大，出口动作越快，称为反时限过电流保护。过电流保护在正常运行时不启动，而在电网发生故障时，则能反应于电流的增大而动作。在一般情况下，它不仅能够保护本线路的全长，而且保护相邻线路的全长，可以起到远后备保护的作用。

1. 工作原理和启动电流计算

为保证在正常情况下各条线路上的过电流保护绝对不动作，保护装置的启动电流必须大于该线路上出现的最大负荷电流 $I_{L\cdot max}$；同时还必须考虑在外部故障切除后电压恢复，负荷自启动电流作用下保护装置必须能够返回，其返回电流应大于负荷自启动电流。一般考虑后一种情况时，对应的启动电流大于前一种情况，往往为保证可靠返回从而决定启动电流。例如在图 2.11 所示的系统接线中，当 $k2$ 点短路时，短路电流将通过保护 5、4、3、2，这些保护都要启动，但是按照选择性的要求应由保护 2 动作切除故障，然后保护 3、4、5 由于电流已经减小而立即返回原位。

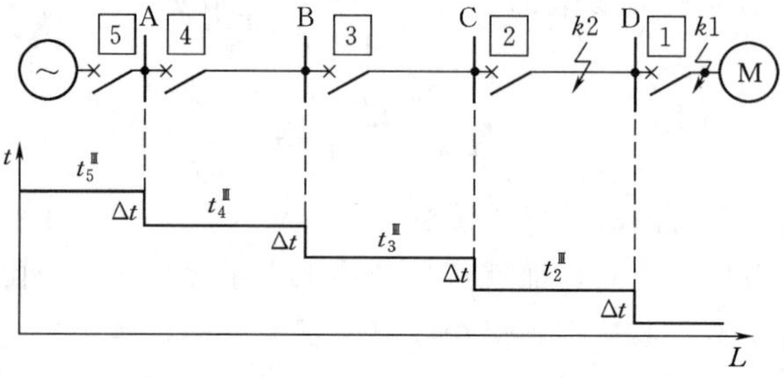

图 2.11　单侧电源放射形网络中过电流保护动作时限说明

实际上当 $k2$ 点故障切除后，流经保护 3、4、5 的电流是仍然在继续运行中的负荷电流。还必须考虑到，由于短路时电压降低，变电所 A、B、C 母线上所接负荷的电动机被制动。因此，在故障切除后电压恢复时，引入一个自启动系数来表示自启动时最大电流与正常运行时最大负荷电流 $I_{L\cdot max}$之比，即

$$I_{ss\cdot max}=K_{ss}I_{L\cdot max} \tag{2.15}$$

保护 3、4、5 在各自启动电流的作用下必须立即返回。为此应使保护装置的返回电流 I'_{re} 大于 $I_{ss\cdot max}$引入可靠系数 $K_{rel}^{Ⅲ}$，则

$$I'_{re}=K_{rel}^{Ⅲ}I_{ss\cdot max}=K_{rel}^{Ⅲ}K_{ss}\ I_{L\cdot max} \tag{2.16}$$

由于保护装置的启动和返回是通过电流继电器来实现的，因此继电器返回电流与启动电流之间的关系也就代表着保护装置返回电流与启动电流之间的关系。根据式（2.1）引入继电器的返回系数 K_{re}，则保护装置的启动电流即为

$$I_{set}^{Ⅲ}=\frac{1}{K_{re}}I'_{re}=\frac{K_{rel}^{Ⅲ}K_{ss}}{K_{re}}I_{L\cdot max} \tag{2.17}$$

式中　$K_{rel}^{Ⅲ}$——可靠系数，一般采用 1.15～1.25；

K_{ss}——自启动系数，数值大于 1，应由网络具体接线和负荷性质确定；

K_{re}——电流继电器的返回系数，一般采用 0.85～0.95。

由这一关系可见，当 K_{re}越小时则保护装置的启动电流越大，因而其灵敏性就越差，

这是不利的。这就是为什么要求电流继电器应有较高的返回系数的原因。

2. 按选择性的要求整定过电流的保护

如图 2.11 所示，假定在每个电力元件上均装有过电流保护，各保护的启动电流均按照躲开被保护元件上各自的最大负荷电流来整定。这样当 $k1$ 点短路时，保护 1～5 在短路电流的作用下都可能启动，为满足选择性要求，应该只有保护 1 动作切除故障，而保护 2～5 在故障切除之后应立即返回。这个要求只有依靠使各保护装置带有不同的时限来满足。

保护 1 位于电力系统的最末端，只要电动机内部故障，它就可以瞬时动作予以切除，$t_1^{Ⅲ}$ 即为保护装置本身固有的动作时间。对保护 2 来讲，为了保证 $k1$ 点短路时动作的选择性，则应整定其动作时限 $t_2^{Ⅲ}>t_1^{Ⅲ}$ 引入时间阶段 Δt，则保护 2 的动作时限为

$$t_2^{Ⅲ}=t_1^{Ⅲ}+\Delta t \tag{2.18}$$

以此类推保护 3、4、5 的动作时限均应比相邻各元件保护的动作时限高出至少一个 Δt，只有这样才能充分保证动作的选择性。例如在图 2.12 所示的电力系统中，对保护 4 而言即应同时满足

$$t_4^{Ⅲ}=\max\{t_1^{Ⅲ}+\Delta t, t_2^{Ⅲ}+\Delta t, t_3^{Ⅲ}+\Delta t\} \tag{2.19}$$

式中　$t_1^{Ⅲ}$——保护 1（电动机保护）的动作时间；

$t_2^{Ⅲ}$——保护 2（变压器保护）的动作时间；

$t_3^{Ⅲ}$——保护 3（线路 BC 保护）的动作时间。

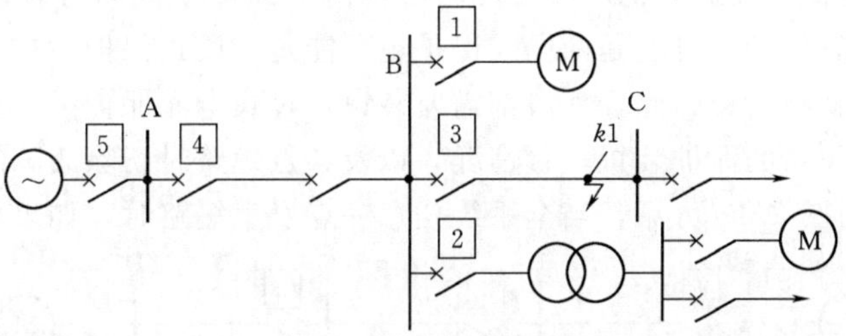

图 2.12　选择过电流保护启动电流和动作时间的网络接线图

这种保护的动作时限，经整定计算确定之后，即由专门的时间元件予以保证，其动作时限与短路电流的大小无关，因此称为定时限过电流保护。实现保护的单相式原理接线与图 2.10 相同。

3. 过电流保护灵敏系数的校验

过电流保护灵敏系数的校验仍采用式（2.12）。当过电流保护作为本线路的主保护时应采用最小运行方式下本线路末端两相短路时的电流进行校验，要求 $K_{sen}\geqslant1.3\sim1.5$；当作为相邻线路的后备保护时则应采用最小运行方式下相邻线路末端两相短路时的电流进行校验，此时要求 $K_{sen}\geqslant1.2$。

此外，在各个过电流保护之间，还必须要求灵敏系数互相配合，即对同一故障点而言，要求越靠近故障点的保护应具有越高的灵敏系数。例如在图 2.11 所示的网络中，当 $k1$ 点短路时，应要求各保护的灵敏系数之间具有下列关系

$$K_{sen1}>K_{sen2}>K_{sen3}>K_{sen4}\cdots \tag{2.20}$$

当过电流保护的灵敏系数不能满足要求时，应该采用性能更好的其他保护方式。

2.2.5　阶段式电流保护的配合及应用

1. 阶段式电流保护的配合

电流速断保护、限时电流速断保护和过电流保护都是反应于电流升高而动作的保护。它们之间的区别主要在于按照不同的原则来选择启动电流。速断是按照躲开本线路末端的最大短路电流来整定；限时速断是按照躲开下级各相邻元件电流速断保护的最大动作范围来整定；而过电流保护则是按照躲开本元件最大负荷电流来整定。

由于电流速断不能保护线路全长，限时电流速断又不能作为相邻元件的后备保护，因此为保证迅速而有选择性地切除故障，常常将电流速断保护、限时电流速断保护和过电流保护组合在一起，构成阶段式电流保护，具体应用时，可以只采用速断保护加过电流保护，或限时速断保护加过电流保护，也可以三者同时采用。现以图 2.13 所示的网络接线为例予以说明。在电网最末端的用户电动机或其他受电设备上，保护 1 采用瞬时动作的过电流保护即可满足要求，其启动电流按躲开电动机启动时的最大电流整定，与电网中其他保护的定值和时限上都没有配合关系。在电网的倒数第二级上，保护 2 应首先考虑采用 0.5s 动作的过电流保护；如果在电网中线路 CD 上的故障没有提出瞬时切除的要求，则保护 2 只装设一个 0.5s 动作的过电流保护也是完全允许的；而如果要求线路 CD 上的故障必须快速切除，则可增设一个电流速断保护，此时保护 2 就是一个速断保护加过电流保护的两段式保护。对于保护 3，其过电流保护由于要和保护 2 配合，因此动作时限要整定为 1～1.2s，一般在这种情况下，就需要考虑增设电流速断保护或同时装设电流速断保护和限时速断保护，此时保护 3 可能是两段式保护也可能是三段式保护。越靠近电源端，过电流保护的动作时限就越长。因此，一般都需要装设三段式电流保护。

具有上述配合关系的保护装置配置情况，以及各点短路时切除故障的时间也相应地表示在图 2.13 上。由图 2.13 可见，当全系统任意一点发生短路时，如果不发生保护或断路

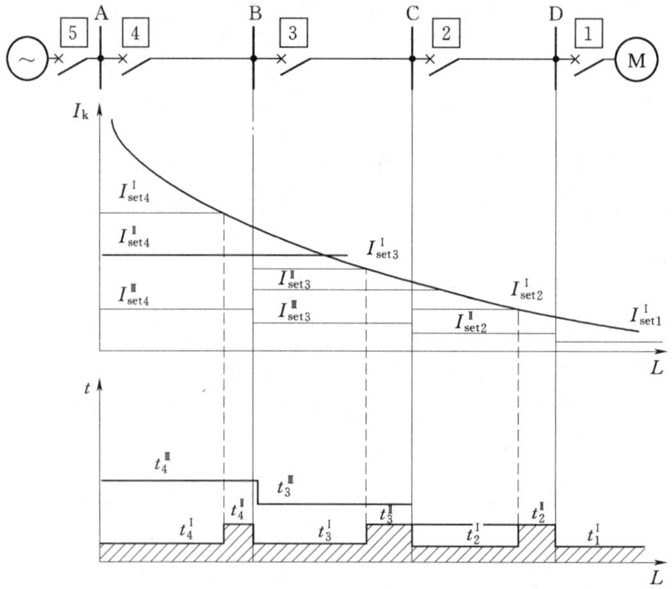

图 2.13　阶段式电流保护的配合和动作时间的示意图

器拒绝动作的情况，则故障都可以在 0.5s 以内的时间予以切除。

2. 具有三段式电流保护的单相原理框图

具有电流速断保护、限时电流速断保护和过电流保护的单相原理框图如图 2.14 所示。电流速断部分由电流元件 $KA^{Ⅰ}$ 和信号元件 $KS^{Ⅰ}$ 组成；限时电流速断部分由电流元件 $KA^{Ⅱ}$、时间件 $KT^{Ⅱ}$ 和信号元 $KS^{Ⅱ}$ 件组成；过电流部分则由电流元件 $KA^{Ⅲ}$、时间元件 $KT^{Ⅲ}$ 和信号元件 $KS^{Ⅲ}$ 组成。由于三段的启动电流和动作时间整定的均不相同，因此必须分别使用三个串联的电流元件和两个不时限的时间元件，而信号元件则分别用于发出Ⅰ、Ⅱ、Ⅲ段动作的信号。

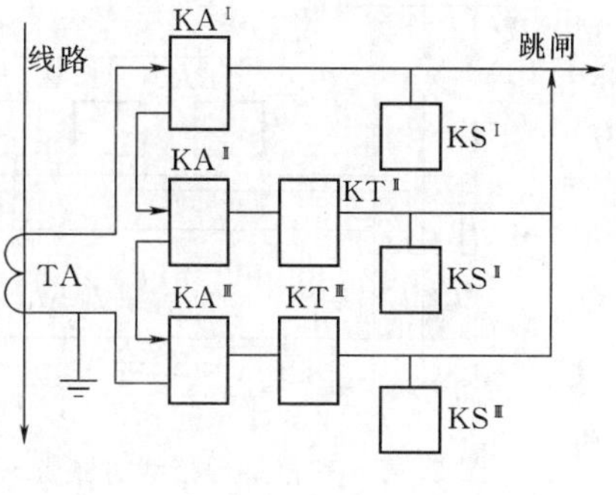

图 2.14 具有三段式电流保护的单相原理框图

3. 阶段式电流保护的主要优、缺点

使用Ⅰ段、Ⅱ段或Ⅲ段组成的阶段式电流保护，其主要的优点是简单、可靠，并且在一般情况下也能够满足快速切除故障的要求，因此在电网中特别是在 35kV 及以下较低电压的网络中获得广泛的应用。保护的缺点是它直接受电网的接线以及电力系统的运行方式变化的影响，例如整定值必须按系统最大运行方式来选择，而灵敏性则必须用系统最小方式来校验，这就使它往往不能满足灵敏系数或保护范围的要求。

2.2.6 电流保护的接线方式

电流保护的接线方式是指保护中的电流继电器与电流互感器之间的连接方式。对相间短路的电流保护，根据电流互感器的安装条件，目前广泛使用的是三相星形接线和两相星形接线两种接线方式。

三相星形接线方式的原理接线如图 2.15 所示。它将是三个电流互感器和三个电流继电器分别按相连接在一起，互感器和继电器均接成星形，在中性线上流回的电流为 $\dot{I}_a+\dot{I}_b+\dot{I}_c$，正常时此电流为零，在发生接地短路时则为三倍零序电流 $3\dot{I}_0$；三个继电器的启动跳闸回路是并联连接的，相当于“或”回路，其中任一输出均可动作于跳闸或启动时间继电器等。由于在每相上都装有电流继电器。因此，它可以反映各种相间短路和中性点直接接地系统中的单相接地短路。

两相星形接法方式的原理接线图如 2.16 所示。它用装设在 A、C 相上的两相电流互感器与两个电流继电器分别按相连接在一起。它和三相星形连接的主要区别在于 B 相上不装设电流互感器和相应的继电器，因此不能反映 B 相中所流过的电流。在这种接线中，中性线的流回电流是 $\dot{I}_a+\dot{I}_c$。

当采用以上两种接线方式时流入继电器的电流就是互感器的二次电流，设电流互感器的变比为 $n_{TA}=\dfrac{I_1}{I_2}$，则 $I_2=\dfrac{I_1}{n_{TA}}$。因此，当保护装置的一次启动电流整定为 I_{set} 时，则反应到继电器上的启动电流应为

$$I_{op}=\frac{I_{set}}{n_{TA}} \tag{2.21}$$

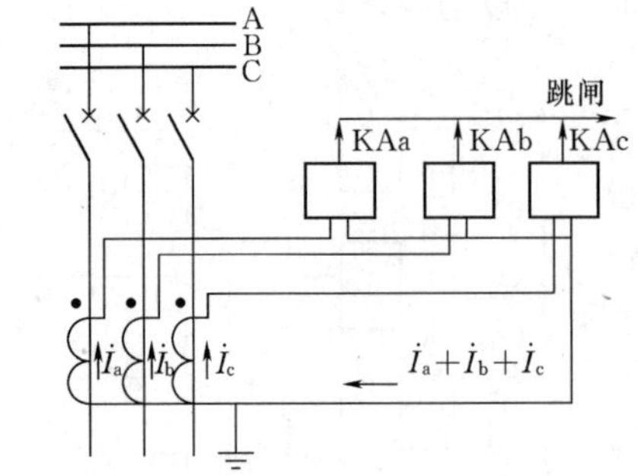

图 2.15　三相星形接线方式原理图

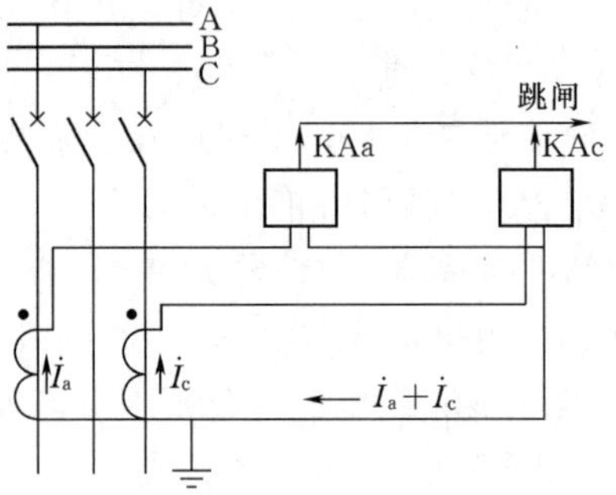

图 2.16　两相星形接线方式原理图

现对上述两种接线方式在各种故障时的性能进行分析。

1. 中性点直接接地系统和非直接接地系统中的各种相间短路

前面所述两种接线方式均能正确反映这些故障，不同之处仅在于动作的继电器数不一样，三相星形接线方式在各种两相短路时，均有两个继电器动作，而两相星形接线方式在 AB 和 BC 相间短路时只有一个继电器动作。

2. 中性点非直接接地系统中的两点接地短路

由于中性点非直接接地系统中，允许单相接地时继续短时运行，因此希望只切一个故障点。例如在图 2.17 所示的串联线路上发生两点接地短路时，希望只切除距电源较远的那条线路 BC，而不要切除线路 AB，这样可以继续保证对变电所 B 的供电。当保护 1、2 均采用三相星形接线时，由于两个保护之间在定值和时限上都是按照选择性的要求配合整定的，因此就能够 100％地保证只切除线路 BC。而如果是采用两相星形接线，则当线路 BC 上 b 相接地时，则保护 1 就不能动作，此时只能由保护 2 动作切除线路 AB，因而扩大了停电范围。由此可见，这种接线方式在不同相别的两点接地短路组合中，只能保证有 2/3 的机会有选择性的切除一条线路。

如图 2.18 所示，在变电所引出的并联形线路上，发生两点接地短路时，希望任意切除一条线路即可，当保护 1、2 均采用三相星形接线时，两套保护均将动作，如保护 1 和

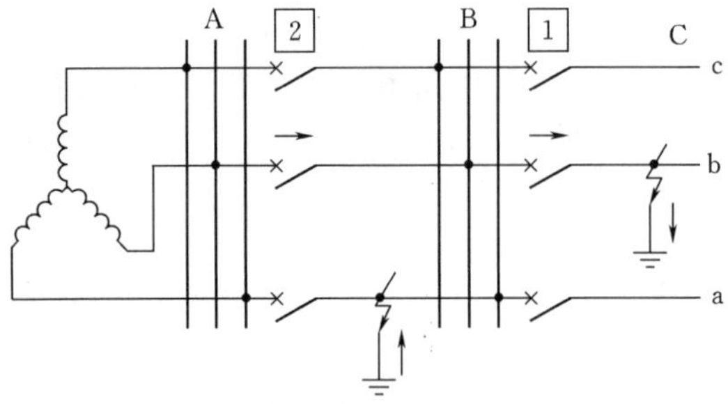

图 2.17　串联线路上两点接地的示意图

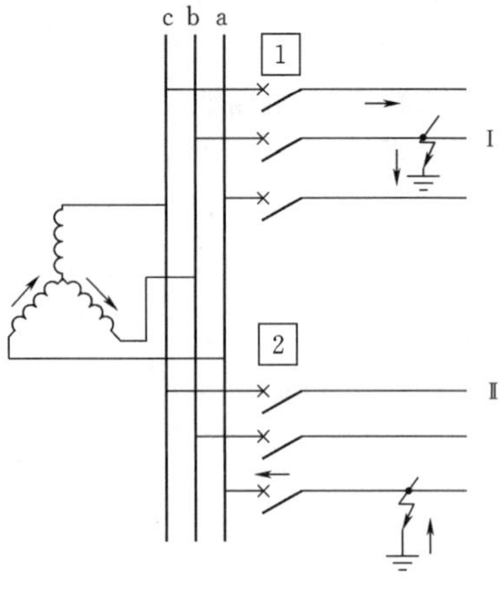

图 2.18　并联线路两点接地示意图

保护 2 的时限整定得相同，即 $t_1=t_2$，则保护 1、2 将同时动作切除两条线路。因此，不必要地切除两条线路的机会就比较多了。如采用两相星形接线，只要某一线路上具有 b 相一点接地，由于 b 相未装保护，因此该线路就不被切除。即使是出现 $t_1=t_2$ 的情况，它也能保证有 2/3 的机会只切除一条线路。

3. 对 Yd11 接线降压变压器两相短路的电流分析

现以图 2.19 (a) 所示的 Yd11 接线的降压变压器为例，分析三角形（低压）侧发生 A、B 两相短路时在星形（高压）侧的各相电流关系。在故障点，$\dot{I}_A^\Delta=-\dot{I}_B^\Delta$，$\dot{I}_C^\Delta=0$，设三角形侧各相绕组中的电流分别为 $\dot{I}_a$、$\dot{I}_b$、$\dot{I}_c$，则

$$\left.\begin{aligned}&\dot{I}_a+\dot{I}_b+\dot{I}_c=0\\&\dot{I}_b-\dot{I}_c=\dot{I}_B^\Delta=-\dot{I}_A^\Delta\\&\dot{I}_c-\dot{I}_a=\dot{I}_C^\Delta=0\end{aligned}\right\}\tag{2.22}$$

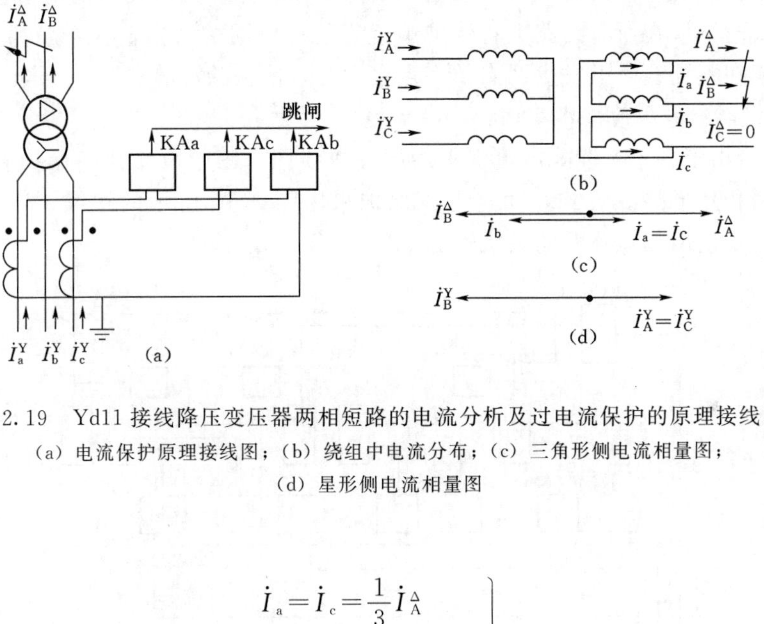

图 2.19　Yd11 接线降压变压器两相短路的电流分析及过电流保护的原理接线图
(a) 电流保护原理接线图；(b) 绕组中电流分布；(c) 三角形侧电流相量图；
(d) 星形侧电流相量图

由此可求出

$$\left.\begin{aligned}&\dot{I}_a=\dot{I}_c=\frac{1}{3}\dot{I}_A^\Delta\\&\dot{I}_b=-\frac{2}{3}\dot{I}_A^\Delta=\frac{2}{3}\dot{I}_B^\Delta\end{aligned}\right\}\tag{2.23}$$

根据变压器的工作原理，即可求得星形侧电流的关系为

$$\dot{I}_A^Y=\dot{I}_C^Y$$

$$\dot{I}_B^Y=-2\,\dot{I}_A^Y$$

而当 Yd11 接线的升压变压器高压（星形）侧 BC 两相短路时，在低压（三角形）侧各相的电流为 $\dot{I}_A^\Delta=\dot{I}_C^\Delta$ 和 $\dot{I}_B^\Delta=-2\,\dot{I}_A^\Delta$。

当过电流保护接于降压变压器的高压侧以作为低压侧线路故障的后备保护时，如果保护采用三相星形接线，则接于 B 相上的继电器由于流有较其他两相大 1 倍的电流，因而灵敏系数增大 1 倍，这是十分有利的。如果保护采用的是两相星形接线，则由于 B 相上

没有装设继电器，因此灵敏系数只能由A相和C相的电流决定，在同样的情况下，其数值要比采用三相星形接线时低一半。为了克服这个缺点，可以在两相星形接线的中性线上再接入一个继电器［图2.19（a）］，利用这个继电器就能提高灵敏系数。

4. 两种接线方式的应用

三相星形接线需要三个电流互感器、三个电流继电器和四根二次电缆，相对复杂和不经济。三相星形接线广泛用于发电机、变压器等大型贵重电气设备的保护中，因为它能提高保护动作的可靠性和灵敏性。此外，它也可以用在中性点直接接地系统中，作为相间短路和单相接地短路的保护。但实际上，由于单相接地短路一般都是采用专门的零序电流保护。因此，为了上述目的而采用三相星形接线方式的并不多。

由于两相星形接线较为简单经济，因此在中性点直接接地系统和非直接接地系统中，被广泛用作为相间短路的保护。在分布很广的中性点非直接接地系统中，两点接地短路发生在图2.18所示网络中的可能性要比图2.17所示网络中的可能性大得多。这种情况下，采用两相星形接线就可保证有2/3的机会只切除一条线路。当电网中的电流保护采用两相星形接线方式时，应在所有线路上将保护装置安装在相同的两相上（一般都是装于A、C相上）以保证在不同线路上发生两点及多点接地时，能切除故障。

5. 三段式电流保护的接线举例

图2.20给出了一个三段式电流保护的原理接线图。图中电流速断保护和限时电流速断保护采用两相星形接线方式，而过电流保护采用图2.19所示的接线，以提高在Yd11接线变压器后发生两相短路时的灵敏性。

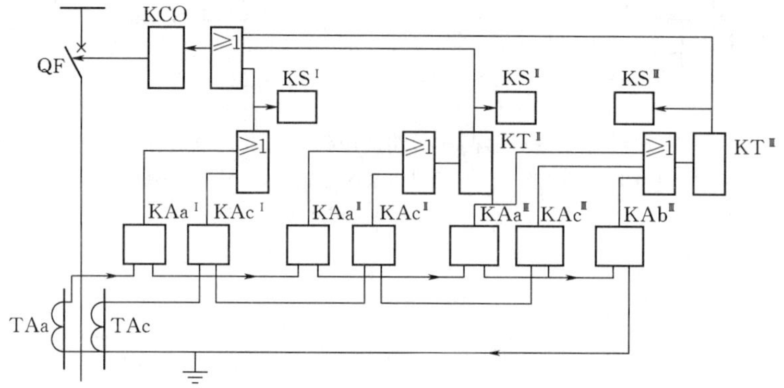

图2.20　三段式电流保护的原理接线图

2.3　双侧电源网络相间短路的方向性电流保护

2.3.1　双侧电源网络相间短路时的功率方向

前面讲的三段式电流保护是仅利用相间短路后电流幅值增大的特征来区分故障与正常运行状态的，以动作电流的大小和动作时限的长短配合来保证有选择的切除故障。这种原理在多电源网络中使用遇到困难，例如在图2.21所示的双侧电源网络接线中，由于两侧都有电源，为了合上和断开线路，在每条线路的两侧均需装设断路器和保护装置。

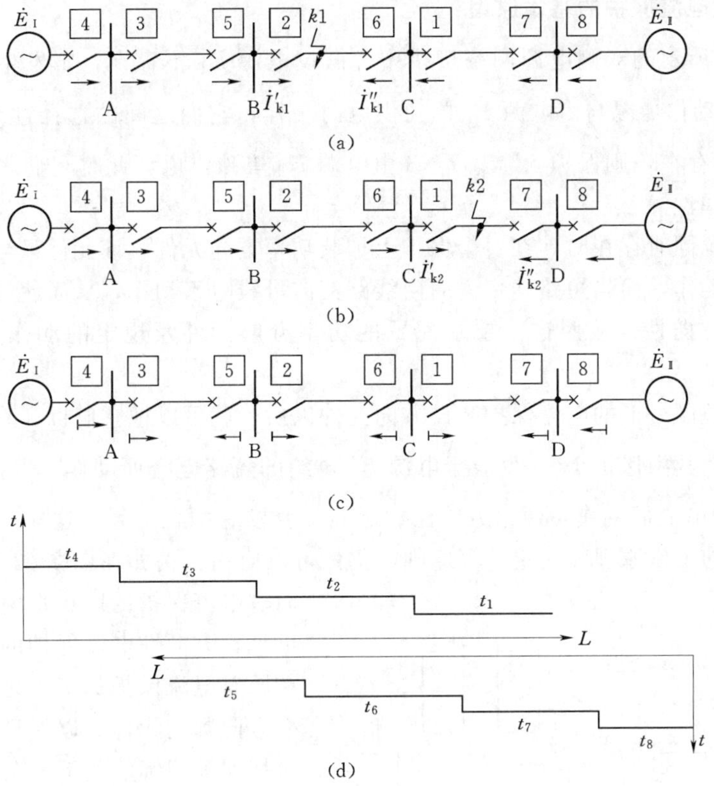

图 2.21 双侧电源网络及其保护动作方向的规定
（a）$k1$ 点短路时的电流分布；（b）$k2$ 点的短路电流分布；（c）各保护动作方向的规定；（d）方向过电流保护的阶梯形时限特性

当图 2.21（a）的 $k1$ 点发生短路时，应由保护 2、6 动作跳开断路器，以切除故障，不会造成停电，这正是双端供电的优点。但是单靠电流的幅值大小能否保证保护 5、1 不误动作？假如在 AB 线路上短路时流过保护 5 的短路电流小于在 BC 线路上短路时流过的电流，则为了对 AB 线路起保护作用，保护 5 的整定电流必然小于 BC 线路上短路时短路电流，从而在 BC 线路短路时误动。同理分析，当 CD 线路上短路时流过保护 1 的电流小于 BC 线短路时流过的电流时，在 BC 线路上短路时也会造成保护 1 的误动。假定保护的正方向是由母线指向线路，分析可能误动的情况，都是在保护的反方向短路时可能出现。

$k1$ 点发生短路时流过线路的短路功率（一般指短路时母线电压与线路电流相乘所得到的感性功率）方向，是从电源经由线路流向短路点，与保护 2、3、4 和保护 6、7、8 的正方向一致。分析 $k2$ 点和其他任意点的短路，都有相同的特征，即短路功率的流动方向正是保护应该动作的方向，并且短路点两侧保护只需要按照单电源的配合方式整定配合，即可满足选择性要求。保护中如果加装一个可以判别短路功率流动方向的元件，并且当功率方向由母线流向线路（正方向）时才动作，并与电流保护共同工作，便可以快速、有选择性地切除故障，称为方向性电流保护。方向性电流保护既利用了电流的幅值特征，又利用功率方向的特征。

2.3.2 方向性电流保护的基本原理

在图 2.21 所示的双侧电源网络接线中，假设电源 $\dot{E}_{\mathrm{II}}$ 不存在，则发生短路时，保护 1、2、3、4 的动作情况与由电源 $\dot{E}_{\mathrm{I}}$ 单独供电时一样，它们之间的选择性是能够保证的。如果电源 $\dot{E}_{\mathrm{I}}$ 不存在，则保护 5、6、7、8 由电源 $\dot{E}_{\mathrm{II}}$ 单独供电，此时它们之间也同样能够保证动作的选择性。

当两个电源同时存在时，在每个保护上加装功率方向元件，该元件只当功率方向由母线流向线路时动作，而当短路功率方向由线路流向母线时不动作，从而使保护继电器的动作具有一定的方向性。按照这个要求配置的功率方向元件及规定的动作方向如图 2.21（c）所示。

当双侧电源网络上的电流保护装设方向元件以后，就可以把它们拆开看成是两个单侧源网络的保护，其中保护 1～4 反应于电源 $\dot{E}_{\mathrm{I}}$ 供给的短路电流而动作，保护 5～8 反应于电源 $\dot{E}_{\mathrm{II}}$ 供给的电流而动作，两组方向保护之间不要求有配合关系。这样，前面所讲的三段式电流保护的工作原理和整定计算原则就仍然可以应用。例如在图 2.21（d）示出了方向过电流保护的阶梯形时限特性。由此可见，方向性电流保护的主要特点就是在原有电流保护的基础之上增加一个功率方向判定元件，以保证在反方向故障时把保护闭锁使其不致误动作。

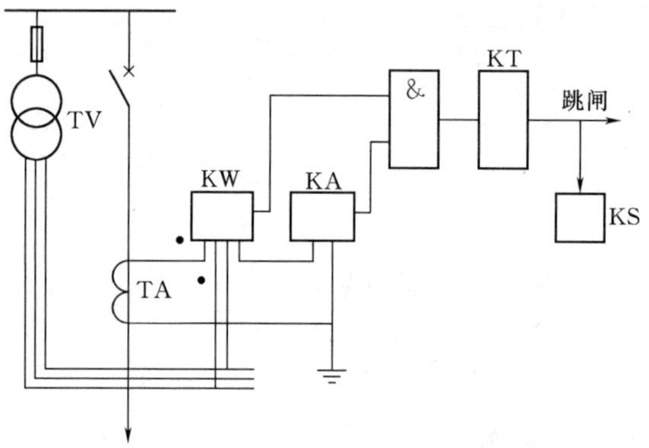

图 2.22 方向过电流保护的单相原理接线图

具有方向性的过电流保护的单相原理接线如图 2.22 所示，主要有方向元件 KW，电流元件 KA 和时间元件 KT 组成，由图 2.22 可见，方向元件和电流元件必须都动作以后，才能去启动时间元件，再经过预定的延时后动作于跳闸。

2.3.3 功率方向判别元件

1. 对功率方向元件的要求

如果规定流过保护的电流给定正方向是从母线指向线路，在图 2.23（a）所示的网络接线中，对保护 1 而言，当正方向 k_1 点三相短路时，流过保护 1 的电流 $\dot{I}_r$ 即短路电流 $\dot{I}_{k1}$，滞后于该母线电压 $\dot{U}$ 一个相角 φ_{k1}（φ_{k1} 为从母线至 $k1$ 点之间的线路阻抗角），其值为 $0°<\varphi_{k1}<90°$，如图 2.23（b）所示。当反方向 $k2$ 点短路时，通过保护 1 的短路电流是由电源 $\dot{E}_{\mathrm{II}}$ 供给的，此时流过保护 1 的电流是 $-\dot{I}_{k2}$，滞后于母线电压 $\dot{U}$ 的相角将是 $180°+\varphi_{k2}$。φ_{k2}（φ_{k2} 为该母线至 $k2$ 点之间的线路阻抗角），其值为 $180°<\varphi_{k2}<270°$。如以母线电压作为参考量，并设 $\varphi_{k1}=\varphi_{k2}=\varphi_k$，则流过保护安装处的电流在以上两种短路情况下相位差 180°。因此，利用判别短路功率的方向或短路后电流、电压之间的相位关系，就可以判别发生故障的方向。用以判别功率方向或测定电流、电压间相位角的元件（继电器）称

为功率方向元件（功率方向继电器）。由于它主要反应于加入继电器中电流和电压之间的相位而工作，因此用相位比较方式来实现较为简单。

对继电保护中功率方向元件的基本要求是：

（1）应具有动作可靠性，即在正方向发生各种故障（包括故障点有过渡电阻的情况）时能可靠动作，而在反方向故障时可靠不动作。

（2）正方向故障时有足够的灵敏度。

2. 功率方向元件（功率方向继电器）的动作特性

对A相的功率方向元件，加入电压$\dot{U}_r$（如$\dot{U}_A$）和电流$\dot{I}_r$（如$\dot{I}_A$），则当正方向短路［图2.23（b）］时，元件中电压、电流之间的相角为

$$\varphi_{rA}=\arg\frac{\dot{U}_A}{\dot{I}_{k1A}}=\varphi \tag{2.24}$$

反方向短路［图2.23（c）］时，为

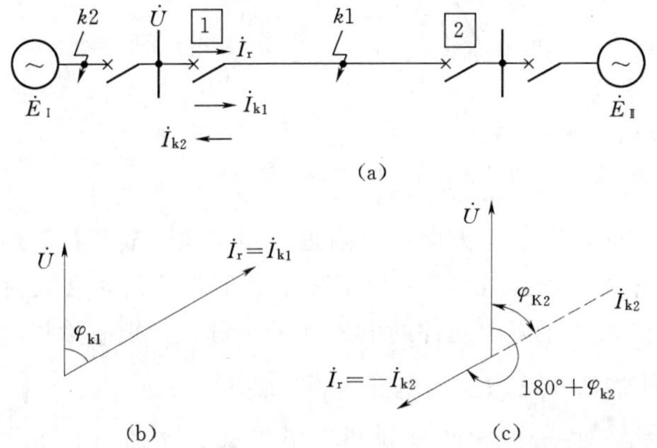

图2.23　方向元件工作原理的分析

（a）网络接线图；（b）$k1$点短路相量图；（c）$k2$点短路相量图

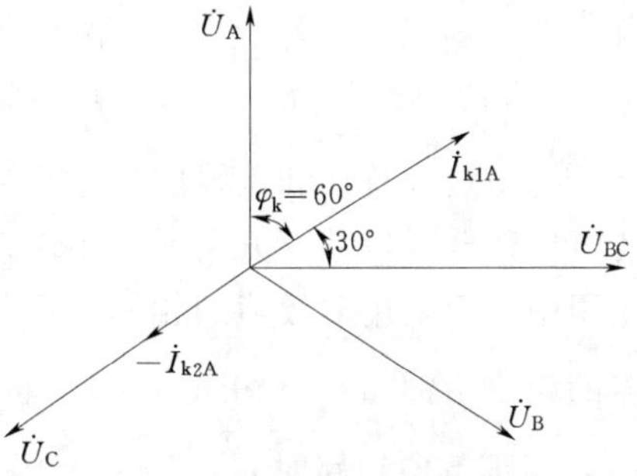

图2.24　三相短路－$\varphi_k=60°$时的相量图

$$\varphi_{rA}=\arg\frac{\dot{U}_A}{-\dot{I}_{k2A}}=180°+\varphi_{k2} \tag{2.25}$$

式中，符号arg表示相量$\frac{\dot{U}_A}{\dot{I}_{k1A}}$的幅角，亦即分子的相量超前于分母相量的角度。

如果取$\varphi_k=60°$，可画出相量关系如图2.24所示。

一般的功率方向继电器当输入电压和电流的幅值不变时，其输出（转矩或电压）值随两者相位差的大小而改变，为了在最常见的短路情况下使方向元件动作最灵敏，采用上述接线的功率方向元件应作成最大灵敏角为$\varphi_{sen}=\varphi_k=60°$。又为了保证当短路点有过渡电阻、线路阻抗$\varphi_k$在0°～90°范围内变化情况下正方向故障时，继电器都能可靠动作，功率方向元件动作的角度应该有一个范围，考虑实现的方便性，这个范围通常取为$\varphi_{sen}\pm 90°$。此动作特性在复数平面上是一条直线，如图2.25（a）所示。其动作方程可表示为

$$90°>\arg\frac{\dot{U}_r e^{-j\varphi_{sen}}}{\dot{I}_r}>-90° \tag{2.26}$$

或
$$\varphi_{sen}+90°>\arg\frac{\dot{U}_r}{\dot{I}_r}>\varphi_{sen}-90° \tag{2.27}$$

当选取 $\varphi_{sen}=\varphi_k=60°$时，其动作区如图 2.27（a）所示。如用表示 $\dot{U}_r$ 超前于 $\dot{I}_r$ 的角度，并用功率的形式表示，则式（2.27）可写成

$$\dot{U}_r\ \dot{I}_r\cos(\varphi_r-\varphi_{sen})>0 \tag{2.28}$$

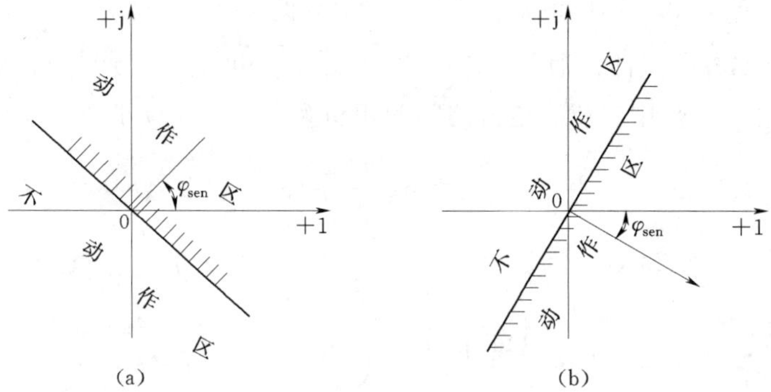

图 2.25 功率方向元件的工作特性

(a) 按式（2.27）构成；(b) 按式（2.28）构成

采用这种特性和接线的功率方向元件时，在其正方向出口附近短路接地，故障相对地的电压很低时，功率方向元件不能动作称为“电压死区”。为了减小和消除死区，在实际应用中广泛采用非故障的相间电压作为接入功率方向元件的电压参考相量，判别故障相电流的相位。例如对 A 相的功率方向元件加入电流 $\dot{I}_A$ 和电压 $\dot{U}_{BC}$。此时，$\varphi_{rA}=\arg\dot{U}_{BC}/\dot{I}_A$，当正方向短路时 $\varphi_{rA}=\varphi_k-90°=-30°$，反方向短路时 $\varphi_{rA}=150°$，相量关系也示于图 2.24 中。在这种情况下功率方向判别元件的最大灵敏角设计为 $\varphi_{sen}=\varphi_k-90°=-30°$，动作特性如图 2.25（b）所示，动作方程为

$$90°>\arg\frac{\dot{U}_r e^{j(90°-\varphi_k)}}{\dot{I}_r}>-90° \tag{2.29}$$

习惯上采用 $90°-\varphi_k=\alpha$，α 称为功率方向继电器的内角，则式（2.30）可变为

$$90°-\alpha>\arg\frac{\dot{U}_r}{\dot{I}_r}>-90°-\alpha \tag{2.30}$$

如用功率的形式表示，则为

$$\dot{U}_r\ \dot{I}_r\cos(\varphi_r+\alpha)>0 \tag{2.31}$$

对 A 相的功率方向继电器而言，可具体表示为

$$\dot{U}_{BC}\dot{I}_A\cos(\varphi_r+\alpha)>0 \tag{2.32}$$

除正方向出口附近发生三相短路时，$\dot{U}_{BC}\approx0$，继电器具有很小的电压死区以外，在其他任何包含 A 相的不对称短路时，$\dot{I}_A$ 的电流很大，U_{BC}的电压很高，因此继电器不仅没有死区，而且动作灵敏度很高。为了减小和消除三相短路时的死区，可以采用电压记忆

回路并尽量提高继电器动作时的灵敏度。

3. 功率方向判别元件的“潜动”问题

所谓功率方向判别元件的“潜动”是指在只加入电流信号或只加入电压信号的情况下，继电器就能够动作的现象。发生潜动的最大危害是在反方向出口处三相短路时，此时 $U_r \approx 0$，而 I_r 很大，方向元件本应将保护装置闭锁，如果此时出现了潜动，就有可能使保护装置失去方向性而误动作。所有的功率方向元件都必须采取措施，可靠地防止潜动的发生。

2.3.4 相间短路功率方向判别元件的接线方式

由于功率方向判别元件的主要任务是判断短路功率的方向，因此对其接线方式提出如下要求：

(1) 正方向任何类型的短路故障都能工作，而当反方向故障时则不能工作；

(2) 故障以后加入继电器的电流 $\dot{I}_r$ 和电压 $\dot{U}_r$ 应尽可能的大一些，并尽可能使 φ_k 接近于最大灵敏角 φ_{sen}，以便消除和减小方向元件的死区。

为了满足以上要求，功率方向继电器广泛采用的是 90°接线方式。所谓 90°接线方式是指在三相对称的情况下，当 $\cos\varphi=1$ 时，加入继电器的电流 $\dot{I}_A$ 和电压 $\dot{U}_{BC}$ 相位相差 90°，这个定义仅仅是为了称呼方便，并没有什么物理意义。

图 2.26 即为采用了 90°接线方式，将三个继电分别接于 $\dot{I}_A$、$\dot{U}_{BC}$、$\dot{I}_B$、$\dot{U}_{CA}$、$\dot{I}_C$、$\dot{U}_{AB}$，并且与对应相的过电流继电器按相连接而构成的三相式方向过电流保护的原理接线图。

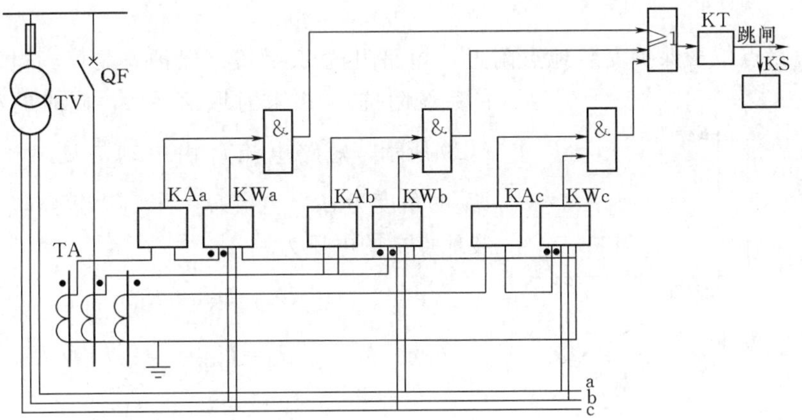

图 2.26 功率方向继电器采用 90°接线时，三相式方向过电流保护的原理接线图

现对 90°接线方式下，线路上发生各种故障时的动作情况分别进行讨论。

1. 正方向发生三相短路

正方向发生三相短路时的相量图如图 2.27 所示，$\dot{U}_A$、$\dot{U}_B$、U_C 表示保护安装地点的母线电压，$\dot{I}_A$、$\dot{I}_B$、$\dot{I}_C$ 为三相的短路电流，电流滞后对应相电压的角度为线路阻抗角 φ_k。

由于三相对称，三个方向继电器工作情况完全一样，故可只取 A 相继电器来分析。

由图可见，$\dot{I}_{rA}=\dot{I}_A$，$\dot{U}_{rA}=\dot{U}_{BC}$，$\varphi_{rA}=\varphi_k-90°$，电流超前于电压。根据式（2.32），A相继电器的动作条件应为

$$U_{BC}I_A\cos(\varphi_k-90°+\alpha)>0 \tag{2.33}$$

为使继电器工作于最灵敏的条件下，则应使 $\cos(\varphi_k-90°+\alpha)=1$，即要求 $\varphi_k+\alpha=90°$。一般而言，电力系统任何电缆或架空线的阻抗角（包括含有过渡电阻短路的情况）都位于 $0°<\varphi_k<90°$之间，为使方向继电器 φ_k 在任何的情况下均能动作，就必须要求式（2.33）始终大于0，为此应选择 $0°<\alpha<90°$之间才能满足要求。

2. 正方向发生两相短路

图2.28所示的B、C两相短路的系统接成可以有两种极端情况。

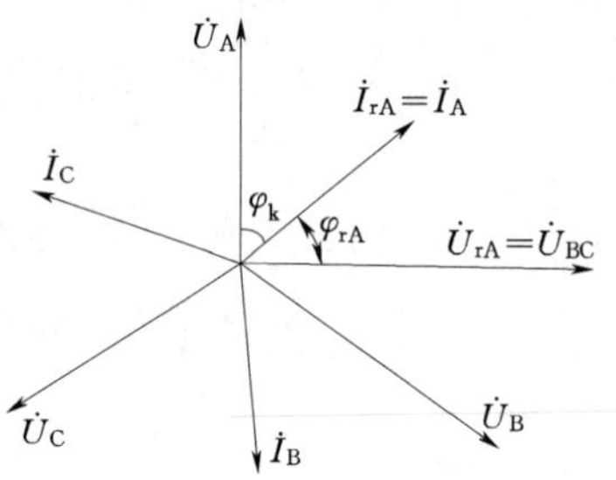

图2.27　90°接线方式下正方向发生三相短路时的相量图

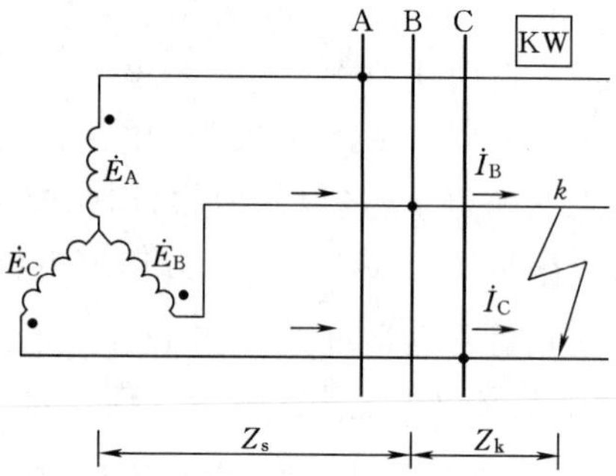

图2.28　B、C两相短路的系统接线图

（1）短路点位于保护安装地点附近，短路阻抗 $Z_k \ll Z_s$（保护安装处到电源中性点间的系统阻抗），极限时取 $Z_k=0$，此时的相量图如图2.29所示，短路电流 $\dot{I}_B$ 由电动势 $\dot{E}_{BC}$ 产生，$\dot{I}_B$ 滞后 $\dot{E}_{BC}$ 的角度为 φ_k，电流 $\dot{I}_C=-\dot{I}_B$，短路点（即保护安装地点）的电压为

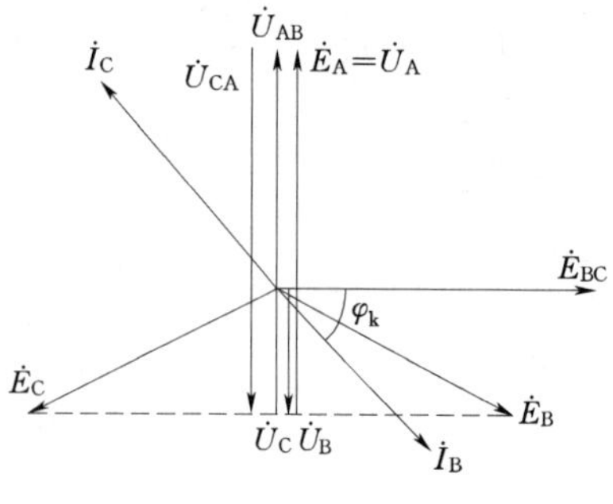

图2.29　保护安装地点出口处B、C两相短路时的相量图

$$\left.\begin{aligned}\dot{U}_A&=\dot{U}_{kA}=\dot{E}_A\\ \dot{U}_B&=\dot{U}_{kB}=-\frac{1}{2}\dot{E}_A\\ \dot{U}_C&=\dot{U}_{kC}=-\frac{1}{2}\dot{E}_A\end{aligned}\right\} \tag{2.34}$$

此时，对A相继电器而言为非故障相，当忽略负荷电流时，$I_A\approx 0$，因此，继电器不动作。对于B相继电器，$\dot{I}_{rB}=\dot{I}_B$，$\dot{U}_{rB}=\dot{U}_{CA}$，$\varphi_{rB}=\varphi_k-90°$，则动作条件应为

$$U_{CA}I_B\cos(\varphi_k-90°+a)>0 \tag{2.35}$$

对于C相继电器，$\dot{I}_{rC}=\dot{I}_C$，$\dot{U}_{rC}=\dot{U}_{AB}$，$\varphi_{rC}=I_{rC}=\varphi_k-90°$，则动作条件应为

$$U_{AB}I_C\cos(\varphi_k-90°+\alpha)>0 \tag{2.36}$$

式（2.35）、式（2.36）与式（2.33）相同，因此同于三相短路时的分析，为了在

$0°<\varphi_k<90°$的范围内使继电器均能动作，也需要选择$0°<\alpha<90°$。

(2) 短路点远离保护安装地点，且系统容量很大，此时$Z_k \gg Z_s$，极限时取$Z_s=0$，则相量图如图2.30所示，电流$\dot{I}_B$仍由电动势$\dot{E}_{BC}$产生，并滞后$\dot{E}_{BC}$个角度φ_k，保护安装地点的电压为

$$\left.\begin{aligned}\dot{U}_A&=\dot{E}_A\\ \dot{U}_B&=\dot{U}_{kB}+\dot{I}_B Z_k\approx\dot{E}_B\\ \dot{U}_C&=\dot{U}_{kC}+\dot{I}_C Z_k\approx\dot{E}_C\end{aligned}\right\} \tag{2.37}$$

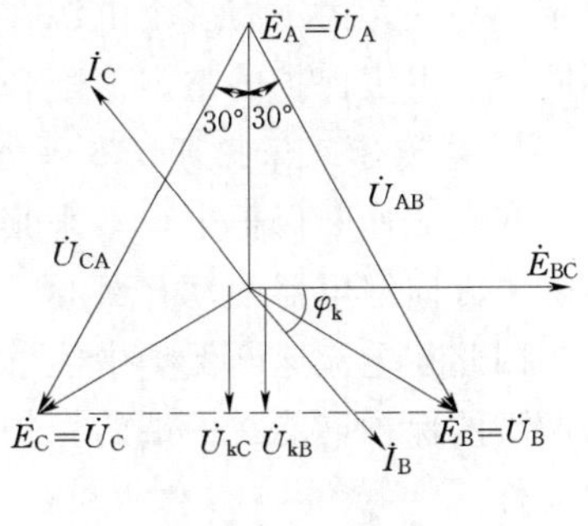

图2.30 远离保护安装点B、C两相短路的相量图

对于B相继电器，由于电压$\dot{U}_{CA}\approx\dot{E}_{CA}$，较出口短路时相位滞后了30°，因此，$\varphi_{rb}=-(90°+30°-\varphi_k)=\varphi_k-120°$则动作条件应为

$$U_{CA}I_B\cos(\varphi_k-120°+\alpha)>0 \tag{2.38}$$

因此，当$0°<\varphi_k<90°$时，继电器能够动作的条件为$30°<\alpha<120°$。对于C相继电器，由于电压$\dot{U}_{AB}\approx\dot{E}_{AB}$，较出口处短路时超前方向移了30°，因此，$\varphi_{rC}=-(90°+30°-\varphi_k)=\varphi_k-60°$，则动作条件应为

$$U_{AB}I_C\cos(\varphi_k-60°+\alpha)>0 \tag{2.39}$$

因此，当φ_k在0°～90°之间变化时，继电器能够动作的条件为$-30°<\alpha<60°$。

综合以上两种极限情况可得出，在正方向任何地点发生两相短路时，B相继电器能够动作条件时$30°<\alpha<90°$，C相继电器能够动作条件为$0°<\alpha<60°$。同理分析A、B和C、A两相短路时，也可以得出相应的结论。

由三相和各种两相短路的分析得出，当$0°<\varphi_k<90°$时，使故障相方向继电器在一切故障情况下都能动作的条件应为

$$30°<\alpha<60° \tag{2.40}$$

应该指出，以上的讨论只是继电器在各种情况下可能动作的条件，确定了内角的范围，内角的值在此范围内根据动作最灵敏的条件来确定。为了减小死区范围，继电器动作最灵敏的条件应根据三相短路时使$\cos(\varphi_r+\alpha)=1$来决定，因此，对某一已经确定了阻抗角的送电线路而言，应采用$\alpha=90°-\varphi_k$，以便短路获得最大的灵敏角。

由以上分析可见，90°接线方式的主要优点是：第一，对各种两相短路都没有死区，因为继电器加入的是非故障的相间电压，其值很高；第二，选择继电器的内角$\alpha=90°-\varphi_k$后，对线路上发生的各种故障，都能保证动作的方向性。

2.3.5 方向性电流保护的应用

通过前面分析可见，在具有两个以上电源的网络中，在线路两侧的保护中必须加装功率方向元件，组成方向性保护才有可能保证各保护之间动作的选择性。但当继电保护中应用方向元件以后将使接线复杂、投资增加，同时保护安装地点附近正方向发生三相短路时，由于母线电压降低至零，方向元件将失去判别的依据，从而导致整套保护装置拒动，方向保护存在动作的“死区”。在方向性电流保护应用时，如果能用电流整定值保证选择

性，就不加方向元件。什么情况下可以取消方向元件，需要根据具体电力系统的整定计算决定。另外，由于有多个电源存在，短路点到电源之间的线路上流过的短路电流大小可能不同，上下级保护的整定值配合出现新问题。

1. 电流速断保护可以取消方向元件的情况

在电流速断保护中，本来其保护范围就短，若在系统最小运行方式下发生三相短路，再除去方向继电器的动作死区，速断保护能够切除故障的范围就更小，甚至没有保护范围。因此在电流速断保护中能够用电流整定值保证选择性的，尽量不加方向元件；对于线路两端的保护，能在一端的保护中加方向元件后满足选择性要求的，不在两端保护中加方向元件。

图 2.31 所示为双侧电源网络中线路上各点短路时两侧电源供给短路点短路电流的分布曲线，其中曲线①为由电源$\dot{E}_{\mathrm{I}}$流过线路供给短路点的电流，曲线②为由$\dot{E}_{\mathrm{II}}$流过线路供给短路点的电流，由于两端电流容量不同，因此电流的大小也不同。

对于双侧电源线路上的电流速断保护，当任一侧区外相邻线路出口处如 $k1$ 点和 $k2$ 点短路时，短路电流 I_{k1} 和 I_{k2} 要同时流过两侧的保护 1、2，此时按照选择性的要求，两个保护均不应动作，因而两个保护的启动电流都应按躲开较大一个短路电流进行整定，例如 $I_{k2\cdot\max}>I_{k1\cdot\max}$时，则应取

$$I_{set1}^{\mathrm{I}}=I_{set2}^{\mathrm{I}}=k_{rel}^{\mathrm{I}}I_{k2\cdot\max} \tag{2.41}$$

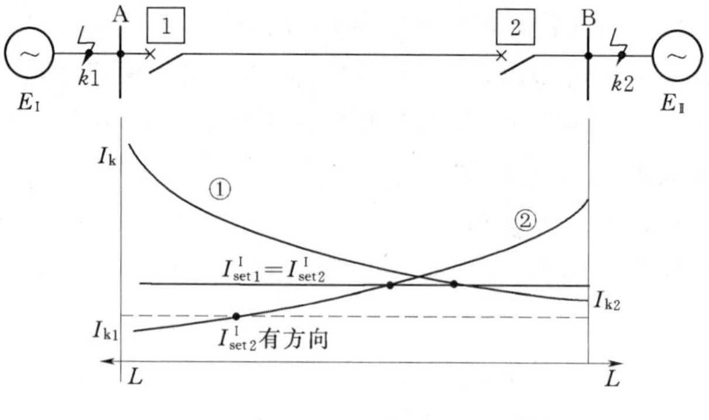

图 2.31　双侧电源线路上电流速断保护的整定

这样整定的结果，虽然保证了选择性，但使位于小电源侧保护 2 的保护范围缩小。当两侧电源容量的差别越大时，对保护 2 的这种影响就越大。

为了增大小电源侧保护的保护范围，就需要在保护 2 处装设方向元件，使其只当电流从母线流向被保护线路时才动作，这样保护 2 的启动电流就可以按照躲开正方向 $k1$ 点短路来整定，应取

$$I_{set2}^{\mathrm{I}}=k_{rel}^{\mathrm{I}}I_{k1\cdot\max} \tag{2.42}$$

如图虚线所示，其保护范围较前增加了很多。必须指出，在上述情况下，保护 1 处无需装设方向元件，因为它从定值上已经可靠地躲开了反方向短路时流过保护的最大短路电流 $I_{k1\cdot\max}$。

2. 限时电流速断保护整定时分支电路的影响

对应用于双侧电源网络中的限时电流速断保护，其基本的整定原则仍应与下一级保护

的电流速断保护相配合，但需要考虑保护安装地点与短路点之间有电源或分支电路的影响。对此可归纳为如下两种典型的情况。

(1) 助增电流的影响。如图 2.32 所示，当在 k 点短路时，故障线路中的短路电流 $\dot{I}_{BC}=\dot{I}_{AB}+\dot{I}'_{AB}$ 将大于 $\dot{I}_{AB}$。通常称 A' 为分支电源，这种分支电源使故障线路电流增大的现象，称为助增。有助增以后的短路电流分布曲线亦示于图 2.32 中。

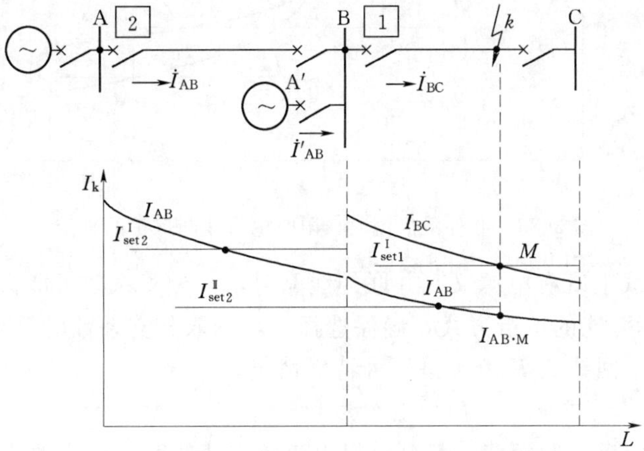

图 2.32 有助增电流时，限时电流速断保护的整定

此时保护 1 电流速断的整定值仍按躲开相邻线路出口短路整定为 I^{I}_{set1}，其保护范围末端位于 M 点，该点为保护的配合点。保护 2 限时速断的动作电流应大于 M 点短路时流过保护 2 的短路电流 $I_{AB\cdot M}$，因此保护 2 限时电流速断的整定值应为

$$I^{II}_{set2}=k^{II}_{rel}I_{AB\cdot M} \tag{2.43}$$

流过保护 2 的短路电流 $I_{AB\cdot M}$ 值小于流过保护 1 电流速断的动作电流 $I^{I}_{set1}=I_{BC\cdot M}$。引入分支系数 K_b，定义为

$$K_b=\frac{\text{故障线路流过的短路电流}}{\text{前一级保护所在线路上流过的短路电流}} \tag{2.44}$$

在图 2.32 中整定配合点 M 处的分支系数为

$$K_b=\frac{I_{BC\cdot M}}{I_{AB\cdot M}}=\frac{I^{I}_{set1}}{I_{AB\cdot M}} \tag{2.45}$$

代入式 (2.45) 则得

$$I^{II}_{set2}=\frac{k^{II}_{rel}}{K_b}\cdot I^{I}_{set1} \tag{2.46}$$

与单侧电源线路的整定式 (2.10) 相比，在分母上多了一个大于 1 的分支系数的影响。

(2) 外汲电流的影响。如图 2.33 所示，分支电路为一并联的线路，此时故障线路中的电流 $\dot{I}'_{BC}$ 将小于 $\dot{I}_{AB}$，其关系为 $\dot{I}_{AB}=\dot{I}'_{BC}+\dot{I}''_{BC}$，这种使故障线路中电流减小的现象，称为外汲。此时分支系数 $K_b<1$，短路电流的分布曲线亦画于图 2.33 中。

有外汲电流影响时的分析方法同于有助增电流的情况，限时电流速断的启动电流仍应按式 (2.46) 整定。

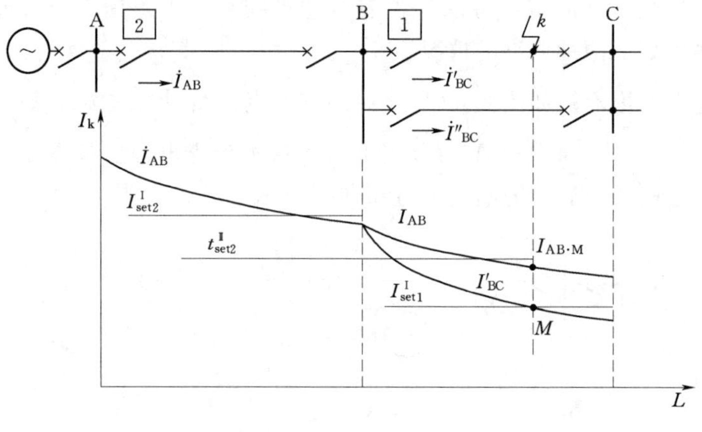

图 2.33　有外汲汲流时，限时电流速断保护的整定

当变电所 B 母线上既有电源又有并联的线路时，其分支系数可能大于 1，也可能小于 1，此时应根据实际可能的运行方式，确保选择性，选取分支系数的最小值进行整定计算。对单侧电源供电的单回线路 $K_b=1$ 是一种特殊情况。

3. 过电流保护装设方向元件的一般方法

过电流保护中，反方向短路一般都难以电流整定值躲开，而主要决定于动作时限的大小。以图 2.21 中的保护 6 为例，如果其过电流保护的动作时限 $t_6 \geqslant t_1+\Delta t$，其中 t_1 为保护 1 过电流保护的时限，则保护 6 就可以不用方向元件，因为当反方向线路 CD 上短路时，它能以较长的时限来保证动作的选择性。但在这种情况下，保护 1 必须有方向元件，否则，当 BC 短路时，当 $t_6>t_1$ 时，它将先于保护 6 而误动作。当 $t_6=t_1$ 时，则保护 1、6 都需要装设方向元件。当一条母线上有多条电源线路时，除动作时限最长的一个过电流保护不需要装方向元件外，其余都要装方向元件。

2.4　中性点直接接地系统中接地短路的零序电流及方向保护

2.4.1　接地短路时零序电压、电流和功率的分布

当中性点直接接地系统中发生接地短路时，将出现很大的零序电压和电流，利用零序电压、电流来构成接地短路的保护，具有显著的优点，被广泛应用在 110kV 及以上电压等级的电网中。

在电力系统中发生接地短路时，如图 2.34（a）所示，可以利用对称分量的方法将电流和电压分解为正序、负序、零序分量，并利用复合网来表示它们之间的关系。短路计算的零序等效网络如图 2.34（b）所示，零序电流是由在故障点施加零序电压 $\dot{U}_{k0}$ 产生的，它经过线路、接地变压器的接地支路（中性点接地）构成回路。零序电流的规定正方向，仍然采用由母线流向线路为正，而对零序电压的正方向，规定线路高于大地的电压为正。由等效网络可见，零序分量的参数具有如下特点。

1. 零序电压

零序电源在故障点，故障点的零序电压最高，系统中距离故障点越远处的零序电压越

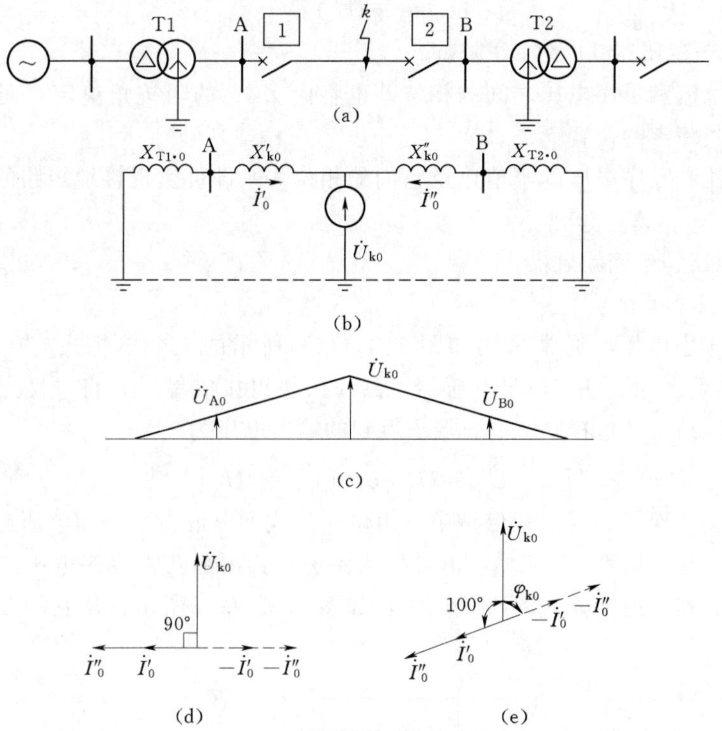

图 2.34 接地短路时的零序等效网络

（a）系统接线图；（b）零序网络图；（c）零序电压的分布图；

（d）忽略电阻的相量图；（e）计及电阻时的相量图（设 $\varphi_{k0}=80°$）

低，取决于测量点到大地间阻抗的大小。零序电压的分布如图 2.34（c）所示。在电力系统运行方式变化时，如果输电线路和中性点接地变压器位置、数目不变，则零序阻抗和零序等效网络是不变的。而此时，系统的正序阻抗和负序阻抗要随着运行方式而变化，正、负序阻抗的变化将引起故障点$\dot{U}_{k1}$、$\dot{U}_{k2}$、$\dot{U}_{k0}$三序电压之间分配的改变，因而间接影响零序分量的大小。

2. 零序电流

由于零序电流是由零序电压$\dot{U}_{k0}$产生的，由故障点经由线路流向大地。当忽略回路的电阻时，由按照规定的正方向画出的零序电流、电压的相量图［图 2.34（d）］，可见，流过故障点两侧线路保护的电流$\dot{I}'_0$和$\dot{I}''_0$将超前$\dot{U}_{k0}$ 90°；而当计及回路电阻时，例如取零序阻抗角为 $\varphi_{k0}=80°$则相量图如图 2.34（e）所示，$\dot{I}'_0$和$\dot{I}''_0$将超前$\dot{U}_{k0}$ 100°。

3. 零序功率及电压、电流相位关系

对于发生故障的线路，两端零序功率方向与正序功率方向相反，零序功率方向实际上都是由线路流向母线。

从任一保护安装处的零序电压和电流之间的关系看，例如保护 1，由于 A 母线上的零序电压$\dot{U}_{A0}$。实际上是从该点到零序网络中性点之间零序阻抗上的电压降，因此可表示为

$$\dot{U}_{A0}=(-\dot{I}'_0)\dot{Z}_{T1\cdot 0} \tag{2.47}$$

式中　$Z_{T1\cdot 0}$——变压器 T1 的零序阻抗。

该处零序电流和零序电压之间的相位差也将由 $Z_{T1\cdot 0}$的阻抗角决定，而与被保护线路的零序阻抗及故障点的位置无关。

用零序电流和零序电压的幅值以及它们的相位关系即可实现接地短路的零序电流和方向保护。

2.4.2　零序电压、电流滤过器

1. 零序电压滤过器

为了取得零序电压，通常采用如图 2.35（a）所示的三个单相式电压互感器或如图 2.35（b）所示的三相五柱式电压互感器，其一次绕组接成星形并将中性点接地，其二次绕组接成开口三角形，这样从 m、n 端子得到的输出电压为

$$\dot{U}_{mn}=\dot{U}_a+\dot{U}_b+\dot{U}_c=3\dot{U}_0 \tag{2.48}$$

在集成电路式保护和数字式保护中，由电压形成回路取得三个相电压后，利用加法器将三个相电压相加［图 2.35（d）］，也可以从保护装置内部获得零序电压，当发电机的中性点经电压互感器（或消弧线圈）接地时，如图 2.35（c）所示，从它的二次绕组中也能获得零序电压。

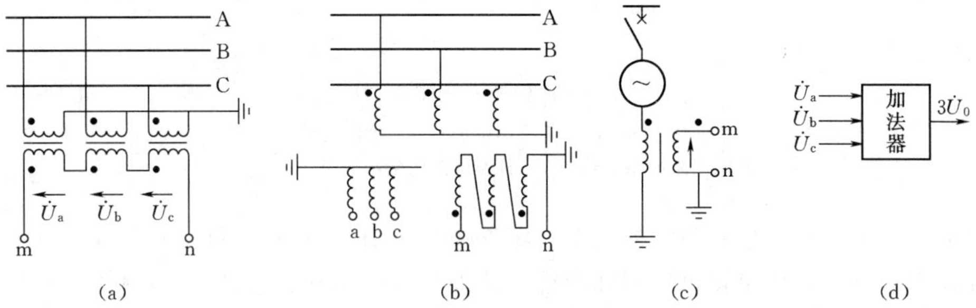

图 2.35　取得零序电压的接线图

（a）用三个单相式电压互感器；（b）用三相五柱式电压互感器；（c）接于发电机中性点的电压互感器；（d）保护装置内部合成零序电压

实际上在正常运行和电网相间短路时，由于电压互感器的误差以及三相系统对地不完全平衡，在开口三角形侧也可能有数值不大的电压输出，此电压称为不平衡电压，以$\dot{U}_{unb}$表示。此外，当系统中存在有三次谐波分量时，一般三相中的三次谐波电压是同相位的，在零序电压滤过器的输出端也有三次谐波电压输出。对反应于零序电压而动作的保护装置，应该考虑躲开它们的影响。

2. 零序电流滤过器

为了取得零序电流，通常采用三相电流互感器按图 2.36（a）接线，此时流入继电器回路中的电流为

$$\dot{I}_r=\dot{I}_a+\dot{I}_b+\dot{I}_c=3\dot{I}_0 \tag{2.49}$$

电流互感器采用三相星形接线方式，在中性线上所流过的电流就是 $3\dot{I}_0$。因此，在实际的

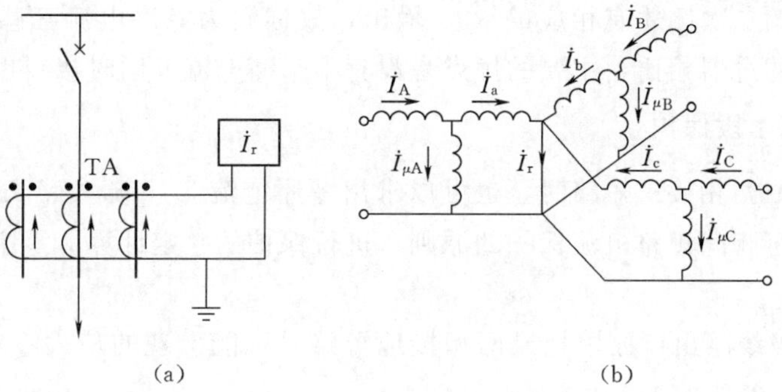

图 2.36　零序电流滤过器

(a) 原理接线；(b) 等效电路

使用中，零序电流滤过器并不需要采用专门的一组电流互感器，而是接入相间保护用的电流互感器的中性线上就可以了。在电子式和数字式保护装置中，也可以在形成三个相电流的回路中将电流相量相加获得零序电流。零序电流滤过器也会产生不平衡电流。

图 2.37 所示为一个电流互感器的等效电路。考虑励磁电流 $\dot{I}_{\mu}$ 的影响后，二次电流和一次电流的关系应为

$$\dot{I}_2=\frac{1}{n_{TA}}(\dot{I}_1-\dot{I}_{\mu}) \tag{2.50}$$

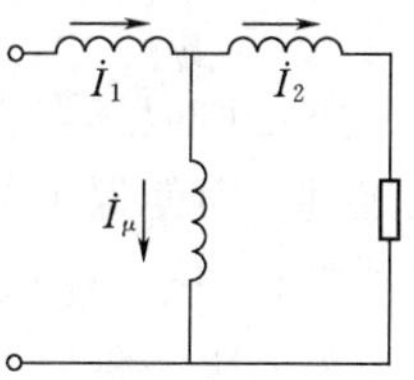

图 2.37　电流互感器等效电路

因此，零序电流过滤器的等效电路即可用图 2.36 (b) 来表示，此时流入继电器的电流为

$$\begin{aligned}\dot{I}_r&=\dot{I}_a+\dot{I}_b+\dot{I}_c\\&=\frac{1}{n_{TA}}[(\dot{I}_A-\dot{I}_{\mu A})+(\dot{I}_B-\dot{I}_{\mu B})+(\dot{I}_C-\dot{I}_{\mu C})]\\&=\frac{1}{n_{TA}}(\dot{I}_a+\dot{I}_b+\dot{I}_c)-(\dot{I}_{\mu A}+\dot{I}_{\mu B}+\dot{I}_{\mu C})\end{aligned} \tag{2.51}$$

在正常运行和一切不伴随有接地的相间短路时，三个电流互感器一次侧电流的相量和必然为零，因此流入继电器中的电流即为

$$\dot{I}_r=\frac{1}{n_{TA}}(\dot{I}_{\mu A}+\dot{I}_{\mu B}+\dot{I}_{\mu C})=\dot{I}_{unb} \tag{2.52}$$

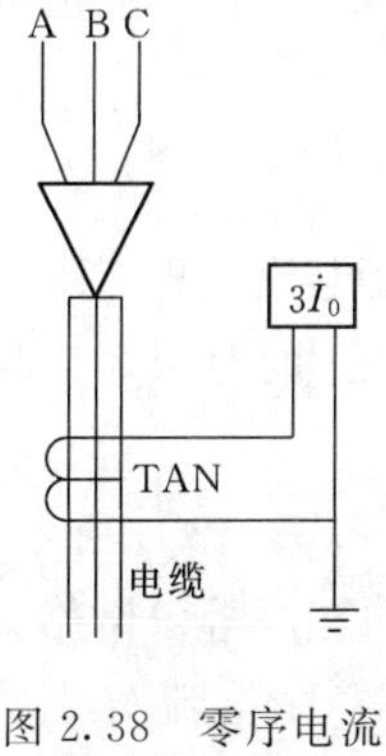

图 2.38　零序电流互感器接线示意图

此 $\dot{I}_{unb}$ 称为零序电流滤过器的不平衡电流。它是由三个互感器励磁电流不相等而产生的。而励磁电流的不相等，则是由于铁芯的磁化曲线不完全相同以及制造过程中的某些差别而引起的，从而造成电流互感器的稳态误差。当发生相间短路时，电流互感器一次测流过的电流最大并且包含非周期分量，因此不平衡电流也达到最大值，用 $\dot{I}_{unb\cdot max}$ 表示。

此外，对于采用电缆引出的输电线路，还广泛的采用了零序电流互感器的接线以获得 $3\dot{I}_0$，如图 2.38 所示。此电流互感器就套在三相电缆的外面，互感器的一次电流是 $\dot{I}_A+\dot{I}_B+\dot{I}_C$，只当一次侧有零序电

流时，在互感器的二次侧才有相应的 $3\dot{I}_0$ 输出，故称它为零序电流互感器。零序电流互感器和零序电流滤过器相比，主要的优点是没有不平衡电流，同时接线也较为简单。

2.4.3　零序电流Ⅰ段保护

在发生单相或两相接地短路时，也可以求出零序电流 $3\dot{I}_0$ 随线路长度 L 变化的关系曲线，然后相似于相间短路电流保护的原则，进行保护的整定计算。零序电流速断保护的整定原则如下。

(1) 躲开下级线路出口处单相或两相接地短路时可能出现的最大零序电流 $3I_{0\cdot\max}$ 引入可靠系数 K_{rel}^{I}（一般取为 1.2～1.3)，即

$$I_{set}^{\mathrm{I}}=K_{rel}^{\mathrm{I}}\times 3I_{0\cdot\max} \tag{2.53}$$

(2) 躲开断路器三相触头不同期合闸时出现的最大零序电流 $3I_{0\cdot unb}$，引入可靠系数 K_{rel}^{I}，即

$$I_{set}^{\mathrm{I}}=K_{rel}^{\mathrm{I}}\times 3I_{0\cdot unb} \tag{2.54}$$

如果保护装置的动作时间大于断路器三相不同期合闸的时间，则可以不考虑这一条件。

整定值应选取以上两者中较大者，但在有些情况下，如按照条件（2）整定将使启动电流过大而使保护范围缩小时，也可以采用在手动合闸以及三相自动合闸时，使零序Ⅰ段保护带有一个小的延时（约 0.1s)，以躲开断路器三相不同期合闸的时间，这样在定值上就无需考虑条件（2）了。

(3) 当线路上采用单相自动重合闸时，按能躲开在非全相运行状态下又发生系统振荡时，所出现的最大零序电流整定。

若按条件（3）整定，其定值较高，正常情况下发生接地故障时，保护范围又要缩小，不能充分发挥零序Ⅰ段保护作用。因此，为了解决这个矛盾，通常是设置两个零序Ⅰ段保护：一个是按条件（1）和（2）整定（由于其定值较小，保护范围较大，因此称为灵敏Ⅰ段)，它的主要任务是对全相运动状态下的接地故障起保护作用，具有较大的保护范围。而当单相重合闸启动时，为防止误动，则将其自动闭锁，待恢复全相运行时才重新投入。另一个零序Ⅰ段保护按条件（3）整定（称为不灵敏Ⅰ段)，用于在单相重合闸过程中，其他两相又发生接地故障时的保护。当然，不灵敏Ⅰ段也能反应全相运行状态下的接地故障，只是其保护范围较灵敏Ⅰ段为小。

2.4.4　零序电流Ⅱ段保护

零序Ⅱ段保护的工作原理与相间短路限时电流速断保护一样，其启动电流首先考虑与下级线路的零序电流速断保护范围的末端 M 点相配合，并带有高出一个 Δt 的时限，以保证动作的选择性。

当两个保护之间的变电所母线上接有中性点接地的变压器［如图 2.39（a）所示］时，则由于这一分支电路的影响，将使零序电流的分布发生变化，此时的零序等效网络如图 2.39（b）所示。当线路 BC 上发生接地短路时，流过保护 1、2 的零序电流分别为 $\dot{I}_{k0\cdot BC}$ 和 $\dot{I}_{k0\cdot AB}$，两者之差就是从变压器 T2 中性点流回的电流 $\dot{I}_{k0\cdot T2}$。显然可见，这种情

况与图 2.32 所示的有助增电流的情况相同，引入零序电流的分支系数 $K_{0.b}$ 之后，则零序Ⅱ段的启动电流应整定为

$$I_{set2}^{\mathrm{II}}=\frac{k_{rel}^{\mathrm{II}}}{K_{0\cdot b}}I_{set1}^{\mathrm{I}} \tag{2.55}$$

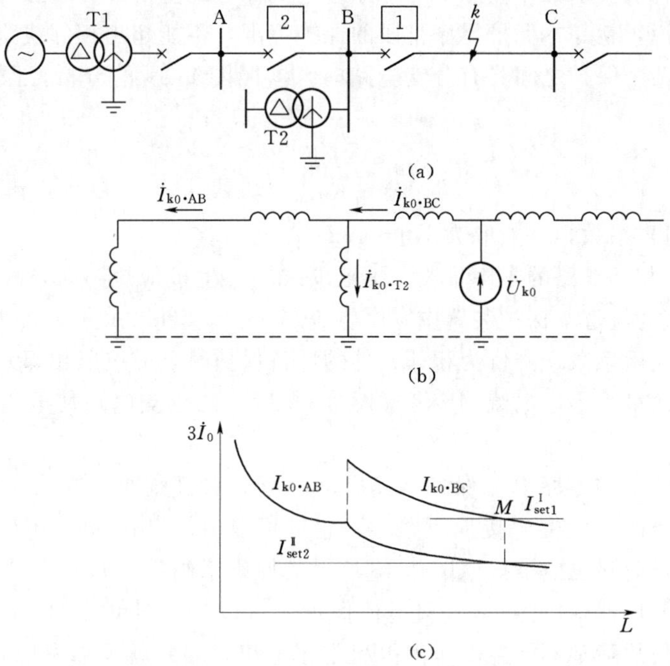

图 2.39 有分支电路时零序Ⅱ段保护动作特性的分析

(a) 网络接线图；(b) 零序等效网络；(c) 零序电流变化曲线

当变压器 T2 切除或中性点改为不接地运行时，则该支路即从零序等效网络中断开，此时 $K_{0.b}=1$。

零序Ⅱ段保护的灵敏系数，应按照本线路末端接地短路的最小零序电流来校验，并应满足 $K_{re}\geqslant1.5$ 的要求。当由于下级线路比较短或运行方式变化比较大，而不能满足对灵敏系数的要求时，除考虑与下级线路的零序Ⅱ段保护配合外，还可以考虑用下列方式解决：

(1) 用两个灵敏度不同的零序Ⅱ段保护。保留 0.5s 的零序Ⅱ段保护，快速切除正常运行方式和最大运行方式下线路上所发生的接地故障；同时再增加一个与下级线路零序Ⅱ段保护配合的Ⅱ段保护，它能保证在各种运行方式下线路上发生的短路时，保护装置具有足够的灵敏系数。

(2) 从电网接线的全局考虑，改用接地距离保护。

2.4.5 零序电流Ⅲ段保护

零序Ⅲ段保护的作用相当于相间短路的过电流保护，在一般情况下是作为后备保护使用的，但在中性点直接接地系统中的终端线路上，它也可以作为主保护使用。

在零序过电流保护中，对继电器的启动电流，原则上是按照躲开在下级线路出口处相

间短路时所出现的最大不平衡电流$\dot{I}_{unb \cdot max}$来整定，引入可靠系数$K_{rel}^{Ⅲ}$，即为

$$I_{set}^{Ⅲ}=K_{rel}^{Ⅲ}\dot{I}_{unb \cdot max} \tag{2.56}$$

同时，还必须要求各保护之间在灵敏系数上要互相配合，满足式（2.20）的要求。当满足灵敏系数配合的要求时，实际上对零序过电流保护的整定计算，必须按逐级配合的原则来考虑，具体说，就是本保护零序Ⅲ段的保护范围，不能超出相邻线路的零序Ⅲ段保护的保护范围。当两个保护之间具有分支电路时，参照图 2.39 的分析，保护装置的启动电流应整定为

$$I_{set2}^{Ⅲ}=\frac{K_{rel}^{Ⅲ}}{K_{0 \cdot b}}I_{set1}^{Ⅲ} \tag{2.57}$$

式中 $K_{rel}^{Ⅲ}$——可靠系数，一般取为 1.1～1.2；

$K_{0 \cdot b}$——在相邻线路的零序Ⅲ段保护范围末端发生接地短路时，故障线路中零序电流与流过本保护装置中零序电流之比。

保护装置的灵敏系数，当作为相邻元件的后备保护时，应按照相邻元件末端接地短路时，流过本保护的最小零序电流（应考虑图 2.39 所示的分支电路使电流减小的影响）来校验。

按上述原则整定的零序电流保护，其启动电流一般都很小（在二次侧约为 2～3A）。因此，在本电压级网络中发生接地短路时，它都可能启动，这时，为了保证保护的选择性，各保护的动作时限也应该按照图 2.13 所示的原则来确定。如图 2.40 所示的网络接线中，安装在受端变压器 T1 上的零序过电流保护 4 可以是瞬时动作的，因为在 Yd 接线变压器低压侧的任何故障都不能在高压侧引起零序电流，因此就无需考虑和保护 1～3 的配合关系。按照选择性的要求，保护 5 应比保护 4 高出一个时间阶段，保护 6 又应比保护 5 高出一个时间阶段等。

为了便于比较，在图 2.40 中也绘出了相间短路过电流保护的动作时限，它是从保护 1 开始逐级配合的。由此可见，在同一线路上的零序过电流保护与相间短路的过电流保护相比，将具有较小的时限，这也是它的一个优点。

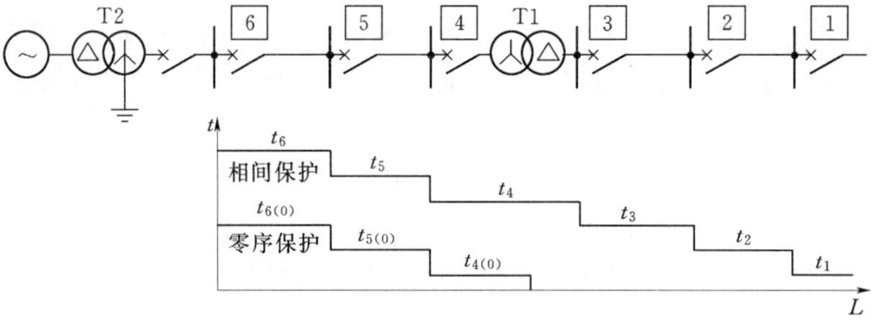

图 2.40 零序过电流保护的时限特性

2.4.6 方向性零序电流保护

1. 方向性零序电流保护原理

在双侧或多侧电源的网络中，电源处变压器的中性点一般至少有一台要接地，由于零序电流的实际流向是由故障点流向各个中性点接地的变压器，因此在变压器接地数目比较

多的复杂网络中，就需要考虑零序电流保护动作的方向性问题。

图 2.41（a）所示的网络，两侧电源处的变压器中性点均直接接地，这样当 $k1$ 点短路时，其零序等效网络和零序电流分布如图 2.41（b）所示，按照选择性的要求，应该由保护 1、2 动作切除故障，但是零序电流 $\dot{I}''_{0k1}$ 流过保护 3 时，就可能引起它的误动作；同样当 $k2$ 点短路时，其零序等效网络和零序电流分布如图 2.41（c）所示，零序电流 $\dot{I}''_{0k2}$ 又可能使保护 2 误动作。必须在零序电流保护中增加功率方向元件，利用正方向和反方向故障时，零序功率方向的差别，来闭锁可能误动作的保护，才能保证动作的选择性。

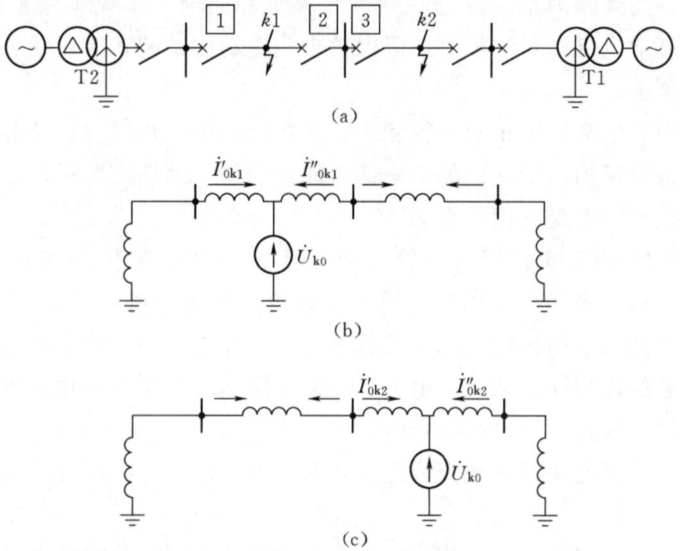

图 2.41 零序方向保护工作原理分析

2. 零序功率方向元件

零序功率方向元件接入零序电压 $3\dot{U}_0$ 和零序电流 $3\dot{I}_0$，反应于零序功率的方向而动作，其工作原理与实现方法同前述的功率方向元件。需要注意的是，当保护范围内部故障时，按规定的电流、电压正方向看，$3\dot{I}_0$ 超前于 $3\dot{U}_0$ 为 95°～110°，$\varphi_{sen}=-95°\sim-110°$，继电器此时应正确动作，并应工作在最灵敏的条件之下。

由于越靠近故障点的零序电压越高，因此零序方向元件没有电压死区。相反，当故障点距保护安装地点越远时，由于保护安装处的零序电压较低，零序电流较小，必须校验方向元件在这种情况下的灵敏系数。例如当零序保护作为相邻元件的后备保护时，即采用相邻元件末端短路时，在本保护安装处的最小零序电流、电压或功率与功率方向继电器的最小启动电流、电压或启动功率之比来计算灵敏系数，并要求 $K_{sen}\geqslant 1.5$。

2.4.7 对零序电流保护的评价

在中性点直接接地的高压电网中，由于零序电流保护简单、经济、可靠，作为辅助保护和后备保护获得广泛应用。它与相间电流保护相比具有独特的优点，例如：

（1）相间短路的电流速断保护和限时电流速断保护直接受系统运行方式变化的影响很大，而零序电流保护受系统运行方式变化的影响要小得多。此外，由于线路零序阻抗远较正序抗阻大，$X_0=(2\sim3.5)X_1$，故线路始端与末端短路时，零序电流变化显著，曲线较陡，因此零序Ⅰ段保护的保护范围较大，也较稳定，零序Ⅱ段保护的灵敏系数也易于满足要求。

(2) 相间短路的过电流保护按照大于负荷电流整定，继电器的启动电流一般为 5～7A，而零序过电流保护则按照躲开不平衡电流的原则整定，其值一般为 2～3A，由于发生单相接地短路时，故障相的电流与零序电流 $3\dot{I}_0$ 相等，因此零序过电流保护的灵敏度高。此外，由图 2.40 可见，零序过电流保护的动作时限也较相间保护为短。尤其是对于两侧电源的线路，当线路内部靠近任一侧发生接地短路时，本侧零序Ⅰ段保护动作跳闸后，对侧零序电流增大可使对侧零序Ⅰ段保护也相继动作跳闸，因而使总的故障切除时间更加缩短。

(3) 当系统中发生某些不正常运行状态，如系统振荡、短时过负荷等时，三相是对称的，相间短路的电流保护均受它们的影响而可能误动作，因而需要采取必要的措施予以防止。而零序电流保护则不受它们的影响。

(4) 方向性零序保护没有死区，较之第 3 章介绍的距离保护实现简单、可靠，在 110kV 及以上的高压和超高压电网中，单相接地故障约占全部故障的 70%～90%，而且其他的故障也往往是由单相接地故障发展起来的，零序保护就为绝大部分的故障情况提供了保护，具有显著的优越性。从我国电力系统的实际运行经验中，也充分证明了这一点。

零序电流保护的缺点是：

(1) 对于运行方式变化很大或接地点变化很大的电网，保护往往不能满足系统运行所提出的要求。

(2) 随着单相重合闸的广泛应用，在重合闸动作的过程中将出现非全相运行状态，再考虑系统两侧的发电机发生摇摆，可能出现较大的零序电流，因而影响零序电流保护的正确工作，此时，应从整定计算上予以考虑，或在单相重合闸动作过程中使之短时退出运行。

(3) 当采用自耦变压器联系两个不同电压等级的电网（如 110kV 和 220kV 电网），则任一电网中的接地短路都将在另一网络中产生零序电流，将使零序保护的整定配合复杂化，并将增大零序Ⅲ段保护的动作时间。

实际上，在中性点直接接地的电网中，由于零序电流保护简单、经济、可靠，因而获得了广泛的应用。

2.5 中性点非直接接地系统中单相接地故障的保护

中性点不接地、中性点经消弧线圈接地、中性点经电阻接地等系统，统称为中性点非直接接地系统，在中性点非直接接地系统中发生单相接地时，由于故障点电流很小，而且三相之间的线电压仍然保持对称，对负荷的供电没有影响。因此，在一般情况下都允许再继续运行 1～2h，在此期间，其他两相的对地电压要升高$\sqrt{3}$倍。为了防止故障进一步扩大造成两点或多点接地短路，就应及时发出信号，以便运行人员查找发生接地的线路，采取措施予以消除。这也是采用中性点非直接接地的主要优点。

因此，在单相接地时，一般只要求继电保护能选出发生接地的线路并及时发出信号，而不必跳闸，但当单相接地对人身和设备的安全有危险时，则应动作于跳闸。

2.5.1　中性点不接地系统单相接地故障的特点

图 2.42 所示的简单网络连线中，电源和负荷的中性点均不接地。在正常运行情况下，三相对地有相同的电容 C_0。在相电压的作用下，每相都有一超前于相电压 90°的电容电流流入地中，而三相电容电流之和等于零。假设 A 相发生单相接地，在接地点处 A 相对地电压为零，对地电容被短接，电容电流为零，而其他两相的对地电压升高$\sqrt{3}$倍，对地电容电流也相应增大$\sqrt{3}$倍，相量关系如图 2.43 所示。

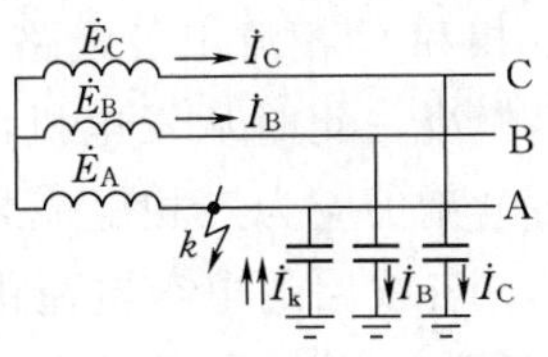

图 2.42　最简单网络接线示意图

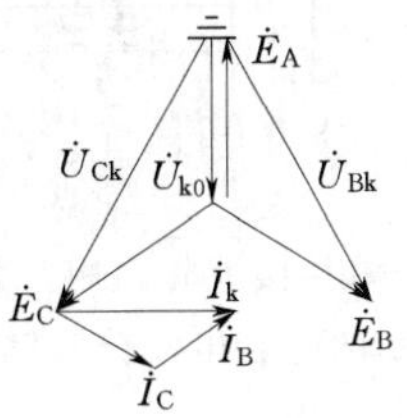

图 2.43　A 相接地时的相量图

由于线电压仍然三相对称，三相负荷电流对称，相对于故障前没有变化，下面分析对地关系的变化。在 A 相接地以后，忽略负荷电流和电容电流在线路阻抗上产生的电压降。在故障点处各相对地的电压为

$$\left.\begin{aligned}&\dot{U}_{Ak}=0\\&\dot{U}_{Bk}=\dot{E}_B-\dot{E}_A=\sqrt{3}\dot{E}_A e^{-j150^\circ}\\&\dot{U}_{Ck}=\dot{E}_B-\dot{E}_A=\sqrt{3}\dot{E}_A e^{j150^\circ}\end{aligned}\right\}\tag{2.58}$$

故障点 k 的零序电压为

$$\dot{U}_{k0}=\frac{1}{3}(\dot{U}_{Ak}+\dot{U}_{Bk}+\dot{U}_{Ck})=-\dot{E}_A\tag{2.59}$$

在故障处非故障相中产生的电容电流流向故障点

$$\left.\begin{aligned}&\dot{I}_B=\dot{U}_{Bk}j\omega c_0\\&\dot{I}_C=\dot{U}_{Ck}j\omega c_0\end{aligned}\right\}\tag{2.60}$$

其有效值为$I_B=I_C=\sqrt{3}U_\varphi\omega c_0$，其中 U_φ 为相电压的有效值。

因为全系统 A 相接地点流过的电流是全系统非故障相电容电流之和即$\dot{I}_k=\dot{I}_B+\dot{I}_C$。由图 2.43 可见，其有效值为$I_k=3U_\varphi\omega c_0$，是正常运行时单相电容电流的 3 倍。

当网络中有发电机 G 和多条线路存在（如图 2.44 所示）时，每台发电机和每条线路对地均有电容存在，设以 G_{0G}、$G_{0\text{I}}$、$G_{0\text{II}}$ 等集中电容来表示，当线路Ⅱ A 相接地后，其电容电流分布用“→”表示。在非故障的线路Ⅰ上，A 相电流为零，B 相和 C 相中有本身的电容电流，因此在线路始端所反应的零序电流为

$$3\dot{I}_{0\text{I}}=\dot{I}_{B\text{I}}+\dot{I}_{C\text{I}}\tag{2.61}$$

参照图 2.43 所示的关系，其有效值为

$$3I_{01}=\sqrt{3}U_{\varphi}\omega c_{01} \tag{2.62}$$

非故障线路特点：非故障线路中的零序电流为线路Ⅰ本身的电容电流，电容性无功功率的方向为由母线流向线路。

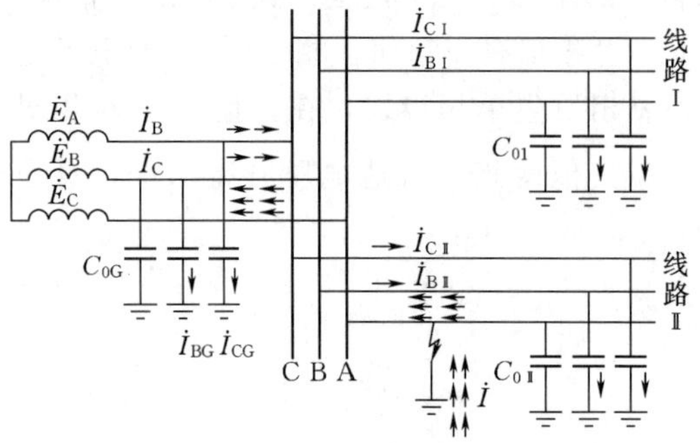

图 2.44　单相接地时，用三相系统表示的电容电流分布图

当电网中的线路很多时，上述结论可适用于每一条非故障的线路。在发电机 G 上，首先有它本身的 B 相和 C 相的对地电容电流 $\dot{I}_{BG}$ 和 $\dot{I}_{CG}$。但是，由于它还是产生其他电容电流的电源，因此，从 A 相中要流回从故障点流上来的全部电容电流，而在 B 相和 C 相流出各线路上同名相的对地电容电流。此时从发电机出线端所反应的零序电流仍应为三相电流之和。由图 2.44 可见，各线路的电容电流由于从 A 相流入后又分别从 B 相和 C 相流出了，因此相加后互相抵消，而只剩下发电机本身的电容电流，故

$$3\dot{I}_{0G}=\dot{I}_{BG}+\dot{I}_{BG} \tag{2.63}$$

有效值为 $3I_{0G}=\sqrt{3}U_{\varphi}\omega c_{0G}$，即零序电流为发电机本身的电容电流，其电容性无功功率的方向是由母线流向发电机，这个特点与非故障线路是一样的。

在发生故障的线路Ⅱ，在 B 相和 C 相上，流有它本身的电容电流 $\dot{I}_{B\mathrm{II}}$ 和 $\dot{I}_{C\mathrm{II}}$，此外，在接地点要流回全系统 B 相和 C 相对地电容电流总和，其值为

$$\dot{I}_k=(\dot{I}_{B\mathrm{I}}+\dot{I}_{C\mathrm{I}})+(\dot{I}_{B\mathrm{II}}+\dot{I}_{C\mathrm{II}})+(\dot{I}_{BG}+\dot{I}_{CG}) \tag{2.64}$$

有效值为

$$3I_k=3U_{\varphi}\omega(C_{0\mathrm{I}}+C_{0\mathrm{II}}+C_{0G})=3U_{\varphi}\omega C_{0\Sigma} \tag{2.65}$$

式中　$C_{0\Sigma}$——全系统每相对地电容的总和。

此电流要从 A 相流回去，因此，从 A 相流出的电流可表示为 $\dot{I}_{A\mathrm{II}}=-\dot{I}_{K1}$，这样在线路Ⅱ始端所流过的零序电流则为

$$3\dot{I}_{0\mathrm{II}}=\dot{I}_{A\mathrm{II}}+\dot{I}_{B\mathrm{II}}+\dot{I}_{C\mathrm{II}}=-(\dot{I}_{B\mathrm{I}}+\dot{I}_{C\mathrm{I}}+\dot{I}_{BG}+\dot{I}_{CG}) \tag{2.66}$$

其有效值为

$$3I_{0\mathrm{II}}=3U_{\varphi}\omega(C_{0\Sigma}-C_{0\mathrm{II}}) \tag{2.67}$$

故障线路的特点是：故障线路中的零序电流，其数值等于全系统非故障元件对地电容电流之总和（但不包括故障线路本身），其电容性无功功率的方向为由线路流向母线，恰好与非故障线路上的相反。

根据上述分析结果，可以作出单相接地时的零序等效网络［图 2.45（a）］，在接地点有一个零序电压 $\dot{U}_{k0}$，而零序电流的回路是通过各个元件的对地电容构成，由于输电线路的零序电阻远小于电容，其相量关系如图 2.45（b）所示（图中 $\dot{I}_{0\mathrm{II}}$ 表示线路Ⅱ本身的零序电容电流），这与直接接地电网是完全不同的。

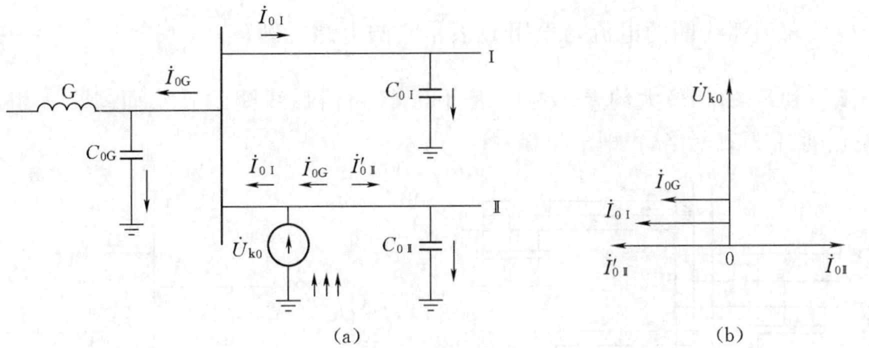

图 2.45 单相接地时的零序等效网络及相量图

(a) 等效网络；(b) 相量图

总结以上分析的结果，可以得出中性点不接地系统发生单相接地后零序分量分布的特点：

(1) 零序网络由同级电压网络中元件对地的等值电容构成通路，与中性点直接接地系统由接地的中性点构成通路有很大的不同，网络的零序阻抗较大。

(2) 在发生单相接地时，相当于在故障点产生了一个其值与故障相故障前相电压大小相等、方向相反的零序电压，从而全系统都将出现零序电压。

(3) 在非故障元件中流过的零序电流，其数值等于本身的对地电容电流；电容性无功功率的实际方向为由母线流向线路。

(4) 在故障元件中流过的零序电流，其数值为全系统非故障元件对地电容电流之总和；电容性无功功率的实际方向为由线路流向母线。

2.5.2 中性点经消弧线圈接地系统中单相接地故障的特点

当中性点不接地系统中发生单相接地时，在接地点要流过全系统的对地电容电流，如果此电流比较大，就会在接地点燃起电弧，引起弧光过电压，从而使非故障相的对地电压进一步升高，使绝缘损坏，形成两点或多点接地短路，造成停电事故。特别是，当环境中有可燃气体时，接地点的电弧有可能引起爆炸。为了解决这个问题，通常在中性点接入一个电感线圈，如图 2.46 所示。这样当单相接地时，在接地点就有一个电感分量的电流通过，此电流和原系统中的电容电流相抵消，可以减少流经故障点的电流，熄灭电弧。因此，称它为消弧线圈。

在各级电压网络中，当全系统的电容电流超过下列数值时应装设消弧线圈：3～6kV 电网为 30A，10kV 电网为 20A，22～66kV 电网为 10A。

当采用消弧线圈以后，单相接地时的电流分布将发生变化。假定在图 2.46 (a) 所示网络中，在电源的中性点接入了消弧线圈，当线路Ⅱ上 A 相接地以后，电容电流的大小和分布与不接消弧线圈时是一样的，不同之处是在接地点又增加了一个电感分量的电流 $\dot{I}_L$，因此，从接地点流回的总电流为

$$\dot{I}_k=\dot{I}_L+\dot{I}_{C\Sigma} \tag{2.68}$$

式中 $\dot{I}_{C\Sigma}$——全系统的对地电容电流，可用式 (2.64) 计算；

$\dot{I}_L$——消弧线圈的电流，设用 L 表示它的电感，则 $\dot{I}_L=\frac{-\dot{E}_A}{j\omega L}$。

由于 $\dot{I}_{C\Sigma}$ 和 $\dot{I}_L$ 的相位大约差 180°，因此 $\dot{I}_k$ 将因消弧线圈的补偿而减小。相似地，可以做出它的零序等效网络，如图 2.46（b）所示。

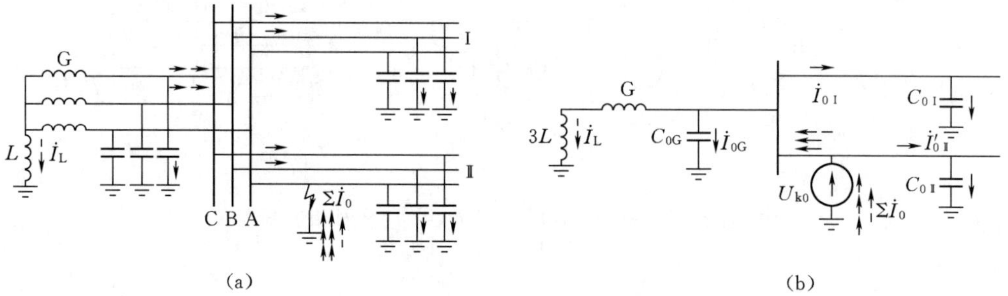

图 2.46　消弧线圈接地电网中单相接地时的电流分布

（a）用三相系统表示；（b）零序等效网络

根据对电容电流补偿程度的不同，消弧线圈可以有完全补偿、欠补偿及过补偿三种补偿方式。

（1）完全补偿。完全补偿就是使 $I_L=I_{C\Sigma}$，接地点的电流近似为零。从消除故障的电弧避免出现弧光过电压的角度来看，这种补偿方式是最好的，但从运行实际来看，则又存在着严重的缺点。因为完全补偿时，$\omega L=\frac{1}{3\omega C_\Sigma}$，正是电感 L 和三相对地电容 $3C_\Sigma$ 对 50Hz 交流串联谐振的条件。这样，如果正常运行时在电源中性点对地之间有电压偏移就会产生串联谐振，会在谐振回路中产生很大电流和很高的谐振过电压。

（2）欠补偿。欠补偿就是使 $I_L<I_{C\Sigma}$，补偿后的接地点电流仍然是电容性的。采用这种方式时，仍然不能避免上述问题的发生，因为当系统运行方式变化时，例如某个元件被切除或因发生故障而跳闸，则电容电流就将减小，这时很可能出现因和两个电流相等而引起的过电压。因此欠补偿方式一般也是不采用的。

（3）过补偿。补偿就是使 $I_L>I_{C\Sigma}$，补偿后的残余电流是感性的。采用这种方法不可能发生串联谐振的过电压问题，因此，在实际应用中获得了广泛的应用。I_L 大于 $I_{C\Sigma}$ 的程度用过补偿度 P 来表示，其关系为

$$P=\frac{I_L-I_{C\Sigma}}{I_{C\Sigma}} \tag{2.69}$$

一般选择过补偿 $P=5\%\sim10\%$，而不大于 10%。

总结以上分析结果，可以得出如下结论：当采用过补偿方式时，流经故障线路的零序电流是流过消弧线圈的零序电流与非故障零序元件零序电流之差，而电容性无功功率的实际方向仍是由母线流向线路（实际上是电感性无功由线路流向母线）和非故障线路的方向一样。因此，在这种情况下，首先无法利用功率方向的差别来判别故障线路，其次由于过补偿不大因此也很难像中性点不接地系统那样，利用零序电流大小的不同来查找故障线路。

2.5.3 零序电压保护

在中性点非直接接地系统中，只要本级电压网络中发生单相接地故障，则在同一电压等级的所有发电厂和变电所的母线上，都将出现数值较高的零序电压。利用这一特点，在发电厂和变电所的母线上，一般装设网络单相接地的监视装置，它利用接地后出现的零序电压，带延时动作于信号，表明本级电压网络中出现了单相接地。为此，可用一电压继电器接于电压互感器二次侧接成开口三角形绕组，如图 2.47 所示。因此，这种方法给出的信号是没有选择的，要想发现故障是在哪条线路，并继之将断开线路投入。当断开某条线路时，零序电压的信号消失，即表明故障是在该线路上。

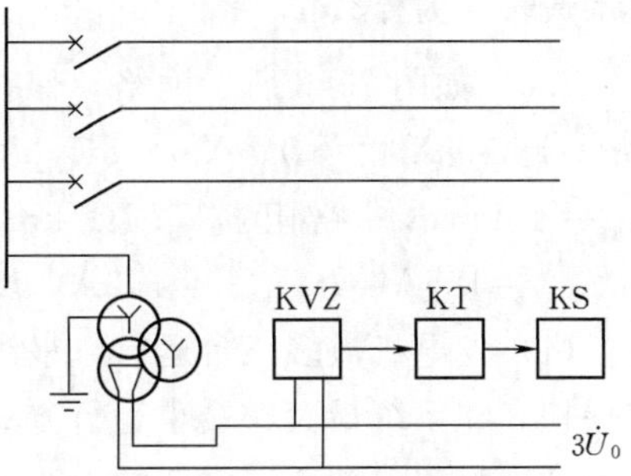

图 2.47 网络中单相接地的信号装置原理接线图

2.5.4 零序电流保护

零序电流保护利用故障线路零序电流较非故障线路大的特点来实现有选择性地发出信号或动作于跳闸。根据网络的具体结构和对电容电流的补偿情况，有时可以使用，有时难以使用。

这种保护一般使用在有条件安装零序电流互感器的线路（如电缆线路或经电缆引出的架空线路）上；当单相接地电流较大，足以克服零序电流滤过器中的不平衡电流的影响时，保护装置也可以接于三个电流互感器构成的零序回路中。

2.5.5 零序功率方向保护

利用故障线路与非故障线路零序功率方向不同的特点来实现有选择性的保护，动作于信号或跳闸。这种保护在中性点经消弧线圈接地且采用过补偿方式时，难于适用。

由于中性点非直接接地系统中发生单相接地时，流过故障和非故障线路的电流变化仅为对地电容电流的变化，其值都较小，特别是当系统中性点经消弧线圈接地，且采用过补偿方式工作时，利用工频分量的变化难以区分故障线路与非故障线路。直到目前为止，对于中性点非直接接地系统，还没有一种原理完善、动作可靠、实现简单的保护。随着对供电可靠性要求的提高，停电检修时间缩短，城市配电网环网供电和大量采用电缆，对迅速、有选择性地选出单相接地线路的要求日益紧迫，因而对中性点非直接接地系统单相接地保护的研究仍然是一个重要课题。

习 题 及 思 考 题

2.1 在过量继电器中，为什么要求其动作特性满足“继电特性”？若不满足“继电特性”，当加入继电器的电量在动作值附近时将可能出现什么情况？

2.2 解释“动作电流”、“返回电流”和“返回系数”，过电流继电器的返回系数过低或过高各有何缺点？

2.3 在电流保护的整定计算中，为什么要引入可靠系数，其值考虑哪些因素后确定？

2.4 为什么定时限过电流保护的灵敏度、动作时间需要同时逐级配合，而电流速断的灵敏度不需要逐级配合？

2.5　比较电流保护第Ⅰ、Ⅱ、Ⅲ段的灵敏系数，哪一段保护的灵敏系数最高和保护范围最长？为什么？

2.6　如图 2.48 所示网络，保护 1、2、3 为电流保护，系统参数为：$E_{\varphi}=115/\sqrt{3}$kV，$X_{G1}=14\Omega$、$X_{G2}=8\Omega$、$X_{G3}=8\Omega$，$L_1=L_2=55$km、$L_3=38$km，$L_{BC}=45$km、$L_{CD}=28$km、$L_{DE}=18$km，线路阻抗 0.4Ω/km，$K_{rel}^{\mathrm{I}}=1.2$、$K_{rel}^{\mathrm{II}}=K_{rel}^{\mathrm{III}}=1.15$，$I_{BC\cdot Lmax}=280$A、$I_{CD\cdot Lmax}=185$A、$I_{CE\cdot Lmax}=142$A，$K_{ss}=1.5$，$K_{re}=0.85$ 试求：

（1）发电机最多三台运行，最少一台运行，线路最多三条运行，最少一条运行，请确定保护 3 在系统最大、最小运行方式下的等值阻抗。

（2）整定保护 1、2、3 的电流速断定值，并计算各自的最小保护范围。

（3）整定保护 2、3 的限时电流速断定值，并校验使其满足灵敏度要求（$K_{sen}\geqslant 1.2$）。

（4）整定保护 1、2、3 的过电流定值，假定母线 E 过电流保护动作时限为 0.5s，校验保护 1 作近后备、保护 2、3 作远后备的灵敏度。

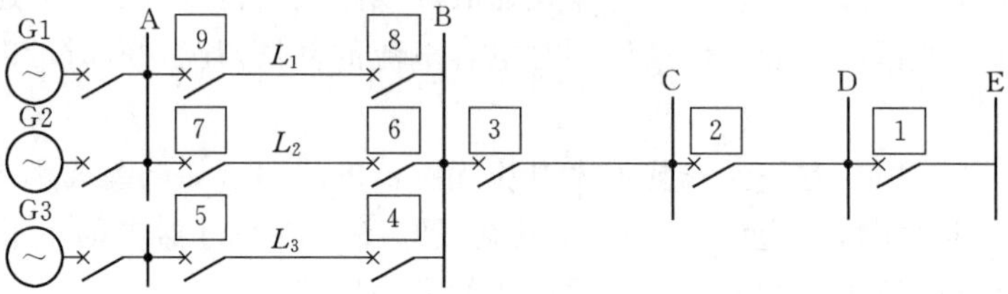

图 2.48　简单电网示意图

2.7　当图 2.48 中保护 1 的出口处在系统最小运行方式下发生两相短路，保护按照题 2.6 配置和整定时，试问：

（1）共有哪些保护元件启动？

（2）所有保护工作正常，故障由何处的哪个保护元件动作、多长时间切除？

（3）若保护 1 的电流速断保护拒动，故障由哪个保护元件动作、多长时间切除？

（4）若保护 1 处的断路器拒动，故障由哪个保护元件动作、多长时间切除？

2.8　如图 2.49 所示网络，流过保护 1、2、3 的最大负荷电流分别为 350A、450A、500A，$K_{ss}=1.3$，$K_{re}=0.85$，$K_{rel}^{\mathrm{III}}=1.15$，$t_1^{\mathrm{III}}=t_2^{\mathrm{III}}=0.5$s，$t_3^{\mathrm{III}}=1.0$s 试计算：

（1）保护 4 的过电流定值。

（2）保护 4 的过电流定值不变，保护 1 所在元件故障被切除，当返回系数 k 低于何值时会造成保护 4 误动？

（3）当 $K_{re}=0.85$ 时保护 4 的灵敏系数 $K_{sen}=3.2$，当 $K_{re}=0.7$ 时保护 4 的灵敏系数降低到多少？

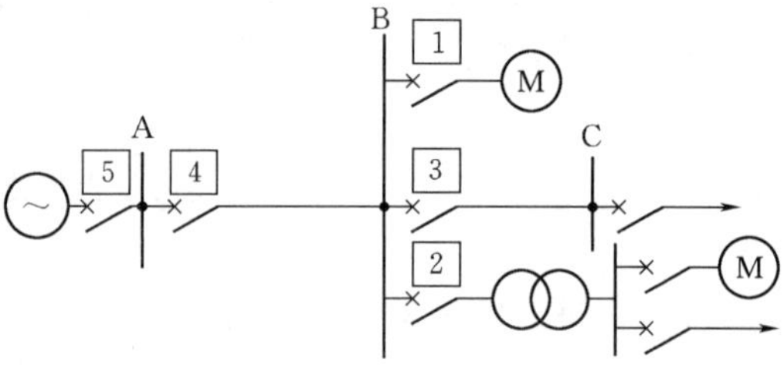

图 2.49　系统示意图

2.9　如图 2.50 所示为无限大容量系统供电的 35kV 辐射式线路，线路 WL1 上最大

负荷电流为 $I_{L\cdot max}=220A$，电流互感器变比选为300/5，且采用两相星形接线，线路WL2上Ⅲ段电流保护动作时限为 $t_{P2}=1.8s$，$k1$、$k2$、$k3$ 各点的三相短路电流分别为在最大运行方式下 $I_{k1\cdot max}^{(3)}=4kA$，$I_{k2\cdot max}^{(3)}=1400A$，$I_{k3\cdot max}^{(3)}=540A$，在最小运行方式下 $I_{k1\cdot min}^{(3)}=3.5kA$，$I_{k2\cdot min}^{(3)}=1250A$，$I_{k3\cdot min}^{(3)}=500A$。拟在线路WL1上装设三段式电流保护，请完成整定问题：

（1）计算电流速断保护（Ⅰ段）与限时电流速断保护（Ⅱ段）的动作电流，并作灵敏系数校验（$K_{rel}^{Ⅰ}=1.3$，$K_{rel}^{Ⅱ}=1.15$）。

（2）计算出定时限过电流保护（Ⅲ段）的动作电流与动作时限，并进行灵敏系数校验（$K_{rel}^{Ⅲ}=1.2$，$K_{re}=0.85$，$\Delta t=0.5s$，$K_{ss}=2$）。$k1$ 点为线路WL1首端。

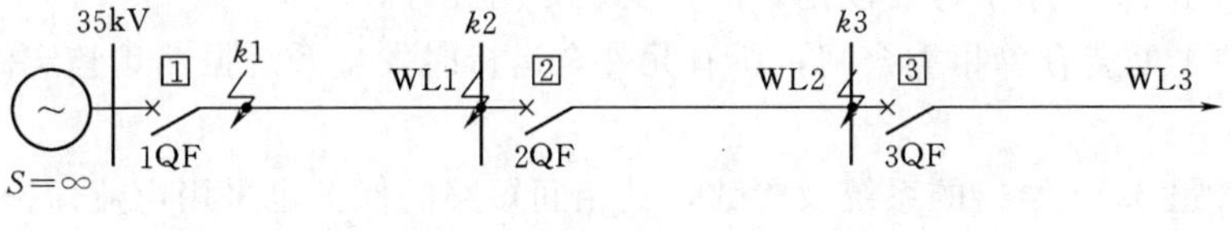

图2.50　题2.9示意图

2.10　在中性点非直接接地系统中，当两条上、下级线路安装相间短路的电流保护时，上级线路装在A、C相上，而下级线路装在A、B相上，有何优缺点？当两条线路并列时，这种安装方式有何优、缺点？以上串、并两种线路，若保护采用三相星形接线，有何不足？

2.11　在双侧电源供电的网络中，方向性电流保护利用了短路时电气量的什么特征解决了仅利用电流幅值特征不能解决的问题？

2.12　功率方向判别元件实质上是在判别什么？为什么会存在“死区”？什么时候要求它动作最灵敏？

2.13　系统和参数见题2.6，试完成：

（1）整定线路 L_3 上保护4、5的电流速断定值，并尽可能在一端加装方向元件。

（2）确定保护4、5、6、7、8、9过电流段的时间定值，并说明何处需要安装方向元件。

（3）确定保护5、7、9限时电流速断段的电流定值，并校验灵敏度。

2.14　系统接线图见图2.51，发电机以发电机一变压器组方式接入系统，最大开机方式为4台机全开，最小开机方式为两侧各开1台机，变压器T5和T6可能2台也可能1台运行。参数为：

$E_{\varphi}=115/\sqrt{3}kV$，$X_{1\cdot G1}=X_{2\cdot G1}=X_{1\cdot G2}=X_{2\cdot G2}=5\Omega$、$X_{1\cdot G3}=X_{2\cdot G3}=X_{1\cdot G4}=X_{2\cdot G4}=80\Omega$、$X_{1\cdot T1}\sim X_{1\cdot T4}=5\Omega$、$X_{0\cdot T1}\sim X_{0\cdot T4}=15\Omega$、$X_{1\cdot T5}\sim X_{1\cdot T6}=15\Omega$、$X_{0\cdot T5}\sim X_{0\cdot T6}=20\Omega$，$L_{AB}=60km$，$L_{BC}=40km$，线路阻抗 $Z_1=Z_2=0.4\Omega/km$、$Z_0=1.2\Omega/km$，$K_{rel}^{Ⅰ}=1.2$、$K_{rel}^{Ⅱ}=1.15$。

（1）所有元件全运行时，计算B母线发生单相接地短路和两相接地短路时的零序电流分布；

（2）分别求出保护1、4零序Ⅱ段的最大、最小分支系数；

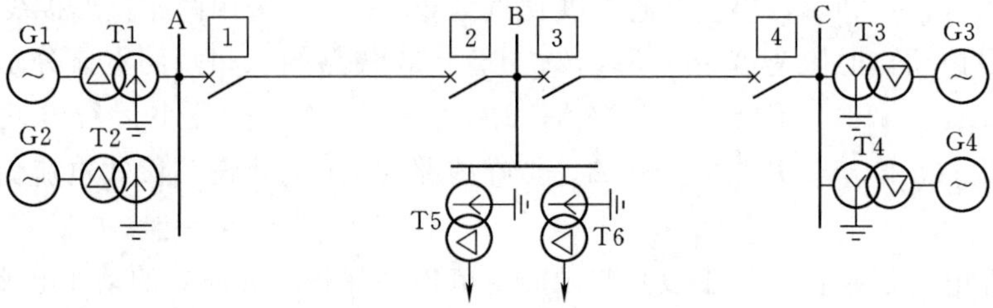

图 2.51　系统接线图

（3）分别求出保护 1、4 零序Ⅰ、Ⅱ段的定值，并校验灵敏度；

（4）保护 1、4 零序Ⅰ、Ⅱ段是否需要安装方向元件；

（5）保护 1 处装有单相重合闸，所有元件全运行时发生系统振荡，整定保护 1 不灵敏Ⅰ段定值。

2.15　如题 2.14 给出的系统及参数，其相间短路的保护也采用电流保护。

（1）分别求出保护 1、4 的Ⅰ、Ⅱ段定值，并校验灵敏度。

（2）保护 1、4 的Ⅰ、Ⅱ段是否需要安装方向元件？

（3）分别画出相间短路的电流保护的功率方向判别元件与零序功率方向判别元件的交流接线。

（4）相间短路的电流保护的功率方向判别元件与零序功率方向判别元件的内角有何不同？

2.16　小结下列电流保护的基本原理、适用网络并评述其优缺点：

（1）相间短路的三段式电流保护；

（2）方向性电流保护；

（3）零序电流保护；

（4）方向性零序电流保护；

（5）中性点非直接接地系统中的电流电压保护。

第3章 电网距离保护

3.1 距离保护的基本原理与构成

3.1.1 距离保护的基本概念

电流保护的主要优点是简单、经济、可靠，在35kV及以下电压等级的电网中得到了广泛的应用。但是他们的保护范围与灵敏度受系统运行方式变化的影响较大，难以满足35kV以上电压等级复杂网络要求。为满足更高电压等级复杂网络快速、有选择性地切除故障元件的要求，必须采用性能更加完善的继电保护装置，距离保护就是其中的一种。

距离保护是利用短路发生时电压、电流同时变化的特征，测量电压与电流的比值，该比值反映故障到保护安装处的距离（或阻抗），如果短路点距离（或阻抗）小于整定值则动作的保护。

电力系统如图3.1所示。按照继电保护选择性的要求，安装在线路两端的距离保护仅在线路MN内部故障时，保护装置才应该立即动作，将相应的断路器跳开；而在保护区的反方向或正方向区外短路时，保护装置不应动作。与电流速断保护一样，为了保证在下级线路的出口处短路时保护不误动作，速动段距离保护的保护区应小于全长MN。距离保护的保护区，用整定距离 L_{set} 来表示。当系统发生短路故障时，首先判断故障的方向，若故障位于保护区的正方向，则设法测出故障点到保护安装处的距离 L_k，并将 L_k 与 L_{set} 相比较，若 L_k 小于 L_{set}，说明故障发生在保护范围之内，这时保护应立即动作，跳开相应的断路器；若 L_k 大于 L_{set}，说明故障发生在保护范围之外，保护不应动作，对应的断路器不会跳开。若故障位于保护区的反方向，直接判为区外故障而不动作。

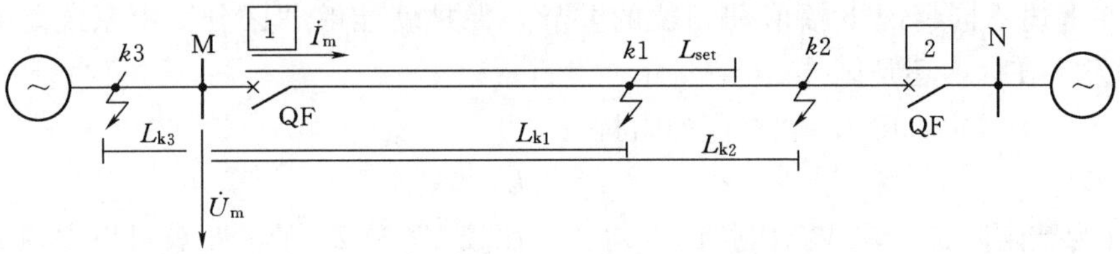

图3.1 距离保护原理示意图

可见，通过判断故障方向，测量故障距离，判断故障是否位于保护区内，从而决定是否需要跳闸，实现线路保护。距离保护可以通过测量短路阻抗的方法来测量和判断故障距离。

3.1.2 测量阻抗

在距离保护中，测量阻抗用 Z_m 来表示，它定义为保护安装处测量电压 $\dot{U}_m$ 与测量电

流$\dot{I}_m$之比，即

$$Z_m=\frac{\dot{U}_m}{\dot{I}_m} \tag{3.1}$$

式中，Z_m为一复数，在复平面上既可以用极坐标形式表示，也可以用直角坐标的形式来表示，即

$$Z_m=|Z_m|\angle\varphi_m=R_m+jX_m \tag{3.2}$$

式中 $|Z_m|$——测量阻抗的幅值；

φ_m——测量阻抗的阻抗角；

R_m——测量阻抗的实部，称为测量电阻；

X_m——测量阻抗的虚部，称为测量电抗。

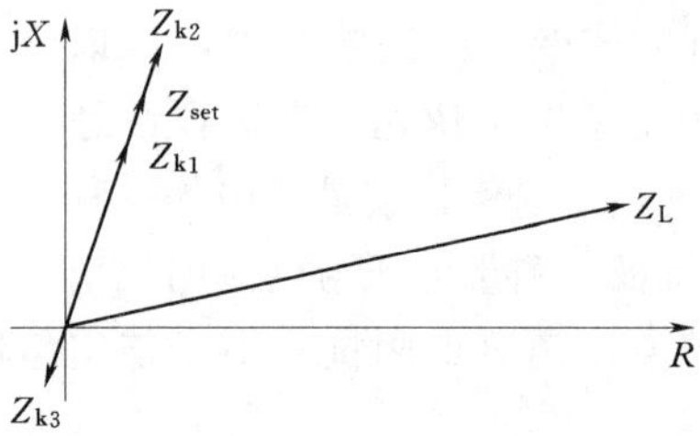

图 3.2 负荷阻抗与短路阻抗

在电力系统正常运行时，$\dot{U}_m$近似为额定电压，$\dot{I}_m$为负荷电流，Z_m为负荷阻抗。负荷阻抗的量值较大，其阻抗角为数值较小的功率因数角（一般功率因数为不低于0.9，对应的阻抗角不大于25.8°），阻抗性质以电阻性为主，如图3.2中的Z_L所示。

电力系统发生金属性短路时，$\dot{U}_m$降低，$\dot{I}_m$增大，Z_m变为短路点与保护安装处之间的线路阻抗Z_k。对于具有均匀参数的输电线路来说，如果忽略影响较小的分布电容和电导，Z_k与短路距离L_k成线性正比关系，即

$$Z_m=Z_k=z_1L_k=(r_1+jx_1)L_k \tag{3.3}$$

式中 z_1——单位长度线路的复阻抗；

r_1、x_1——单位长度线路的正序电阻和电抗，Ω/km。

短路阻抗的阻抗角就等于输电线路的阻抗角，数值较大（对于220kV及以上电压等级的线路，阻抗角一般不低于75°），阻抗性质以电感性为主。当短路点分别位于图3.1中的$k1$、$k2$和$k3$点时，对应的短路阻抗分别如图3.2中的Z_{k1}、Z_{k2}和Z_{k3}所示。依据测量阻抗Z_m在上述不同情况下幅值和相位的差异，保护就能够“区分”出系统是否出现故障，故障发生在区内还是区外。

与图3.1中整定长度L_{set}相对应的阻抗为

$$Z_{set}=z_1L_{set} \tag{3.4}$$

Z_{set}称为整定阻抗。在线路阻抗的方向上，比较Z_m和Z_{set}的大小就可以实现L_k与L_{set}的比较。$Z_m<Z_{set}$时，说明$L_k<L_{set}$，故障在保护区内；反之，$Z_m>Z_{set}$时，说明$L_k>L_{set}$，故障在保护区之外。

3.1.3 三相系统中测量电压和测量电流

上面的讨论是以单相系统为基础的。在单相系统中，测量电压$\dot{U}_m$取保护安装处的电测量电流$\dot{I}_m$取被保护元件中的电流，系统金属性短路时两者之间的关系为

$$\dot{U}_m=\dot{I}_mZ_m=\dot{I}_kZ_k=\dot{I}_mz_1L_k \tag{3.5}$$

式（3.5）是距离保护能够用测量阻抗正确表示故障距离的前提条件，即测量电压、测量电流之间满足该式时，测量阻抗能反应故障的距离。

3.1.4　故障环路的概念及测量电压、电流的选取

在中性点直接接地系统中，发生单相接地短路时，故障在故障相与大地之间流通；两相接地短路时，故障电流在两个故障相与大地之间以及两个故障相之间流通；两相短路时，故障电流在两个故障相之间流通；三相短路时，故障电流在三相之间流通。如果把故障电流流通的通路称为故障环路，则在单相接地短路的情况下，存在一个故障相与大地之间的故障环路（相—地故障环路）；两相接地短路的情况下，存在两个故障相与大地之间的（相—地）故障环路和一个两故障相之间的（相—相）故障环路；两相短路的情况下，存在一个两故障相之间的（相—相）故障环路；三相短路接地的情况下，存在三个相—地故障环和三个相—相故障环路。故障环路上的电压和环路中流通的电流之间满足式（3.5），用它们作为测量电压和测量电流所算出的测量阻抗，能够正确地反应保护安装处到故障点的距离。

为保护接地短路，取接地短路的故障环路为相—地故障环路，测量电压为保护安装处故障相对地电压，测量电流为带有零序电流补偿的故障相电流。由它们计算出的测量阻抗能够准确反应单相接地、两相接地和三相接地短路情况下的故障距离，称为接地距离保护接线方式。

对于相间短路，故障环路为相—相故障环路，取测量电压为保护安装处两故障相的电压差，测量电流为两故障相的电流差，由它们算出的测量阻抗能够准确反应两相短路、三相短路和两相短路接地情况下的故障距离，称为相间距离保护接线方式。

3.1.5　距离保护的延时特性

距离保护的动作延时 t 与故障点到保护安装处的距离 L_k 之间的关系称为距离保护的延时特性，与电流保护一样，目前距离保护广泛采用三段式的阶梯延时特性，如图 3.3 所示。距离保护Ⅰ段为无延时的速动段；Ⅱ段为带固定延时的速动段，固定延时一般为 0.3～0.6s；Ⅲ段延时需要与相邻下级线路的Ⅱ段或Ⅲ段保护配合，在其延时的基础上再加一个延时级差 Δt。

3.1.6　距离保护的延时构成

距离保护一般由启动、测量、振荡闭锁、电压回路断线闭锁、配合逻辑和出口等几部分组成。

1. 启动部分

启动部分用来判别电力系统是否发生故障。电力系统正常运行时，启动部分不动作，距离保护装置的测量、逻辑等部分不投入工作；对它的要求是当作为远后备保护范围末端发生故障时，应灵敏、快速动作，使整套保护迅速投入工作。

2. 测量部分

测量部分是距离保护的核心，对它的要求是在系统故障的情况下，快速、准确地测定出故障方向和距离，并与预先设定的保护范围相比较，区内故障时给出动作信号，区外故障时不动作。

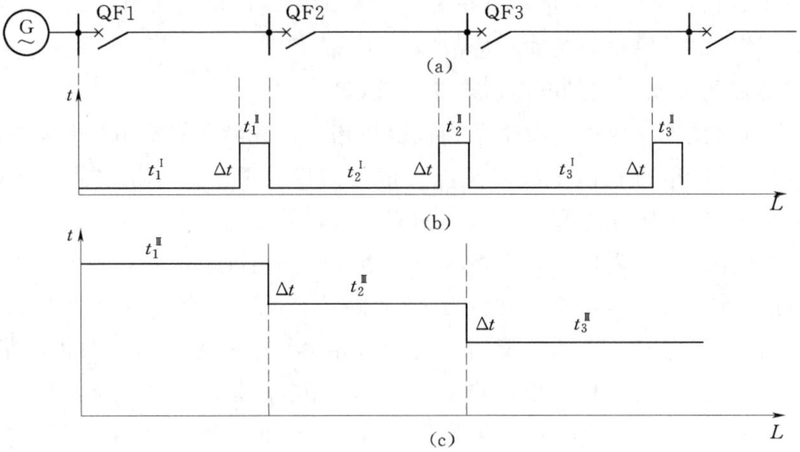

图 3.3 距离保护的延时特性

(a) 网络连接线；(b) Ⅰ、Ⅱ段的延时特性；(c) Ⅲ段的延时特性

3. 振荡闭锁部分

电力系统发生振荡不是短路，距离保护不应该动作，但是，振荡时的电压、电流幅值发生周期性变化，有可能导致距离继电器误动作。为防止保护误动，要求振荡闭锁元件准确判别系统振荡，并将保护闭锁。

4. 电压回路断线闭锁部分

电压回路断线时，将会造成保护测量电压的消失，可能使距离保护的测量元件出现误动作。这种情况下要求该部分应该将保护闭锁，以防止出现保护误动。

5. 配合逻辑部分

该部分用来实现距离保护各个部分之间的逻辑配合以及三段式距离保护中各段之间的时间配合。

6. 出口部分

出口部分包括跳闸出口和信号出口，在保护动作时接通跳闸回路并发出相应的信号。

3.2 阻抗继电器

3.2.1 阻抗继电器动作区域

在距离保护中，阻抗继电器的作用就是在系统发生短路故障时，通过测量故障环路上的测量阻抗 Z_m 并将它与整定阻抗 Z_{set} 相比较，以确定故障所处的区段，在保护的范围内部故障时，给出动作信号。

在前面分析中，得出了正方向保护范围内短路情况下测量阻抗 Z_m 与整定阻抗 Z_{set} 同方向，并且其值小于整定阻抗。但在实际情况下，由于互感器误差，故障点过渡电阻等因素，继电器实际测量到的 Z_m 一般并不能严格地落在与 Z_{set} 相同的直线上，而是落在该直线附近的一个区域中。为保证区内故障情况下阻抗继电器能可靠动作，在阻抗复平面上，其动作的范围应该是一个包括 Z_{set} 对应线段在内，但在 Z_{set} 的方向上不超过 Z_{set} 的区域，如圆形区域、四边形区域、苹果形区域、橄榄形区域等。当测量阻抗 Z_m 落在这样的动作区域以内时，就判断为区内故障，阻抗继电器给出动作信号；当测量阻抗 Z_m 落在该动作区域以外时，判断为区外故障，阻抗继电器不动作。这个区域的边界就是阻抗继电器的临界动作边界。

3.2.2 阻抗继电器的动作特性和动作方程

阻抗继电器在阻抗复平面动作区域的形状，称为动作特性。例如动作区域为圆形时，称为圆特性；动作区域为四边形时，称为四边形特性。动作特性既可以用阻抗复平面上的几何图形来描述，也可以用复数的数学方程来描述，这种方程称为动作方程。下面就对几种不同特性的阻抗元件分别进行讨论。

1. 圆特性阻抗继电器

根据动作特性圆在阻抗复平面上位置的不同，圆特性又可分为偏移圆特性、方向圆特性、全阻抗圆特性和上抛圆特性等几种。

（1）偏移圆特性。偏移圆特性的动作区域如图 3.4 所示，它有两个整定阻抗，即正方向整定阻抗 Z_{set1} 和反方向整定阻抗 Z_{set2}，两整定阻抗对应矢量末端的连线就是特性圆的直径。特性圆包含坐标原点，圆心位于 $\frac{1}{2}(Z_{set1}+Z_{set2})$ 处，半径为 $\frac{1}{2}(Z_{set1}-Z_{set2})$。圆内为动作区，圆外为非动作区。当测量阻抗正好落在圆周上时，阻抗继电器临界动作。

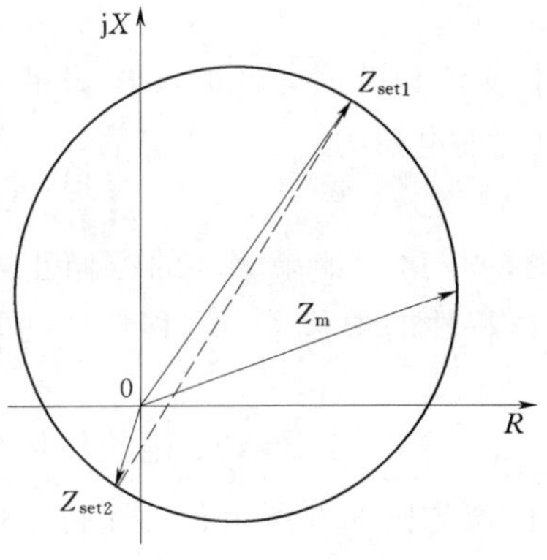

图 3.4 偏移圆特性

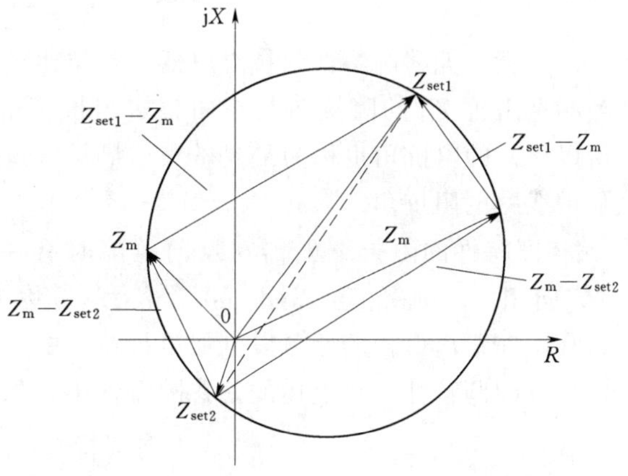

图 3.5 用相位比较法实现的偏移圆特性

对应于该特性的动作方程，可以有两种不同的表达形式：一种是比较两个量大小的绝对值比较原理表达式；另一种是比较两个量相位的相位比较原理表达式。分别称它们为绝对值（或幅值）比较动作方程和相位比较动作方程。

先讨论绝对值比较原理。当测量阻抗 Z_m 落在圆内或圆周上时，Z_m 末端到圆心的距离一定小于或等于圆的半径；而当测量阻抗 Z_m 落在圆外时，Z_m 末端到圆心的距离一定大于圆的半径，所以动作条件可以表示为

$$\left|Z_m-\frac{1}{2}(Z_{set1}+Z_{set2})\right|\leqslant\frac{1}{2}(Z_{set1}-Z_{set2}) \tag{3.6}$$

在该式中，Z_{set1} 和 Z_{set2} 均为已知的整定阻抗，Z_m 可以由测量电压 $\dot{U}_m$ 和测量电流 $\dot{I}_m$ 求出。当 Z_m 满足上式时，阻抗继电器动作，否则不动作。式（3.6）就是偏移圆特性阻抗继电器的绝对值比较动作方程。

下面来讨论相位比较动作方程。如上所述，Z_{set1} 与 Z_{set2} 矢量末端的连线，就是特性圆的直径，它将特性圆分成两部分，即右下部分和左上部分，如图 3.5 所示。由图可见，当测量阻抗落在右下部分圆周的任一点上时，有

$$\arg\frac{Z_{set1}-Z_m}{Z_m-Z_{set2}}=90° \tag{3.7}$$

当测量阻抗落在左上部分圆周的任一点上时，有

$$\arg\frac{Z_{set1}-Z_m}{Z_m-Z_{set2}}=-90° \tag{3.8}$$

当测量阻抗落在圆内任一点时，有

$$-90°<\arg\frac{Z_{set1}-Z_m}{Z_m-Z_{set2}}<90° \tag{3.9}$$

当测量阻抗落在圆外时，有

$$\arg\frac{Z_{set1}-Z_m}{Z_m-Z_{set2}}>90° \text{或} \arg\frac{Z_{set1}-Z_m}{Z_m-Z_{set2}}<-90° \tag{3.10}$$

因而测量元件的动作条件可以表示为

$$-90°\leqslant\arg\frac{Z_{set1}-Z_m}{Z_m-Z_{set2}}\leqslant90° \tag{3.11}$$

式（3.11）就是偏移圆特性阻抗继电器的相位比较动作方程。

当测量阻抗 Z_m 的阻抗角与正向整定阻抗 Z_{set1} 的阻抗角相等时，此时继电器最为灵敏，所以 Z_{set1} 的阻抗角也称为最灵敏角。最灵敏角是阻抗继电器的一个重要参数，一般取为被保护线路的阻抗角。

偏移圆特性的阻抗继电器在反向故障时有一定的动作区。如果 Z_{set2} 的方向正好与 Z_{set1} 的方向相反，则 Z_{set2} 可以用 $-\rho Z_{set1}$ 表示，ρ 称为偏移特性的偏移率。偏移特性的阻抗元件通常用在距离保护的后备段（如第Ⅲ段）中。

（2）方向圆特性。在上述的偏移圆特性中，如果令 $Z_{set2}=0$，$Z_{set1}=Z_{set}$ 则动作特性变化成方向圆特性，动作区域如图 3.6 所示。特性圆经过坐标原点处，圆心位于 $\frac{1}{2}Z_{set}$ 处，半径为 $\left|\frac{1}{2}Z_{set}\right|$。

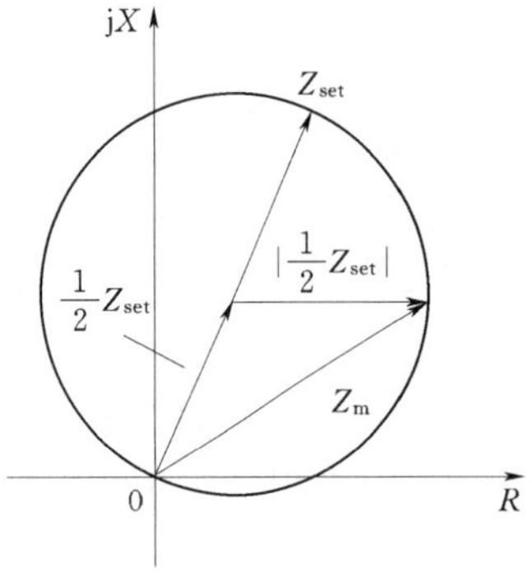

图 3.6　方向特性圆

将 $Z_{set2}=0$，$Z_{set1}=Z_{set}$ 代入式（3.6），可以得到方向圆特性的绝对值比较动作方程为

$$\left|Z_m-\frac{1}{2}Z_{set}\right|\leqslant\left|\frac{1}{2}Z_{set}\right| \tag{3.12}$$

将 $Z_{set2}=0$，$Z_{set1}=Z_{set}$ 代入式（3.11），可得到方向圆特性的相位比较动作方程为

$$-90°<\arg\frac{Z_{set}-Z_m}{Z_m}<90° \tag{3.13}$$

与偏移阻抗圆特性类似，方向特性圆对于不同的 Z_m 阻抗角，动作阻抗也是不同的。在整定阻抗的方向上，动作阻抗最大，正好等于整定阻抗；其他方向的动作阻抗都小于整定阻抗；在整定阻抗的相反方向，动作阻抗降为 0。反向故障时不会动作，阻抗元件本身具有方向性。

方向圆特性的阻抗元件一般用于距离保护的主保护段（Ⅰ段和Ⅱ段）中。

方向特性圆的动作阻抗圆经过坐标原点，根据复数反演的理论，当把该特性反演到导纳平面（即取 $Y_m=\dfrac{1}{Z_m}$，做 Y_m 的动作特性）时导纳动作特性为一直线。因而，国外常把具有方向圆特性的阻抗继电器称为导纳继电器或欧姆继电器。

(3) 全阻抗圆特性。在偏移特性中，如果令 $Z_{set2}=-Z_{set}$，$Z_{set1}=Z_{set}$，则动作特性变化成全阻抗圆特性，动作区域如图 3.7 所示。特性圆的圆心位于坐标原点处，半径为 $|Z_{set1}|$。

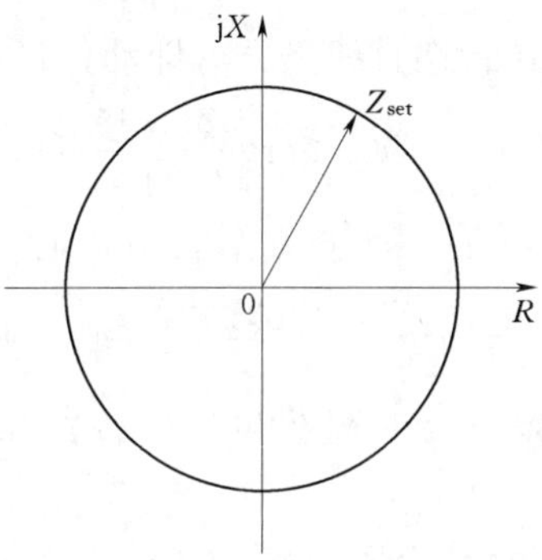

图 3.7 全阻抗圆特性

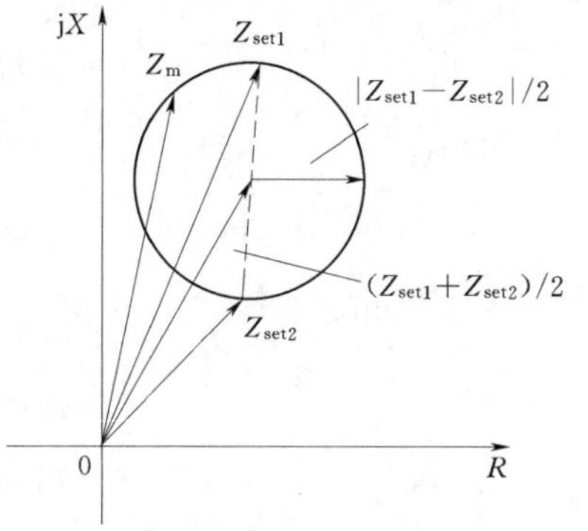

图 3.8 上抛圆特性

将 $Z_{set2}=-Z_{set}$，$Z_{set1}=Z_{set}$ 代入式 (3.6)，可以得到全阻抗圆特性的绝对值比较动作方程为

$$|Z_m|\leqslant|Z_{set}| \tag{3.14}$$

将 $Z_{set2}=-Z_{set}$，$Z_{set1}=Z_{set}$ 代入式 (3.11)，可得到全阻抗圆特性的相位比较动作方程为

$$-90°<\arg\frac{Z_{set}-Z_m}{Z_{set}+Z_m}<90° \tag{3.15}$$

全阻抗圆特性在各个方向上的动作阻抗都相同，它在正向或反向故障的情况下具有相同的保护区，即阻抗元件本身不具方向性。全阻抗圆特性的阻抗元件可以应用于单侧电源的系统中；当应用于多测电源系统时，应与方向元件相配合。

(4) 上抛圆与下抛圆特性。在偏移圆特性中，如果 Z_{set1}、Z_{set2} 都处于第一象限，则动作特性变化成上抛圆特性，动作区域如图 3.8 所示。特性圆不包括坐标原点，圆心位于 $\dfrac{1}{2}(Z_{set1}+Z_{set2})$ 处，半径为 $\left|\dfrac{1}{2}(Z_{set1}-Z_{set2})\right|$。

上抛圆特性的动作方程与偏移圆特性的动作方程式具有完全相同的形式，不同之处在于 Z_{set2} 所处的象限不同。上抛圆特性与另一方向圆特性组合成 8 字形特性，可作为距离保护的启动元件。

下抛圆特性的阻抗元件可用在发电机的失磁保护中。

2. 直线特性的阻抗元件

直线特性的阻抗元件可以看作是圆特性阻抗元件的特例，当上述的特性圆的圆心在无穷远处，而直径趋向于无穷大时，圆形动作边界就变成了直线边界。因而，圆特性中的绝对值比较原理和相位比较原理，都可以应用于直线特性。

根据直线在阻抗复平面上位置和方向的不同，直线特性可分为电抗特性、电阻特性和方向特性等几种。

(1) 电抗特性。电抗特性的动作边界如图3.9中的直线1所示。动作边界直线平行于R轴，到R轴的距离为X_{set}，直线的下方为动作区。

由图3.9可见，当测量阻抗Z_m落在动作特性直线上（即处于临界动作状态）时，$|Z_m - j2X_{set}| = |Z_m|$、$\arg\dfrac{Z_m - jX_{set}}{-jX_{set}} = -90°$（虚轴左侧）或$\arg\dfrac{Z_m - jX_{set}}{-jX_{set}} = 90°$（虚轴右侧）；落在动作特性直线下方（即动作区中）时，$|Z_m - j2X_{set}| > |Z_m|$、$-90° < \arg\dfrac{Z_m - jX_{set}}{-jX_{set}} < 90°$；落在动作特性直线上方（即非动作区中）时，$|Z_m - j2X_{set}| < |Z_m|$、$90° < \arg\dfrac{Z_m - jX_{set}}{-jX_{set}} < 270°$。所以电抗特性的绝对值比较动作方程和相位比较动作方程分别为

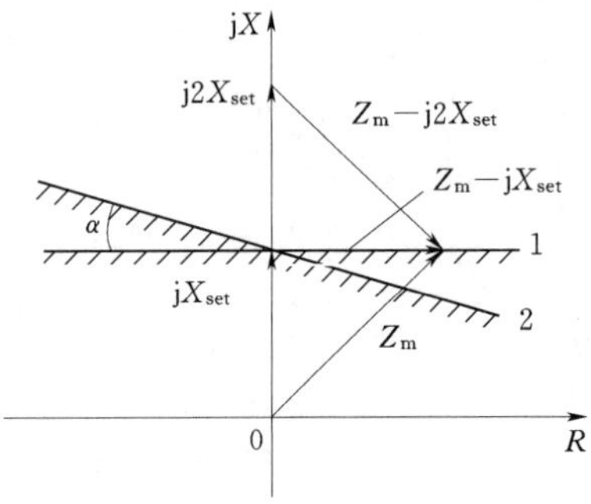

图3.9　电抗特性

$$|Z_m| \leqslant |Z_m - j2X_{set}| \tag{3.16}$$

$$-90° \leqslant \arg\frac{Z_m - jX_{set}}{-jX_{set}} \leqslant 90° \tag{3.17}$$

电抗特性的动作情况只与测量阻抗中的电抗分量有关，与电阻无关，因而它有很强的耐过渡电阻的能力。但是它本身不具有方向性，且在负荷阻抗情况下也可能动作，所以通常它不能独立应用，而是与其他特性复合，形成具有复合特性的阻抗元件。

实际应用的电抗特性一般为图3.9中的直线2，相应的特性称为准电抗特性或修正电抗特性，它与直线1的夹角为α，对应的相位比较动作方程为

$$-90° - \alpha \leqslant \arg\frac{Z_m - jX_{set}}{-jX_{set}} \leqslant 90° - \alpha \tag{3.18}$$

(2) 电阻特性。电阻特性的动作边界如图3.10所示。动作边界直线平行于jX轴，到jX轴的距离为R_{set}直线的左侧为动作区。类似于电抗特性的分析，可以得到电阻特性阻抗形式的绝对值比较动作方程和相位比较动作方程分别为

$$|Z_m| \leqslant |Z_m - 2R_{set}| \tag{3.19}$$

$$-90° \leqslant \arg\frac{Z_m - R_{set}}{-R_{set}} \leqslant 90° \tag{3.20}$$

与电抗特性一样，电阻特性通常也是与其他特性复合，形成具有复合特性的阻抗元

件。实际应用的电阻特性一般为图 3.10 中的直线 2，相应的特性称为准电阻特性或修正电阻特性，它与直线 1 的夹角为 θ，对应的相位比较动作方程为

$$-90^{\circ}-\theta \leqslant \arg \frac{Z_{m}-R_{set}}{-R_{set}} \leqslant 90^{\circ}-\theta \tag{3.21}$$

(3) 方向特性。方向特性的动作边界如图 3.11 所示。动作边界直线经过坐标原点，且与整定阻抗 Z_{set} 方向垂直，直线的右上方（即 Z_{set} 一侧）为动作区。

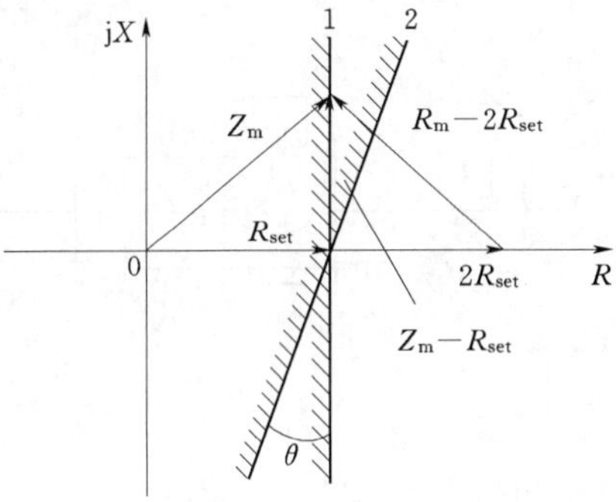

图 3.10　电阻特性

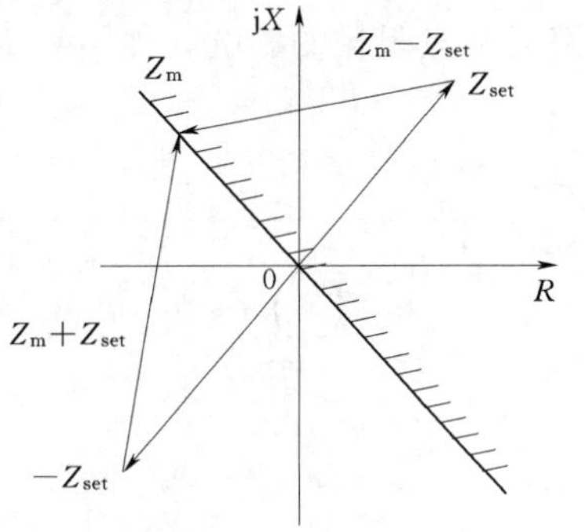

图 3.11　方向特性

类似于电抗特性的分析，可以得到方向特性阻抗形式的绝对值比较动作方程和相位比较动作方程分别为

$$|Z_{m}-Z_{set}| \leqslant |Z_{m}+Z_{set}| \tag{3.22}$$

$$-90^{\circ} \leqslant \arg \frac{Z_{m}}{Z_{set}} \leqslant 90^{\circ} \tag{3.23}$$

3.3 距离保护的整定计算及对距离保护的评价

3.3.1 距离保护的整定计算

与电流保护类似，距离保护装置也采用阶梯延时配合的三段式配置方式。距离保护的整定计算，就是根据被保护电力系统的实际情况，计算出距离Ⅰ段、Ⅱ段和Ⅲ段测量元件的整定阻抗以及Ⅱ段和Ⅲ段的动作延时。

当距离保护用于双侧电源的电力系统时，为便于配合，一般要求Ⅰ、Ⅱ段的测量元件都要具有明确的方向性，即采用具有方向的测量元件。第Ⅲ段为后备段，包括对本线路Ⅰ、Ⅱ段保护的近后备，相邻下一级线路保护的远后备和反向母线保护的后备，所以第Ⅲ段通常采用带有偏移特性的测量元件，用较大的延时保证其选择性。

1. 距离保护第Ⅰ段的整定

距离保护Ⅰ段为无延时的速动段，它应该只反映本线路的故障，下级线路出口发生短路故障时，应可靠不动作。所以其测量元件的整定阻抗，应该按躲过本线路末端短路时的测量阻抗来整定。以 A 处保护为例，测量元件的整定阻抗为

$$Z_{set}^{\mathrm{I}}=K_{rel}^{\mathrm{I}} L_{AB} z_{1} \tag{3.24}$$

式中 Z_{set}^{I}——距离Ⅰ段的整定阻抗；

L_{AB}——被保护线路的长度；

z_1——被保护线路单位长度的正序电抗，Ω/km；

K_{rel}^{I}——可靠系数，由于距离保护为欠量动作，所以 $K_{rel}^{I}<1$，考虑到继电器误差、互感器误差和参数参量误差等因素，一般取0.8～0.85。

2. 距离保护第Ⅱ段的整定

（1）分支电路对测量阻抗的影响。在距离保护Ⅱ段整定时，类同于电流保护，应考虑分支电路对测量阻抗的影响，如图3.12所示。

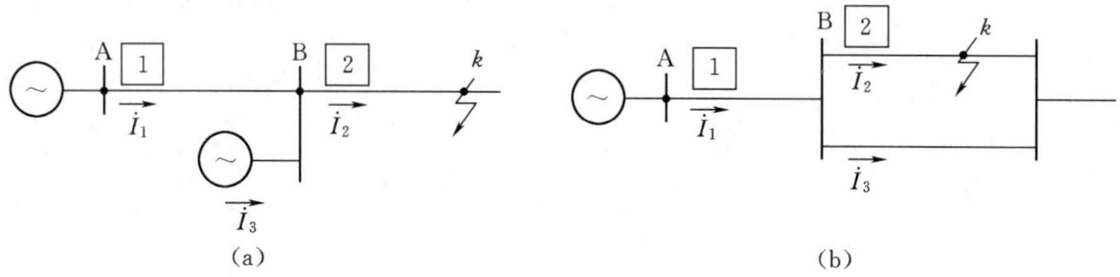

图3.12 分支电路对测量阻抗的影响
（a）助增分支；（b）外汲分支

图3.12中 k 点发生三相短路时，保护1处的测量阻抗为

$$Z_{m1}=\frac{\dot{U}_A}{\dot{I}_1}=\frac{\dot{I}_1 Z_{AB}+\dot{I}_2 Z_k}{\dot{I}_1}=Z_{AB}+\frac{\dot{I}_2}{\dot{I}_1}Z_k=Z_{AB}+K_b Z_k \tag{3.25}$$

式中 Z_{AB}——线路AB的正序阻抗；

Z_k——母线B与短路点之间线路的正序阻抗；

K_b——分支系数。

在图3.12（a）的情况下，$K_b=\frac{\dot{I}_2}{\dot{I}_1}=\frac{\dot{I}_1+\dot{I}_3}{\dot{I}_1}=1+\frac{\dot{I}_3}{\dot{I}_1}$，其值大于1，使得保护1测量到的阻抗 Z_{m1} 大于从A母线处保护1到故障点之间的阻抗 $Z_{AB}+Z_k$。这种使测量阻抗变大的分支称为助增分支，对应的电流 $\dot{I}_3$ 称为助增电流。

在图3.12（b）的情况下，$K_b=\frac{\dot{I}_2}{\dot{I}_1}=\frac{\dot{I}_1-\dot{I}_3}{\dot{I}_1}=1-\frac{\dot{I}_3}{\dot{I}_1}$，其值小于1，使得保护1测量到的阻抗 Z_{m1} 小于从保护1到故障点之间的阻抗 $Z_{AB}+Z_k$。这种使测量阻抗变小的分支称为外汲分支，对应的电流 $\dot{I}_3$ 称为外汲电流。

（2）Ⅱ段的整定阻抗，距离保护Ⅱ段的整定阻抗，应按以下两个原则进行计算。

1）与相邻线路的距离保护Ⅰ段相配合。为了保证在下级线路上发生故障时，上级线路保护处的保护Ⅱ段不至于越级跳闸，其Ⅱ段的动作范围不应该超出保护2的Ⅰ段的动作范围。若保护2的Ⅰ段的整定阻抗为 Z_{set2}^{I}，则保护1的Ⅱ段的整定阻抗为

$$Z_{set1}^{II}=K_{rel}^{II}(Z_{AB}+K_{b\cdot min}Z_{set2}^{I}) \tag{3.26}$$

式中，K_{rel}^{II} 为可靠系数，一般取0.8；为确保在各种运行方式下保护1的Ⅱ段范围不超过

保护2的Ⅰ段范围，分支系数 $K_{b\cdot min}$ 取各种情况下的最小值。

2）与相邻变压器保护相配合。当被保护线路的末端母线接有变压器时，距离Ⅱ段应与变压器的快速保护（一般是变压器差动保护）相配合，其动作范围不应超出变压器快速保护的范围。设变压器的阻抗为 Z_t，则距离Ⅱ段的整定值应为

$$Z_{set1}^{\mathrm{II}}=K_{rel}^{\mathrm{II}}(Z_{AB}+K_{b\cdot min}Z_t) \tag{3.27}$$

式中 K_{rel}^{II}——可靠系数，考虑变压器阻抗误差较大，一般取0.7～0.75。

当被保护线路末端母线上既有出线又有变压器时，距离Ⅱ段的整定阻抗应分别按上述两种情况计算，取其中较小值作为整定阻抗。

此外，当被保护线路末端母线上的出线或变压器采用电流速断保护时，应将电流保护的动作范围换算成阻抗，然后用上述公式进行计算。

（3）灵敏度校验。距离保护Ⅱ段，应保护线路的全长，本线路末端短路时，应有足够的灵敏度。考虑到各种误差因素，要求灵敏系数应满足

$$K_{sen}=\frac{Z_{set}^{\mathrm{II}}}{Z_{AB}}\geqslant 1.25 \tag{3.28}$$

如果 K_{sen} 不满足要求，则距离保护1的Ⅱ段应改为与相邻元件的保护Ⅱ段相配合，计算的方法与上面类似。

（4）动作延时的整定。距离保护Ⅱ段的动作延时，应比与之配合的相邻元件保护时大一个时间级差 Δt，即

$$t_1^{\mathrm{II}}=t_2^{(x)}+\Delta t \tag{3.29}$$

式中 $t_2^{(x)}$——与本保护配合的相邻元件保护段（x 为Ⅰ段或Ⅱ段）最大的动作延时；

Δt——时间级差，其选取方法与阶段式电流保护中时间级差选取方法一样。

3. 距离保护Ⅲ段的整定

（1）Ⅲ段的整定阻抗。距离保护Ⅲ段的整定阻抗，按以下几个原则计算：

1）按与相邻级线路距离保护Ⅱ段或Ⅲ段配合整定。

在与相邻下级线路距离保护Ⅱ段配合时，Ⅲ段的整定阻抗为

$$Z_{set1}^{\mathrm{III}}=K_{rel}^{\mathrm{III}}(Z_{AB}+K_{b\cdot min}Z_{set2}^{\mathrm{II}}) \tag{3.30}$$

可靠系数 K_{rel}^{III} 的取法与Ⅱ段整定中类似，分支系数 K_b 应取各种情况下的最小值。

2）按与相邻下级变压器的电流、电压保护配合整定。整定值计算为

$$Z_{set1}^{\mathrm{III}}=K_{rel}^{\mathrm{III}}(Z_{AB}+K_{b\cdot min}Z_{min}) \tag{3.31}$$

式中 Z_{min}——电流、电压保护的最小保护范围对应的阻抗值。

3）按躲过正常运行时的最小负荷阻抗。

当线路上的负荷最大且母线电压最低时，负荷阻抗最小，其值为

$$Z_{L\cdot min}=\frac{\dot{U}_{L\cdot min}}{\dot{I}_{L\cdot max}}=\frac{(0.9\sim0.95)\dot{U}_N}{\dot{I}_{L\cdot max}} \tag{3.32}$$

式中 $\dot{U}_{L\cdot min}$——正常运行母线电压的最低值；

$\dot{I}_{L\cdot max}$——被保护线路最大负荷电流；

$\dot{U}_N$——母线额定相电压。

考虑到电动机自启动的情况下，保护Ⅲ段必须立即返回的要求，若采用全阻抗特性，则整定值为

$$Z_{set1}^{Ⅲ}=\frac{K_{rel}}{K_{ss}K_{re}}Z_{L\cdot min} \tag{3.33}$$

式中　K_{rel}——可靠系数，一般取0.8～0.85；

K_{ss}——电动机自启动系数，取1.5～2.5；

K_{re}——阻抗测量元件（欠量动作）的返回系数，取1.15～1.25。

若采用方向圆特性阻抗继电器，由躲开的负荷阻抗换算成整定阻抗值，整定阻抗可由下式给出

$$Z_{set1}^{Ⅲ}=\frac{K_{rel}Z_{L\cdot min}}{K_{ss}K_{re}\cos(\varphi_{set}-\varphi_{L})} \tag{3.34}$$

式中　φ_{set}——整定阻抗的阻抗角；

φ_{L}——负荷阻抗的阻抗角。

按上述三个原则进行计算，取其中的较小者作为距离Ⅲ段的整定阻抗。当Ⅲ段采用偏移特性时，反向动作区的大小通常用偏移率来整定，一般情况下，偏移率取5%左右。

（2）灵敏度效验。距离保护Ⅲ段，既作为本线路Ⅰ、Ⅱ段保护的近后备，又作为相邻下级设备保护的远后备，灵敏度应分别进行校验。

作为近后备时，按本线路末端短路校验，计算式为

$$K_{sen(1)}=\frac{Z_{set}^{Ⅲ}}{Z_{AB}}\geqslant 1.5 \tag{3.35}$$

作为远后备时，按相邻设备末端短路校验，计算式为

$$K_{sen(2)}=\frac{Z_{set}^{Ⅲ}}{Z_{AB}+K_{b\cdot max}Z_{next}}\geqslant 1.2 \tag{3.36}$$

式中　Z_{next}——相邻设备（线路、变压器等）的阻抗；

$K_{b\cdot max}$——分支系数最大值，以保证在各种运行方式下保护动作的灵敏性。

（3）动作延时的整定。距离保护Ⅲ段的动作延时，应比与之配合相邻的动作保护延时时大一个时间级差Δt，但考虑到距离Ⅲ段一般不经过振荡闭锁，其动作延时不应小于最大振荡周期（1.5～2s）。

4. 将整定参数换算到二次侧

在上面的计算中，使用的都是一次系统的参数值，实际应用时，应把这些一次系统参数值换算至保护接入的二次系统参数值。设电压互感器TV的变比为n_{TV}，电流互感器TA的变比为n_{TA}，系统的一次参数用下标“(1)”标注，二次参数用下标“(2)”标注，则一、二次测量阻抗之间的关系为

$$Z_{m(1)}=\frac{\dot{U}_{m(1)}}{\dot{I}_{m(1)}}=\frac{n_{TV}\dot{U}_{m(2)}}{n_{TA}\dot{I}_{m(2)}}=\frac{n_{TV}}{n_{TA}}Z_{m(2)}$$

或

$$Z_{m(2)}=\frac{n_{TA}}{n_{TV}}Z_{m(1)} \tag{3.37}$$

上述计算中得到的整定阻抗，也可按照类似的方法换算到二次侧，计算式为

$$Z_{\text{set}(2)}=\frac{n_{\text{TA}}}{n_{\text{TV}}}Z_{\text{set}(1)} \tag{3.38}$$

3.3.2 110kV 线路保护配置

图 3.13 给出了 110kV 线路保护 LPS 的典型配置。$Z_{\varphi\varphi}^{\text{I}}$、$Z_{\varphi\varphi}^{\text{II}}$、$Z_{\varphi\varphi}^{\text{III}}$模块表示线路的相间距离保护Ⅰ、Ⅱ、Ⅲ段。110kV 系统一般是大接地电流系统，接地短路将有很大的短路电流，因此，110kV 线路保护需要接地保护功能。接地保护可采用接地距离保护，也可采用零序电流保护。110kV 线路大多数情况下，采用简单、可靠的方向零序电流保护。图 3.13 中的 I_0^{I}、I_0^{II}、I_0^{III} 分别表示零序电流保护Ⅰ、Ⅱ、Ⅲ段，AR 模块表示自动重合闸功能。

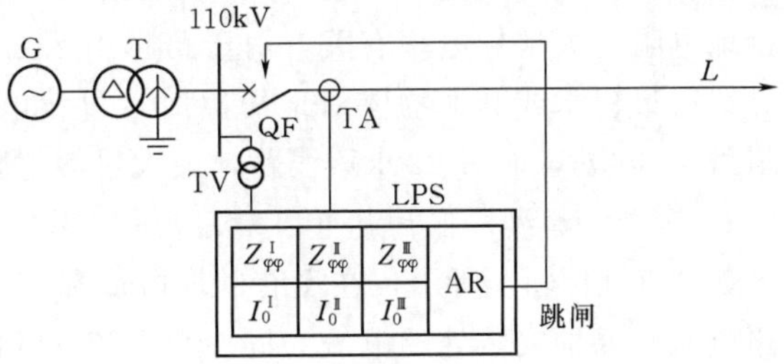

图 3.13 110kV 线路保护配置

3.3.3 对距离保护的评价

（1）由于同时利用了短路点电压、电流的变化特征，通过测量故障阻抗来确定故障所处的范围，保护区稳定，灵敏度高，动作情况受电网运行方式变化的影响小，能够在多侧电源的高压及超高压复杂电力系统中应用。

（2）由于只利用了线路一侧短路时电压、电流的变化特征，距离保护Ⅰ段的整定范围为线路全长的 80%～85%，这样在双侧电源线路中，有 30%～40%的区域内故障时，只有一侧的保护能无延时的动作，另一侧保护需经 0.5s 延时后跳闸；在 220kV 及以上电压等级的网络中，有时候不能满足电力系统稳定性对故障切除快速性的要求。因此，还应配备能够全线快速切除故障的纵联保护。

（3）距离保护的阻抗测量原理，除可以应用于输电线路的保护外，还可以应用于发电机、变压器保护中，作为后备保护。

（4）相对于电流、电压保护来说，距离保护的构成、接线和算法都比较复杂，装置自身的可靠性稍差。

3.4 影响距离保护正确动作的因素及防止措施

3.4.1 短路点过渡电阻对距离保护的影响

前面相关章节的分析中，大多是以金属性短路为例的，但在实际情况下，电力系统的短路一般都不是金属性的，而是在短路点存在过渡电阻。过渡电阻的存在，将使距离保护的测量阻抗、测量电压等发生变化，有可能造成距离保护的不正确动作。

1. 过渡电阻的性质

短路点的过渡电阻 R_g 是指当接地短路或相间短路时，短路点电流流经由相导线流入大地流回中性点或由一相流到另一相的路径中所通过物质的电阻，包括电弧电阻、中间物质的电阻、相导线与大地之间的接触电阻、金属杆塔的接地电阻等。

在相间故障时，过渡电阻主要由电弧电阻组成。电弧电阻具有非线性的性质，其大小

与电弧弧道的长度成正比，而与电弧电流的大小成反比，精确计算比较困难，一般可按下式进行估算

$$R_g = 1050\frac{L_g}{I_g} \tag{3.39}$$

式中 L_g——电弧的长度，m；

I_g——电弧中的电流大小，A。

在短路初瞬间，电弧电流 I_g 最大，弧长 L_g 最短，这时弧阻 R_g 最小。几个周期后，电弧逐渐伸长，弧阻逐渐变大。相间故障的电弧电阻一般在数欧至十几欧之间。

在导线对铁塔放电的接地短路时，铁塔及其接地电阻构成过渡电阻的主要部分。铁塔的接地电阻与大地导电率有关，对于跨越山区的高压线路，铁塔的接地电阻可达数十欧。当导线通过树木或其他物体对地短路时，过渡电阻更高。对于500kV的线路，最大过渡电阻可达300Ω，而对220kV线路，最大过渡电阻约为100Ω。

2. 单侧电源线路上过渡电阻对距离保护的影响

如图3.14（a）所示，在没有助增电流和外汲电流的单侧电源线路上，过渡电阻中的短路电流与保护安装处的电流为同一个电流，这时保护安装处测量电压和测量电流的关系可以表示为

$$\dot{U}_m = \dot{I}_m Z_m = \dot{I}_m (Z_k + R_g) \tag{3.40}$$

即 $Z_m = Z_k + R_g$，R_g 的存在总是使继电器的测量阻抗值增大，阻抗角变小，保护范围缩短。

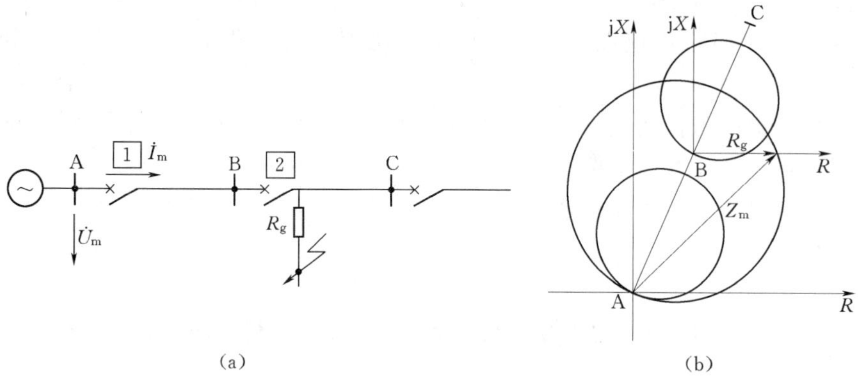

图3.14 单侧电源线路过渡电阻的影响

（a）系统示意图；（b）对不同安装地点的距离保护的影响

当BC线路始端B经过渡电阻 R_g 短路时，B处保护的测量阻抗为 $Z_{m2} = R_g$，而A处保护的测量阻抗为 $Z_{m1} = Z_{AB} + R_g$，当 R_g 的数值如图3.14（b）所示时，就出现 Z_{m2} 超出其Ⅰ段范围，而 Z_{m1} 位于其Ⅱ段范围内的情况。此时A处的保护Ⅱ段动作切除故障，从而失去了选择性。

由图3.14（b）可见，保护装置距短路点越近时，受过渡电阻影响越大；同时，保护装置的整定阻抗越小（相当于被保护线路越短），受过渡电阻影响越大。

3. 双侧电源线路上过渡电阻的影响

以图 3.15（a）所示的双侧电源线路为例，分析过渡电阻对距离保护的影响。

两侧电源的情况下，过渡电阻中的短路电流不再是保护安装处的电流，这时保护安装处测量电压和测量电流的关系可以表示为

$$\dot{U}_m=\dot{I}'_kZ_k=(\dot{I}'_k+\dot{I}''_k)R_g=\dot{I}'_k(Z_k+R_g)+\dot{I}''_kR_g \tag{3.41}$$

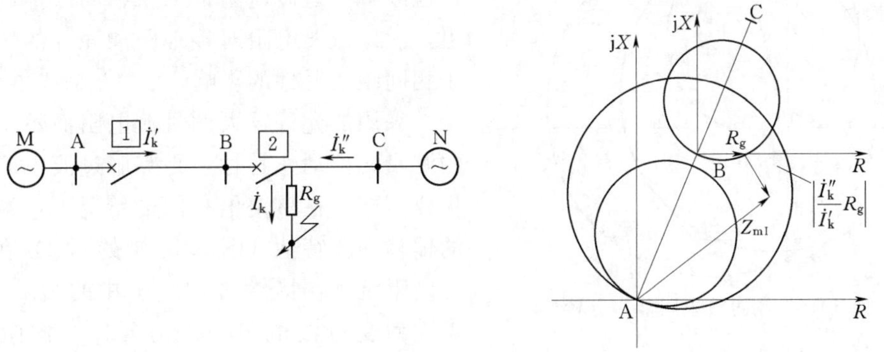

（a）　　　　　　（b）

图 3.15　双侧电源线路过渡电阻的影响

（a）系统示意图；（b）对不同安装地点的距离保护影响

令$\dot{I}_m=\dot{I}'_k$，则继电器的测量阻抗可以表示为

$$Z_m=\frac{\dot{U}_m}{\dot{I}_m}=(Z_k+R_g)+\frac{\dot{I}''_k}{\dot{I}'_k}R_g \tag{3.42}$$

R_g 对测量阻抗的影响，取决于对侧电源提供的短路电流大小及$\dot{I}'_k$、$\dot{I}''_k$之间的相位关系，有可能使测量阻抗的实部增大，也有可能减小。若在故障前 M 端为送端，N 侧为受端，则 M 侧电源电动势的相位超前 N 侧。这样，在两端系统阻抗的阻抗角相同的情况下，$\dot{I}'_k$ 的相位将超前$\dot{I}''_k$，式（3.42）中的$\frac{\dot{I}''_k}{\dot{I}'_k}R_g$ 将具有负的阻抗角，即表现为容性的阻抗，它的存在有可能使总的测量阻抗变小。反之，若 M 端为受端，N 侧为送端，则$\frac{\dot{I}''_k}{\dot{I}'_k}R_g$ 将具有正的阻抗角，即表现为感性的阻抗，它的存在使测量阻抗变大。在系统振荡加故障的情况下，$\dot{I}'_k$ 与$\dot{I}''_k$之间的相位差在 0°～360°的范围内变化，此时 A 处的测量阻抗变化轨迹是个圆。

在上述情况下，A 处的总测量阻抗可能会因过渡电阻的影响而减小，严重情况下，可能使测量阻抗落入其距离保护Ⅰ段范围内，造成距离保护其Ⅰ段误动作。这种因过渡电阻的存在而导致保护测量电阻变小，进一步引起保护误动作的现象，称为距离保护的稳态超越。也可能造成测量阻抗的增大，使Ⅱ段保护拒动。

4. 克服过渡电阻影响的措施

在过渡电阻的大小和两侧电流相位关系一定的情况下，它对阻抗继电器的影响，与短

路点所处的位置，继电器所选用的特性等有密切的关系。对于圆特性的方向阻抗继电器来说，在被保护区的始端和末端短路时，过渡电阻的影响比较大，而在保护区的中部短路时，过渡电阻的影响比较小。在整定值相同的情况下，动作特性在$+R$轴方向所占的面积越小，受过渡电阻R_g的影响越大。此外，由于接地故障时过渡电阻远大于相间故障的过渡电阻，所以过渡电阻对接地距离元件的影响要大于相间距离元件的影响。

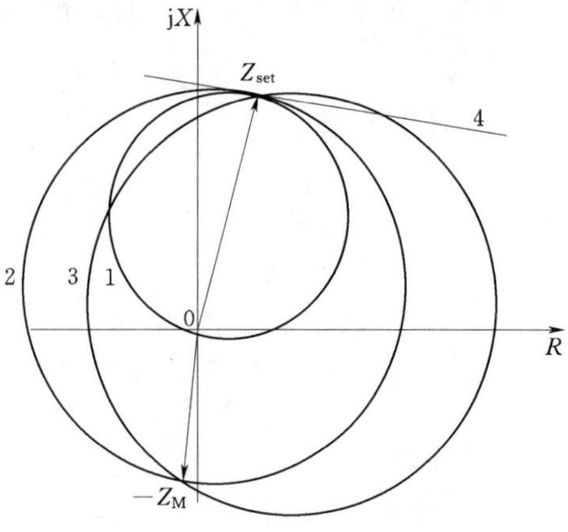

图 3.16　耐过渡电阻能力分析

采用能允许较大的过渡电阻而不至于拒动的测量元件动作特性，是克服过渡电阻影响的主要措施。在整定值相同的情况下，测量元件的偏移动作特性（图 3.16 中的圆 2）在$+R$轴方向阻抗动作特性（图 3.16 中的圆 1）大，所以它耐受过渡电阻的能力要比方向阻抗特性强。若进一步使动作特性向$+R$方向偏转一个角度（图 3.16 中的圆 3），则特性在$+R$轴方向所占的面积更大，耐受过渡电阻的能力更强。

3.4.2　电力系统振荡对距离保护的影响及振荡闭锁措施

3.4.2.1　振荡闭锁的概念

并联运行的电力系统或发电厂之间出现功率角大范围周期性变化的现象，称为电力系统振荡。电力系统振荡时，系统两侧等效电动势的夹角δ可能在0°～360°范围内作周期性变化，从而使系统中各点的电压、线路电流、功率大小和方向以及距离保护的测量阻抗也都呈现周期性变化。这样，在电力系统出现严重的失步振荡时，功角在0°～360°之间变化，以上述这些量为测量对象的各种测量元件，就有可能因系统振荡动作。

电力系统的失步振荡属于严重的不正常运行状态，而不是故障状态，大多数情况下能够通过自动装置的调节自行恢复同步，或者在预定的地点由专门的解列装置动作解开已经失步的系统。如果在振荡过程中继电保护装置无计划的动作，切除了重要的联络线，或断开了电源和负荷，不仅不利于振荡的自动恢复，而且还有可能使事故扩大，造成更严重的后果。所以在系统振荡时，要采取必要的措施，防止保护测量元件动作而误动。这种用来防止系统振荡时保护误动的措施，就称为振荡闭锁。

因电流保护、电压保护和功率方向保护等一般都只应用在电压等级较低的中低压配电系统，而这些系统出现振荡的可能性很小，振荡时保护误动产生的后果也不会太严重，所以一般不需要采取振荡闭锁措施。距离保护一般用在较高电压等级的电力系统，系统出现振荡的可能性大，保护误动造成的损失严重，所以必须考虑振荡闭锁问题。

3.4.2.2　电力系统振荡对距离保护测量元件的影响

1. 电力系统振荡时电流、电压的变化规律

现以图 3.17 所示的双侧电源的电力系统为例，分析系统振荡时电流、电压的变化规律。

设系统两侧等效电动势$\dot{E}_M$和$\dot{E}_N$的幅值相等，相角差（即功角）为δ，等效电源之间的阻抗为$Z_\Sigma = Z_M + Z_L + Z_N$，其中$Z_M$为M侧系统的等值阻抗，$Z_N$为N侧系统的等值阻抗，$Z_L$为联络线路的阻抗，则线路中的电流和母线M、N上的电压分别为

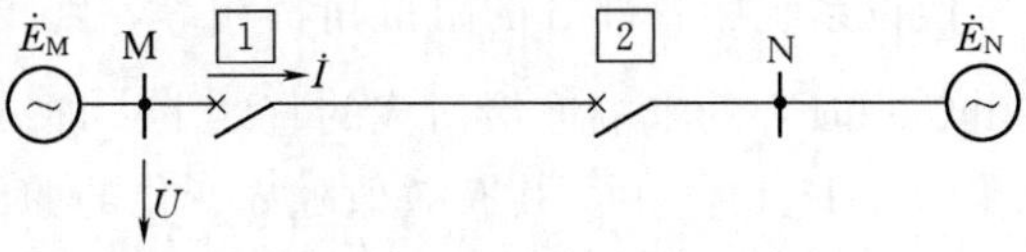

图 3.17 双侧电源的电力系统

$$\dot{I} = \frac{\dot{E}_M - \dot{E}_N}{Z_\Sigma} = \frac{\Delta \dot{E}}{Z_\Sigma} = \frac{\dot{E}_M(1 - e^{-j\delta})}{Z_\Sigma} \tag{3.43}$$

$$\dot{U}_M = \dot{E}_M - \dot{I} Z_M \tag{3.44}$$

$$\dot{U}_N = \dot{E}_N - \dot{I} Z_N \tag{3.45}$$

它们之间的相位关系如图3.18（a）所示。以$\dot{E}_M$为参考相量，当δ在0°～360°之间变化时，相当于$\dot{E}_N$相量在0°～360°范围内旋转。

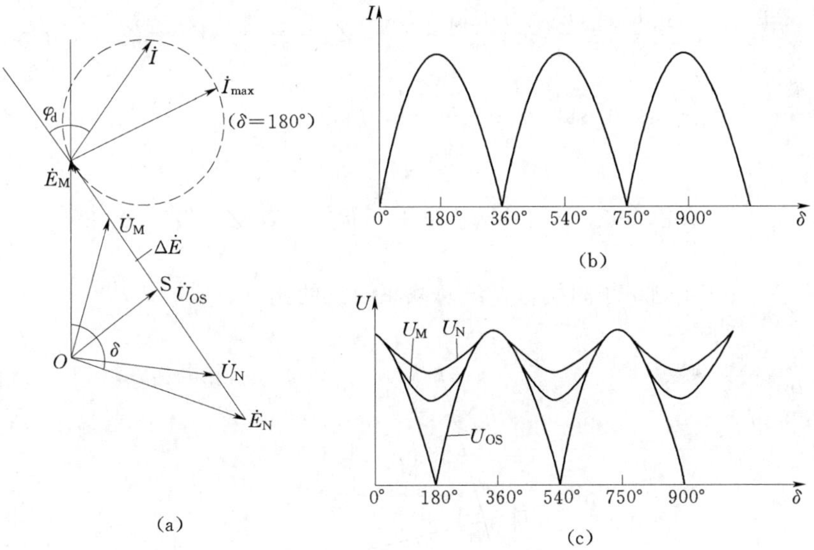

图 3.18 系统振荡时的电流和电压

（a）相量图；（b）电流有效值变化曲线；（c）电压有效值变化曲线

由图3.18可以看出，电动势差的有效值为

$$\Delta E = 2E_M \sin\frac{\delta}{2} \tag{3.46}$$

所以线路电流的有效值为

$$I = \frac{\Delta E}{|Z_\Sigma|} = \frac{2E_M}{|Z_\Sigma|}\sin\frac{\delta}{2} \tag{3.47}$$

电流有效值随δ变化的曲线如图3.18（b）所示。电流的相位滞后于$\Delta E = \dot{E}_M - \dot{E}_N$的角度为系统联系阻抗角$\varphi_d$，其相量的末端随$\delta$变化的轨迹如图3.18（a）中的虚线圆周所示。

假设系统中各部分的阻抗角都相等，则线路上任意一点的电压相量的末端，都必然落在由$\dot{E}_M$ 和$\dot{E}_N$ 的末端连接而成的直线上，即 $\Delta\dot{E}$上。M、N 两母线处的电压相量$\dot{U}_M$ 和$\dot{U}_N$标在图 3.18（a）中。其有效值随 δ 变化的曲线，如图 3.18（c）所示。

在图 3.18（a）中，由 O 点向相量 $\Delta\dot{E}$作一垂线，并将该垂线代表的电压相量记为$\dot{U}_{OS}$，显然，在 δ 为 0°以外的任意值时，电压$\dot{U}_{OS}$都是全系统最低的，特别是当 $\delta=180°$时，该电压的有效值变为 0。电力系统振荡时，电压最低的这一点称为振荡中心，在系统各部分的阻抗角都相等的情况下，振荡中心的位置就位于阻抗中心$\frac{1}{2}Z_\Sigma$处。由图 3.18（a）可见，振荡中心电压的有效值可以表示为

$$U_{OS}=E_M\cos\frac{\delta}{2} \tag{3.48}$$

2. 电力系统振荡时测量阻抗的变化规律

系统振荡时，安装在 M 点处的测量元件的测量阻抗为

$$Z_m=\frac{\dot{U}_M}{\dot{I}_M}=\frac{\dot{E}_M-\dot{I}_M Z_M}{\dot{I}_M}=\frac{\dot{E}_M}{\dot{I}_M}-Z_M=\frac{1}{1-e^{-j\delta}}Z_\Sigma-Z_M \tag{3.49}$$

因为 $1-e^{-j\delta}=1-\cos\delta+j\sin\delta=\dfrac{2}{1-j\mathrm{ctg}\,\dfrac{\delta}{2}}$，所以

$$Z_m=\left(\frac{1}{2}Z_\Sigma-Z_M\right)-j\,\frac{1}{2}Z_\Sigma\,\mathrm{ctg}\,\frac{\delta}{2}=\left(\frac{1}{2}-\rho_M\right)Z_\Sigma-j\,\frac{1}{2}Z_\Sigma\,\mathrm{ctg}\,\frac{\delta}{2} \tag{3.50}$$

式中 $\rho_M=\dfrac{Z_M}{Z_\Sigma}$——M 侧系统阻抗占系统总联系阻抗的比例。

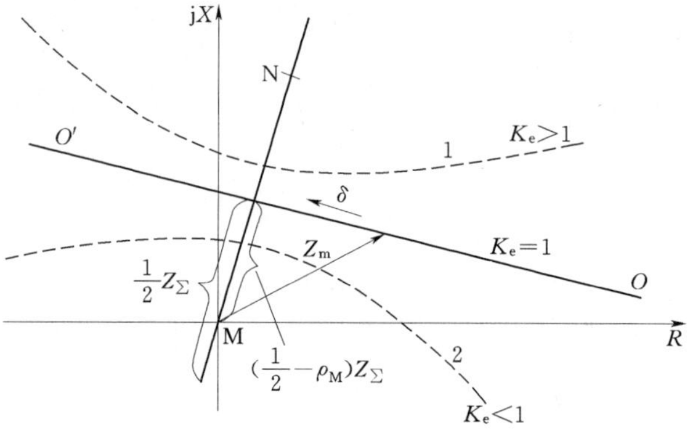

图 3.19 测量阻抗的变化轨迹

可见，系统振荡时，保护安装处 M 的测量阻抗由两大部分组成：第一部分为$\left(\frac{1}{2}-\rho_M\right)Z_\Sigma$，对应于从保护安装处 M 到振荡中心点 OS 的线路阻抗，只与保护安装处到振荡中心的相对位置有关，而与功角 δ 无关。第二部分为$-j\,\frac{1}{2}Z_\Sigma\,\mathrm{ctg}\,\frac{\delta}{2}$，垂直于 Z_Σ，随着 δ 的变化而变化。当 δ 由 0°变化到 360°时，测量阻抗 Z_m 的末端沿着一条经过阻抗中心

点 OS，且垂直于 Z_Σ 的直线 $\overrightarrow{OO'}$ 自右向左移动，如图 3.19 所示。当 $\delta=0°(+)$ 时，测量阻抗 Z_m 位于复平面的右侧，其值为无穷大；当 $\delta=180°$ 时，测量阻抗 Z_m 值最小，变成 $\left(\frac{1}{2}-\rho_M\right)Z_\Sigma$，位于系统阻抗角的方向上，相当于在振荡中心处发生三相短路，可能引起保护的误动。当 $\delta=360°(-)$ 时，测量阻抗的值也为无穷大，但位于复平面的左侧。

如果 $\dot{E}_M$ 和 $\dot{E}_N$ 的幅值不相等，则分析表明，系统振荡时测量阻抗末端的轨迹将不再是一条直线，而是一个圆弧。设 $K_e=\frac{\dot{E}_M}{\dot{E}_N}$，当 $K_e>1$ 及 $K_e<1$ 时，测量阻抗末端的轨迹如图 3.19 中的虚线圆弧 1 和圆弧 2 所示。

由图 3.19 可见，保护安装处 M 到振荡中心 OS 的阻抗为 $\left(\frac{1}{2}-\rho_M\right)Z_\Sigma$，它与 $\rho_M=\frac{Z_M}{Z_\Sigma}$ 的大小密切相关。当 $\rho_M<\frac{1}{2}$ 时，即保护安装在送电端且振荡中心位于保护的正方向时，振荡时测量阻抗末端轨迹的直线 $\overrightarrow{OO'}$ 在第一象限内与 Z_Σ 相交，根据保护的动作特性，测量阻抗可能穿越动作区；当 $\rho_M=\frac{1}{2}$ 时，保护安装处 M 正好就是振荡中心，该阻抗等于 0，测量阻抗末端轨迹的直线 $\overrightarrow{OO'}$ 可在坐标原点处与 Z_Σ 相交，会穿越保护动作区；当 $\rho_M>\frac{1}{2}$ 时，即振荡中心在保护的反方向上，振荡时测量阻抗末端轨迹的直线 $\overrightarrow{OO'}$ 在第三象限内与 Z_Σ 相交，是否会引起保护误动，视保护的动作特性而异。可见距离保护安装在系统不同的位置，受振荡的影响是不同的。

3. 电力系统振荡对距离测量元件特性的影响

在图 3.17 所示的双侧电源系统中，假设 M 处装有距离保护，其测量元件采用方向圆特性的阻抗元件，距离Ⅰ段的整定阻抗为线路阻抗的 80%，M 侧Ⅰ段的动作特性如图 3.20 所示。

根据前面的分析，当振荡中心落在母线 M、N 之间的线路上，δ 变化时，M 处的测量阻抗末端，将沿图 3.20 中的直线 $\overrightarrow{OO'}$ 移动。当 δ 在 $\delta_1\sim\delta_2$ 范围内时，M 侧测量阻抗落入动作范围之内，其测量元件动作，其误动作的时段自有功角 δ_1 开始至功角超过 δ_2 结束。当振荡中心落在本线路保护范围之外时，距离段将不受振荡的影响。Ⅱ段及Ⅲ段的整定阻抗一般较大，振荡时的测量阻抗比较容易进入其动作区，所以Ⅱ段及Ⅲ段的测量元件可能会动作。但是，它们都带有延时元件，如果振荡误动作的时段小于延时元件的延时，则保护出口不会误动作。总之，电力系统振荡时，阻抗继电器是否误动、误动的时间长短与保护安装位置、保护动作范围、动作特性的形状和振荡周期长短等有关，安装位置离振荡中心越近、整定值越大、动作特性曲线在与

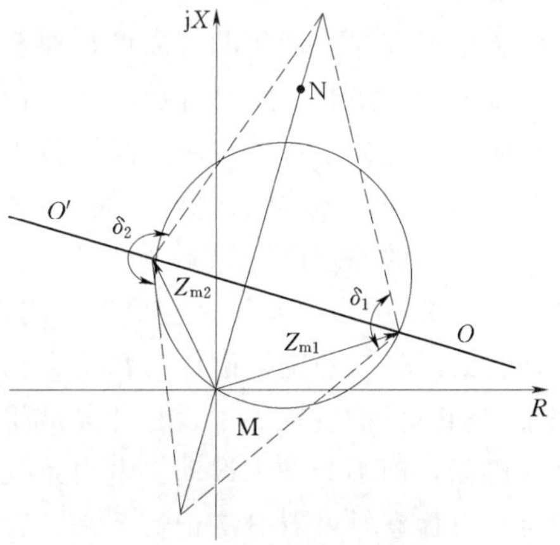

图 3.20　振荡对测量元件的影响

整定阻抗垂直方向的动作区越大时，越容易受振荡的影响，振荡周期越长误动的时间越长。并不是安装在系统中所有的阻抗继电器在振荡时都会误动，但是，对阻抗继电器在出厂时都要求配备振荡闭锁，使之具有通用性。

4. 电力系统振荡与短路时电气量的差异

既然电力系统振荡时可能引起距离保护的误动作，就需要进一步分析比较电力系统振荡与短路时电气量的变化特征，找出其间的差异，用以构成振荡闭锁元件，实现振荡时闭锁距离保护。

（1）振荡时，三相完全对称，没有负序分量和零序分量出现；而当短路时，总要长时（不对称短路过程中）或瞬间（在三相短路开始时）出现负序分量或零序分量。

（2）振荡时，电气量呈现周期性的变化，其变化速度$\left(\frac{\mathrm{d}U}{\mathrm{d}t}、\frac{\mathrm{d}I}{\mathrm{d}t}、\frac{\mathrm{d}Z}{\mathrm{d}t}\text{等}\right)$与系统功角的变化速度一致，比较慢，当两侧功角摆开至时相当于在振荡中心发生三相短路；从短路前到短路后其值突然变化，速度很快，而短路后短路电流、各点的残余电压和测量阻抗在不计衰减时是不变的。

（3）振荡时，电气量呈现周期性的变化，若阻抗测量元件误动作，则在一个振荡周期内动作和返回各一次；而短路时，阻抗测量元件如果动作（区内短路），则一直动作，直至故障切除；如果不动作（区外短路），则一直不动作。

3.4.2.3 距离保护的振荡闭锁措施

距离保护的振荡闭锁措施，应能够满足以下的基本要求：

（1）系统发生全相或非全相振荡时，保护装置不应误动作跳闸。

（2）系统在全相或非全相振荡过程中，被保护线路发生各种类型的不对称故障，距离保护装置应有选择性的动作跳闸。

（3）系统在全相振荡过程中再发生三相故障时，保护装置应可靠动作跳闸，并允许带短延时。

根据以上对振荡闭锁的要求，利用短路与振荡时电气量变化特征的差异，距离保护一般采用以下几种振荡闭锁措施：

1. 利用电流的负序、零序分量或突变量，实现振荡闭锁

为了提高保护动作的可靠性，在系统没有故障时，一般距离保护一直处于闭锁状态。当系统发生故障时，短时开放距离保护允许保护出口跳闸称为短时开放。若在开放的时间内，阻抗继电器动作，说明故障点位于阻抗继电器的动作范围之内，将故障线路跳开；若在开放的时间内阻抗继电器未动作，则说明故障不在保护区内，重新将保护闭锁。这种振荡闭锁方式的原理框图如图3.21所示。

图3.21中启动元件是实现振荡闭锁的关键元件。启动元件和整组复归元件在系统正常运行或因静态稳定被破坏时都不会动作，这时双稳态触发器SW以及单稳态触发器DW都不会动作保护装置的Ⅰ段和Ⅱ段被闭锁，无论阻抗继电器本身是否动作，保护都不可能动作跳闸，即不会发生误动。电力系统发生故障时，故障判断的启动元件立即动作，动作信号经双稳态触发器SW记忆下来，直至整组复归。SW输出的信号，又经单稳态触发器DW，固定输出时间宽度为T_{DW}的短脉冲，在T_{DW}时间内若阻抗判别元件的Ⅰ段和Ⅱ段动

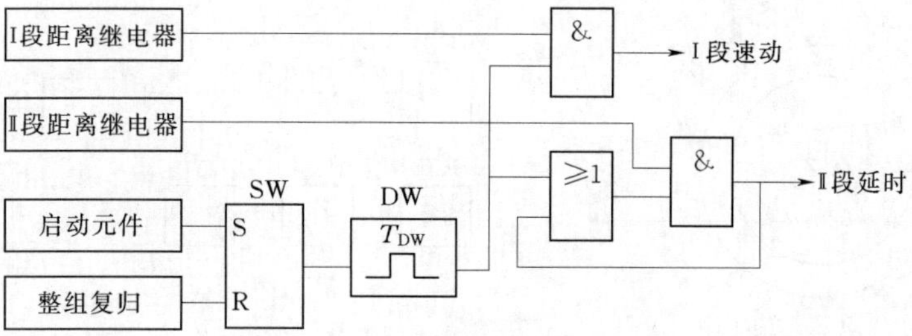

图 3.21　利用故障时短路开放时间的方式实现振荡闭锁

作，则允许保护无延时或有延时动作（距离保护Ⅱ段被自保持）。若在 T_{DW} 时间内阻抗判别元件的Ⅰ段和Ⅱ段没有动作，保护将闭锁至满足整组复归条件，准备下次开放保护。

T_{DW} 称为振荡闭锁的开放时间，或称允许动作时间，它的选择要兼顾两个方面：一是要保证在正向区内故障，保护Ⅰ段有足够的时间可靠跳闸，保护Ⅱ段的测量元件能够可启动并实现自保持，因而时间不能太短，一般不应小于 0.1s；二是要保证在区外故障引起振荡时，测量阻抗不会在 T_{DW} 时间内进入动作区，因而时间又不能太长，一般不大于 0.3s。所以通常情况下取 $T_{DW}=0.1\sim0.3$s，现代数字保护中，开放时间一般取 0.15s 左右。

整组复归元件在故障或振荡消失后在经过一个延时动作将 SW 复原，它与启动元件 SW 配合，保证在整个一次故障过程中，保护只开放一次，但是对于先振荡后故障，保护也将被闭锁，尚需要有再故障判别元件。

启动元件用来完成系统是否发生短路的判断，它仅需要判断系统是否发生了短路，而不需要判断出短路的远近及方向，对它的要求是灵敏度高、动作速度快，系统振荡时不误动作。

2. 利用测量阻抗变化率不同构成振荡闭锁

在电力系统发生短路故障时，测量阻抗 Z_m 由负荷阻抗 Z_L 突变为短路阻抗 Z_k；在系统振荡时，测量阻抗由负荷阻抗缓慢变为保护安装处到振荡中心点的线路阻抗，这样，根据测量阻抗的变化速度不同就可以构成振荡闭锁。利用测量阻抗的变化速度不同构成振荡闭锁的原理可以用图 3.22 来说明。图 3.22 中 KZ1 为整定值较高的阻抗元件；KZ2 为整定值较低的阻抗元件。

实质是在 KZ1 动作后先开放一个 Δt 的时间，如果在这段时间内 KZ2 动作，去开放保护，直到 KZ2 返回；如果在 Δt 的时间内 KZ2 不动作，保护就不会被开放。它利用短路时阻抗的变化率较大，KZ1、KZ2 的动作时间差小于 Δt，短时开放。但与前面短时开放不同的是，测量阻抗每次进入 KZ1 的动作区后，都会开放一定时间，而不是在整个故障过程中只开放一次。

3. 利用动作的延时实现振荡闭锁

电力系统振荡时，距离保护的测量阻抗是随 δ 角的变化而不断变化的，当 δ 角变化到某个角度时，测量阻抗进入到阻抗继电器的动作区，而当 δ 角继续变化到另一个角度时，测量阻抗又从动作区移出，测量元件返回。实践经验表明，对于按躲过最大负荷整定的距

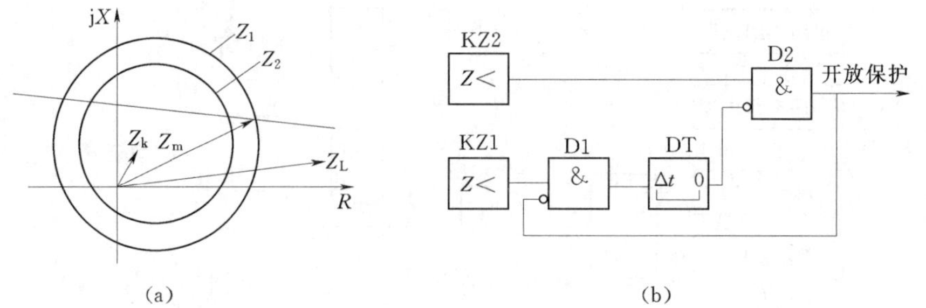

(a)　　　　　　(b)

图 3.22　利用电气量变化速度不同构成振荡闭锁

(a) 原理示意图；(b) 原理框图

离保护Ⅲ段阻抗元件，测量阻抗落入其动作区的时间小于 1～1.5s，只要距离保护Ⅲ段动作的延时时间大于 1～1.5s，系统振荡时保护Ⅲ段就不会误动作。

3.4.3　电压互感器二次回路断线对距离保护的影响

当电压互感器二次回路断线时，距离保护将失去电压，在负荷电流作用下，阻抗继电器的测量阻抗变为零，因此可能误动作。对此，在距离保护中应采取防止保护误动作的闭锁装置。

对断线闭锁装置的主要要求是：当电压回路发生各种可能使保护误动作的故障情况时，应能可靠地将保护闭锁；当被保护线路故障时，不因故障电压的畸变错误的将保护闭锁，以保证保护可靠动作。为此应使闭锁装置能够有效地区分以上两种情况下的电压变化。运行经验证明，最好的区分方法就是看电流回路是否也同时发生变化。

当距离保护的振荡闭锁回路采用负序电流和零序电流（或它们的增量）启动时，即可利用它们兼作断线闭锁装置，这是简单和可靠的方法，因而获得了广泛的应用。

为了避免在断线的情况下又发生外部故障，造成距离保护无选择性的动作，一般还需要装设断线闭锁装置。

3.4.4　分支电路对距离保护的影响（详见 3.3 节）

3.4.5　线路串联补偿电容对距离保护的影响

在远距离的高压或超高压输电系统中，为了增大线路的传输能力和提高系统的稳定性，可以采用线路串联补偿电容的方法来减小系统间的联络电抗。串联补偿电容后，短路阻抗与短路距离之间不再成线性正比关系，在串联电容前和串联电容补偿后发生短路时，短路阻抗将发生突变，如图 3.23 所示。

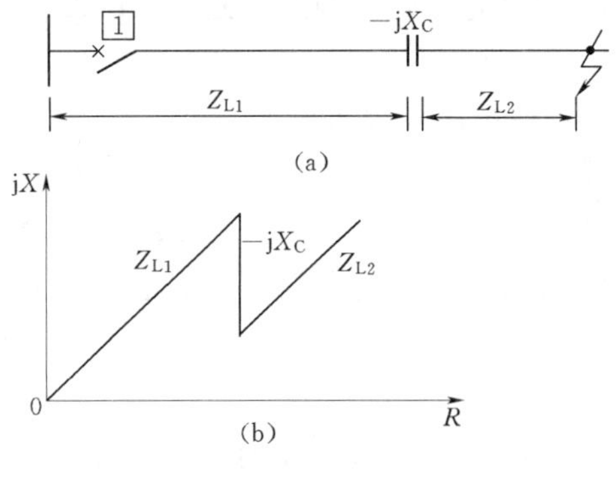

图 3.23　串联补偿电容对短路阻抗的影响

(a) 系统示意图；(b) 短路阻抗的变化

短路阻抗与短路距离线性关系的被破坏，将使距离保护无法正确测量故障距离，对其正确工作将产生不利影响。由图 3.23 可见，串联补偿电容对阻抗继电器测量阻抗的影响，与串联补偿电容的安装位置和容抗的大小都有密切的关系。串联补偿电容一般可安装在线路中

部、线路的两端或中间变电所两母线之间。而串联补偿电容容抗的大小，通常用补偿度来描述。补偿度的定义为

$$K_{\text{com}}=\frac{X_C}{X_L} \tag{3.51}$$

式中 X_C——串联补偿电容器的容抗，Ω；

X_L——被补偿线路补偿前的线路电抗，Ω。

现以串联补偿电容安装于线路一侧的情况为例，说明它对距离保护的影响。在图 3.24 所示的系统中，串联补偿电容安装在线路 BC 的始端。

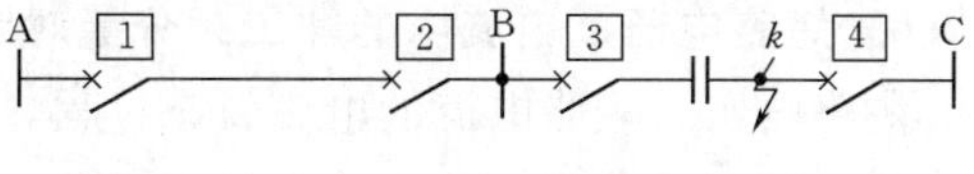

图 3.24 串补电容对距离保护的影响示例

假定在图示系统的 k 点发生短路、各阻抗继电器采用方向特性。保护 3 感受到的测量阻抗就等于补偿电容的容抗，则测量阻抗将落在其动作区之外，保护 3 将拒动；保护 2 的阻抗继电器感受到的测量阻抗为反向补偿电容的容抗值，呈正向纯电感性质，落在其动作区域之内，所以保护 2 可能误动作；保护 1 感受到的测量阻抗将是线路 AB 的阻抗与电容容抗之和，总阻抗值减小，也可能会落入其动作区，导致保护 1 误动作；而保护 4 的测量阻抗不受串联补偿电容的影响，所以保护 4 的动作不会受到影响，但如果故障发生在串联补偿电容的左侧，保护 4 也有可能误动。

可见，串联补偿电容的存在会对距离保护产生十分严重的影响，应采取必要的措施，减少串联补偿电容影响的措施通常有以下几种。

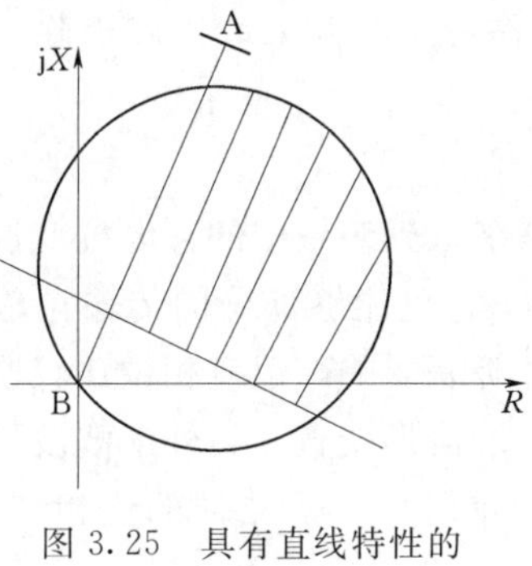

图 3.25 具有直线特性的方向阻抗特性

(1) 采用直线型动作特性克服反方向误动。当补偿容抗较线路 AB 的感抗较小时，如误动的保护 2 的阻抗继电器，可以采用图 3.25 的动作特性，即采用方向圆和直线特性组合躲开反向串补电容的容抗值，在直线以上部分时动作；但将会造成线路 AB 在靠近 B 侧短路时保护 2 的阻抗继电器拒动，这可以附加电流速断保护来切除故障。

(2) 用负序功率方向元件闭锁误动的距离保护。系统发生不对称短路后，负序电源在故障点处，负序电流由故障点经线路等流向系统中性点，因为全系统呈感性阻抗，此电流为感性电流；保护安装处的负序电压为流过的电流与背侧阻抗的乘积，负序功率方向与零序功率方向的特点一样，可以采用负序功率方向元件闭锁区外故障（k 点故障）靠近故障侧误动的保护 2。这种闭锁方式的缺点是三相对称故障时不能闭锁。

(3) 选取故障前的电压为参考电压来克服串联补偿电容的影响，采用记忆电压作为阻抗元件比相的参考电压，利用初态特性可以消除Ⅰ段的拒动区和误动区。

(4) 通过整定计算来减小串联补偿电容的影响。串联补偿电容的存在，使继电器感受到的测量阻抗变小。为保证继电保护的选择性，防止外部短路时误动作，图 3.24 中保护 1 的整定值应按下式进行确定

$$Z_{\text{set}}=K_{\text{rel}}(Z_{AB}-\mathrm{j}X_C) \tag{3.52}$$

而对保护 3、4 的整定值应为

$$Z_{set}=K_{rel}(Z_{BC}-jX_C) \tag{3.53}$$

式中　Z_{AB}、Z_{BC}——线路 AB 和 BC 的正序阻抗。

按该式整定后，可以保证区外短路时不误动作，但减小了内部故障保护区，即降低了保护的灵敏度。

近年来，补偿度可调的可控串补（TCSC）在系统中逐渐得到应用，它对距离保护的影响与上述固定的串联补偿更复杂。

3.4.6　短路电压、电流中的非工频分量对距离保护的影响

短路电压、短路电流的电磁暂态过程，是指系统从故障前的正常运行状态向短路后的故障状态过渡的过程，一般这个过程有几十毫秒到上百毫秒。在这个过渡过程中。系统的电压和电流不仅会有工频量幅值和相位的变化，而且还会含有大量的非工频暂态分量，包括：其大小与短路发生的瞬间密切相关，衰减常数取决于系统的 R、L、C 参数的衰减直流分量；由电路元件参数的非线性引起的谐波分量；由于电压的变化引起分布电容、电感中的电荷重新分配，会出现充放电以及行波及折、返射过程中非周期高频分量等。此外，在这个过渡过程中，电压、电流互感器本身也有一个过渡过程，也会产生一定的非工频分量。

前面介绍的距离保护，其原理是以工频正弦量为基础设计的，即假定保护测量到的电流和电压都是工频正弦量。然而实际上对距离保护来说，不会等到暂态过程结束后只有工频分量才动作，而是使用暂态过程中的电压、电流进行计算，并要作出是否动作的判断，因而必须分析暂态过程中的各种分量对于工频量保护的动作影响，并采取措施消除这些影响。

1. 衰减直流分量对距离保护的影响及克服措施

在模拟式距离保护中，测量电流一般是通过电抗变换器引入到装置中的，电抗变换器输出的电压近似为输入电流的导数，对于衰减的直流分量，它也能够部分的传输至输出端。直流分量的存在，对绝对值比较和相位比较的测量元件都有影响，但对相位比较原理的影响较大。直流分量使电压的波形偏向时间轴的一侧，半波波形变宽，另外半波波形变窄，比相回路无法正确反应两比较量之间的相位关系，有可能导致出现错误的比相结果，造成距离保护的不正确工作。

在数字式距离保护中，测量电流既可以通过电抗变换器引入，也可以通过小型电流变换器引入。通过电流变换器引入时，直流分量能够部分传变至输出端，输出电压中将会有较大的直流衰减信号。衰减直流分量对数字式保护的影响，与保护所选用的测量原理、滤波措施、计算方法等有密切的关系。

消除衰减直流分量影响的办法，主要有：第一种方法是采用不受其影响的算法，如解微分方程算法等基于瞬时值模型的算法；第二种方法是采用各种滤除衰减直流分量的算法。到目前为止，数据窗段短，运算量小的算法尚在研究中。

2. 谐波及高频分量对距离保护的影响与克服措施

对模拟式保护来说，谐波及高频分量的存在将会影响波形过零点的位置和波形的幅度，所以对相位比较和幅值比较的测量元件的正确工作都有一定的影响。特别是当测量电

流有电抗变换器引入时，电流中的谐波和高频分量将被放大，可能会有较大的影响。

对数字式保护来说，为了满足采样定理，输入信号必须经过模拟式低通滤波后才送入数据采集系统，这样在采集到的数字信号中，高频分量已基本不存在，谐波信号的幅度也会有所减少。谐波信号对数字式保护的影响，也与保护所选用的测量原理、滤波措施、计算方法等有密切的关系。

傅式算法本身能够滤除直流及各种整数次谐波，基本不受整次谐波分量的影响；半波积分算法对谐波也有一定的滤波作用，所以受谐波影响较小；导数算法、两点积算法和解微分方程算法等有密切关系。

数字滤波通常可以方便的滤除整数次谐波，对非整数次谐波也有一定衰减作用，是消除滤波影响的主要措施。

习 题 及 思 考 题

3.1 什么是保护安装处的负荷阻抗？

3.2 距离保护是利用正常运行与短路状态间的哪些电气量的差异构成的？

3.3 什么是故障环路？相间短路与接地短路所构成的故障环路的最明显差别是什么？

3.4 在本线路上发生金属性短路，测量阻抗为什么能够正确反应故障的距离？

3.5 距离保护装置有哪几部分组成？简述各部分的作用。

3.6 为什么阻抗继电器的动作特性必须是一个区域？画出常用动作区域的形状并陈述其优、缺点。

3.7 解释什么是阻抗继电器的最大灵敏角，为什么通常选定线路阻抗角为最大灵敏角？

3.8 什么是阻抗继电器的参考电压，其作用是什么？选择参考电压的原则是什么？

3.9 图 3.26 所示系统中，发电机以发电机—变压器组方式接入系统，最大开机方式为 4 台全开，最小开机方式为两侧各开一台，变压器 T5 和 T6 可能两台也可能一台运行，其参数为：

$E_{\varphi}=115/\sqrt{3}\text{kV}$；$X_{1\cdot G1}=X_{2\cdot G1}=X_{1\cdot G2}=X_{2\cdot G2}=15\Omega$，$X_{1\cdot G3}=X_{2\cdot G3}=X_{1\cdot G4}=X_{2\cdot G4}=10\Omega$，$X_{1\cdot T1}=X_{1\cdot T4}=10\Omega$，$X_{0\cdot T1}=X_{0\cdot T4}=30\Omega$，$X_{1\cdot T5}=X_{1\cdot T6}=20\Omega$，$X_{0\cdot T5}=X_{0\cdot T6}=40\Omega$；$L_{AB}=60\text{km}$，$L_{BC}=40\text{km}$；线路阻抗 $z_1=z_2=0.4\Omega/\text{km}$，$z_0=1.2\Omega/\text{km}$，线路阻抗角均为 75°，$I_{AB\cdot Lmax}=I_{CB\cdot Lmax}=300\text{A}$ 负荷功率因数角为 30°；$K_{ss}=1.2$，$K_{re}=1.2$，$K_{rel}^{\text{I}}=0.85$，$K_{rel}^{\text{II}}=0.75$，变压器均装有快速差动保护。试解答：

(1) 为了快速切除线路上的各种短路，线路 AB、BC 应在何处配备三段式距离保护，各选用何种接线方式？各选用何种动作特性？

(2) 整定保护 1～4 的距离保护Ⅰ段，并按照你选定的动作特性，在一个阻抗复平面上画出各保护的动作区域。

(3) 分别求出 1、4 接地距离Ⅱ段的最大、最小分支系数。

(4) 分别求出 1、4 接地距离Ⅱ、Ⅲ段的定值及时限，并校验灵敏度。

(5) 当 AB 线路中点处发生 BC 两相短路接地时，哪些地方有哪些测量元件动作，请逐一列出。保护、断路器正常工作情况下，哪些保护的何段以什么时间跳开了哪些断路器将短路切除？

（6）短路条件同（5），若保护 1 的接地距离Ⅰ段拒动、保护 2 处的断路器拒动，哪些保护以何段时间跳开何断路器将短路切除？

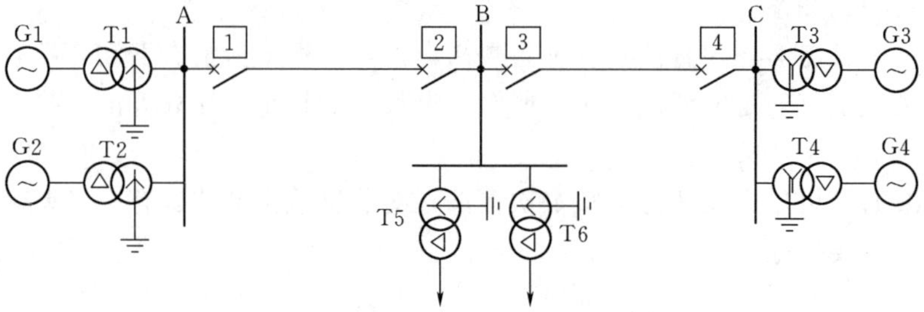

图 3.26　系统示意图

3.10　什么是助增电流和外汲电流？它们对阻抗继电器的工作有什么影响？

3.11　什么是电力系统的振荡？振荡时电压电流有什么特点？阻抗继电器的测量阻抗如何变化？

3.12　距离保护的振荡闭锁措施，应能够满足哪些基本要求？

3.13　图 3.27 所示系统的母线 C、D、E 均为单侧电源。全系统阻抗角均匀为 80°，$Z_{1.G1}=Z_{1.G2}=15\Omega$，$Z_{1.AB}=30\Omega$，$Z^{\mathrm{I}}_{6.set}=24\Omega$，$Z^{\mathrm{II}}_{6.set}=32\Omega$，$t^{\mathrm{II}}_{6}=0.4s$ 系统最短振荡周期 $T=0.9s$ 试解答：

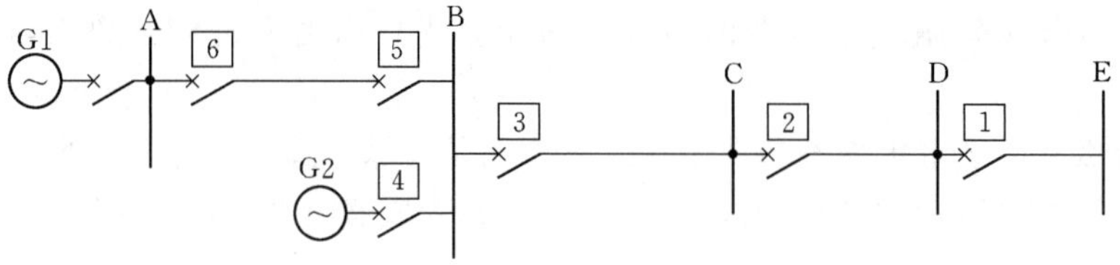

图 3.27　简单电力系统示意图

（1）G1、G2 两机电动势幅值相同，找出系统的振荡中心在何处？

（2）分析发生振荡期间母线 A、B、C、D 电压的变化规律及线路 BC 电流的变化。

（3）线路 BC、CD、DE 的保护是否需要加装振荡闭锁，为什么？

（4）保护 6 的Ⅱ段采用方向阻抗特性，是否需要装振荡闭锁。

3.14　在单侧电源线路上，过渡电阻对距离保护的影响是什么？

3.15　在双侧电源的线路上，保护测量到的过渡电阻为什么会呈容性或感性？

3.16　什么是距离保护的稳态超越？克服稳态超越影响的措施有哪些？

3.17　串联补偿电容器对距离保护的正确工作有什么影响？如何克服这些影响？

3.18　影响距离保护正确动作的因素有哪些？

3.19　小结距离保护的基本原理、适用网络并评述其特点。

第4章 输电线路纵联保护

4.1 输电线路纵联保护

4.1.1 概述

电流保护、距离保护仅利用被保护元件（如线路）一侧的电气量构成保护判据，这类保护不可能快速区分本线末端和对侧母线（或相邻线始端）故障，因而只能采用阶段式的配合关系实现故障元件的选择性切除。这样导致线路末端故障需要Ⅱ段延时切除，这在220kV及以上电压等级的电力系统中难于满足系统稳定性对快速切除故障的要求。研究和实践表明，利用线路两侧的电气量可以快速、可靠地区分本线路内部任意点短路与外部短路，达到有选择、快速地切除全线路任意点短路的目的。

输电线路纵联保护，就是利用某种通信通道将输电线路两端的保护装置纵向连接起来，将各端的电气量（电流、功率的方向等）传送到对端，将各端的电气量进行比较，以判断故障在本线路范围内部还是在本线路范围外部，从而决定是否切除被保护线路。由于保护是否动作取决于安装在输电线路两端的装置联合判断的结果，两端的装置组成一个保护单元，各端的装置不能独立构成保护，在国外又称为输电线的单元保护。理论上这种纵联保护仅反应线路的内部故障，不反应正常运行和外部故障两种工况，因而具有输电线路内部短路时动作的绝对选择性。

输电线路的纵联保护两端比较的电气量可以是流过两端的电流、流过两端电流的相位和流过两端功率的方向等，比较两端不同电气量的差别构成不同原理的纵联保护。将一端的电气量或其用于被比较的特征传送到对端，可以根据不同的信息传送通道条件，采用不同的传输技术。以输电线路纵联保护为例，其一般构成如图4.1所示。

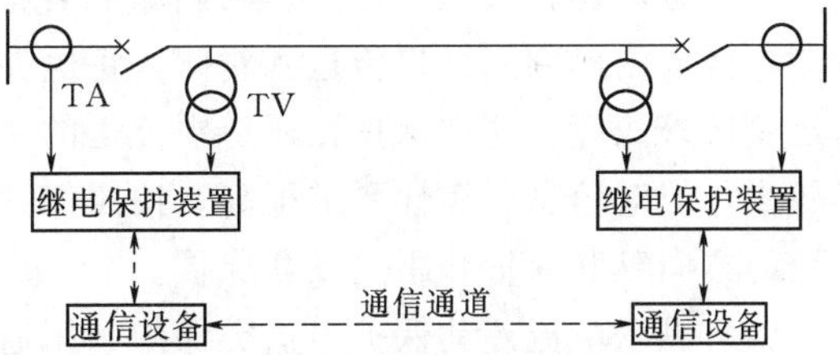

图4.1 输电线路纵联保护结构框图

图4.1中继电保护装置通过电压互感器TV、电流互感器TA获取本端的电压、电流，根据不同的保护原理，两端保护分别提取本侧的用于两端比较的电气量特征：一方面通过通信设备将本端的电气量特征传送到对端；另一方面通过通信设备接收对端发送过来的电气量特征，并将两端的电气量特征进行比较，若符合动作条件则跳开本端断路器并告知对端，若不符合动作条件则不动作。可见，一套完整的纵联保护包括两端保护装置、通信设备和通信通道。

一般纵联保护可以按照所利用通道类型或保护动作原理进行分类。

纵联保护按照所利用信息通道的不同类型分为4种，它们是：①导引线纵联保护（简称导引线保护）；②电力线载波纵联保护（简称载波保护）；③微波纵联保护（简称微波保护）；④光纤纵联保护（简称光纤保护）。

通道虽然只是传送信息的条件，但纵联保护采用的原理往往受到通道的制约。纵联保护在应用下列通道时应考虑以下特点。

（1）导引线通道。这种通道需要铺设导引线电缆传送电气量信息，其投资随线路长度而增加，当线路较长（超过10km以上）时就不经济了。导引线越长，自身的运行安全性越低。在中性点接地系统中，除了雷击外，在接地故障时地中电流会引起地电位升高，也会产生感应电压，所以导引线的电缆线必须有足够的绝缘水平（例如15kV的绝缘水平），从而使投资增大。一般导引线中直接传输交流二次电量波形，故导引线保护广泛采用差动保护原理，但导引线的参数（电阻和分布电容）直接影响保护性能，从而在技术上也限制了导引线保护用于较长的线路。

（2）电力线载波通道。这种通道在保护中应用最为广泛，不需要专门架设通信通道，而是利用输电线路构成通道。载波通道由输电线路及其信息加工和连接设备（阻波器、结合电容器及高频收发信机）等组成。输电线路机械强度大，运行安全可靠。但是在线路发生故障时通道可能遭到破坏，为此载波应在技术上保证在线路故障、信号中断的情况下仍能正确动作。

（3）微波通道。微波通道是一种多路通信通道，具有很宽的频带，可以传送交流电的波形。采用脉冲编码调制（PCM）方式后微波通道可以进一步扩大信息传输量，提高抗干扰能力，也更适合于数字式保护。微波通道是理想的通道，但是保护专用微波通道及设备是不经济的，电力信息系统在设计时应兼顾继电保护的需要。

（4）光纤通道。光纤通道与微波通道具有相同的优点，也广泛采用脉冲编码调制（PCM）方式。保护使用的光纤通道一般与电力信息系统统一考虑。当被保护的线路很短时，可架设专门的光缆通道直接把电信号转换成光信号送到对侧，并将所接收的光信号变为电信号进行比较。由于光信号不受干扰，在经济上也可以与导引线通道竞争，近年来光纤通道成为短线路纵联保护的主要通道形式。

按照保护动作原理，纵联保护可以分为两类。

（1）方向比较式纵联保护。两侧保护装置将本侧的功率方向、测量阻抗是否在规定的方向、区段内的判别结果传送到对侧，每侧保护装置根据两侧的判别结果，区分是区内故障还是区外故障。这类保护在通道中传送的是逻辑信号，而不是电气量本身，传送的信息量较少，但对信息可靠性要求很高。按照保护判别方向所用的原理可将方向比较式纵联保护分为方向纵联保护和距离纵联保护。

（2）纵联电流差动保护。这类保护利用通道将本侧电流的波形或代表电流相位的信号传送到对侧，每侧保护根据对两侧电流的波形和相位比较的结果区分是区内故障还是区外故障。可见这类保护在每侧都直接比较两侧的电气量，称为纵联电流差动保护。对于传送电流波形的纵联电流差动保护，由于信息传输量大，并且要求两侧信息同步采集，因而对通信通道有较高的要求。

4.1.2　输电线路短路时两侧电气量的故障特征

纵联保护是利用线路两端的电气量在内部故障与非故障时的特征差异构成保护。线路发生内部故障与其他运行状态（包括外部故障和正常运行）相比，电力线两端的电流波形、功率方向、电流相位以及两端的测量阻抗都具有明显的差异，利用这些差异可以构成不同原理的纵联保护。

1. 两端电流相量和的故障特征

电流相量不但反映电流的大小而且反映电流的方向。根据基尔霍夫电流定律可知：对于如图 4.2（b）所示的一个中间既无电源（电流注入）又无负荷（电流流出）的正常运行或外部故障的输电线路，在不考虑分布电容和电导的影响时，任何时刻其两端电流相量和等于零，数学表达式为$\sum\dot{I}=0$。当线路发生内部故障时如图 4.2（a）所示，在故障点有短路电流流出，若规定线路两端电流正方向为由母线流向线路，不考虑分布电容影响，两端电流相量和等于流入故障点的电流 $\dot{I}_{k1}$。区内、外短路及正常运行时线路两端电流相量和的特征见表 4.1。

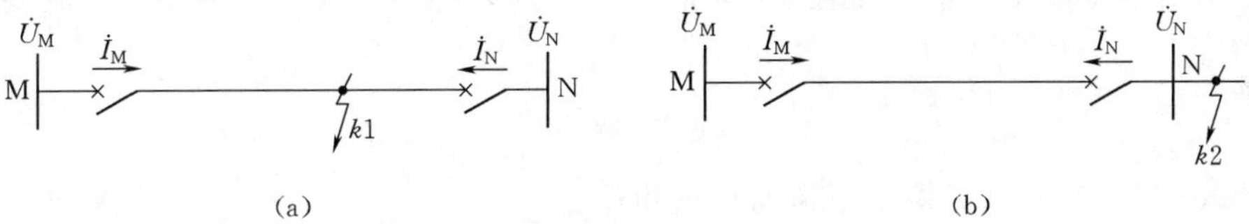

图 4.2　双端电源线路区内、外故障示意图
（a）内部故障；（b）外部故障

2. 两端功率方向的故障特征

表 4.1　两端电流相量和

区内故障	区外故障或正常运行
$\sum\dot{I}=\dot{I}_M+\dot{I}_N=\dot{I}_{k1}$	$\sum\dot{I}=\dot{I}_M+\dot{I}_N=0$

当线路发生区内故障和区外故障时输电线两端功率方向特征也有很大区别，发生区内故障时［图 4.3（a）］，两端功率方向为由母线流向线路，两端功率方向相同，同为正方向。发生区外故障时［图 4.3（b）］，远故障点端功率由母线流向线路，功率方向为正；近故障点端功率由线路流向母线，功率方向为负，两端功率方向相反。同样在系统正常运行时，两端的功率方向相反，线路的送电端功率方向为正、受电端的功率方向为负。

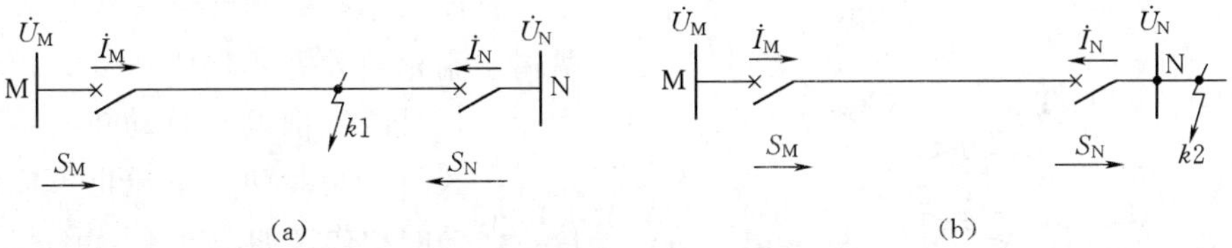

图 4.3　双端电源线路区内、外故障功率方向
（a）内部故障功率方向；（b）外部故障功率方向

3. 两端电流相位特征

对于图 4.3 所示的双端输电线路，假定全系统阻抗角均匀、两侧电动势角相角相同，当发生区内短路时，两侧电流同相位；当正常运行和发生区外短路时，两侧电流相位差 180°。

4. 两端测量阻抗的特征

当线路区内短路时，输电线路两端的测量阻抗都是短路阻抗，一定位于距离保护Ⅱ段的动作区内，两侧的Ⅱ段同时启动；当正常运行时，两侧的测量阻抗是负荷阻抗，距离保护Ⅱ段不启动；当发生外部短路时，两侧的测量阻抗也是短路阻抗，但一侧为反方向，至少有一侧的距离保护Ⅱ段不启动。

4.1.3　纵联保护的基本原理

利用两端的这些特征差异可以构成不同原理的输电线路纵联保护。

1. 纵联电流差动保护

利用输电线路两端电流和（瞬时值或相量）的特征可以构成纵联电流差动保护。发生区内短路时［图 4.2 (a)］，$\sum\dot{I}=\dot{I}_{M}+\dot{I}_{N}=\dot{I}_{k1}$；在正常运行和外部短路时，$\sum\dot{I}=\dot{I}_{M}+\dot{I}_{N}=0$，但由于受 TA 误差、线路分布电容等因素的影响，实际上不为零。电流差动保护动作判据为

$$|\dot{I}_{M}+\dot{I}_{N}|\geqslant I_{set} \tag{4.1}$$

式中　$|\dot{I}_{M}+\dot{I}_{N}|$——线路两端电流的相量和；

I_{set}——门槛值。

2. 方向比较式纵联保护

利用输电线路两端功率方向相同或相反的特征可以构成方向比较式纵联保护。当系统中发生故障时，两端保护的功率方向元件判别流过本端的功率方向，功率方向为负者发出闭锁信号，闭锁两端的保护，称为闭锁式方向纵联保护；或者功率方向为正者发出允许信号，允许两端保护跳闸，称为允许式方向式纵联保护。

3. 电流相位比较式纵联保护

利用两端电流相位的特征差异，比较两端电流的相位关系构成电流相位比较式纵联保护。两端保护各将本侧电流的正、负半波信号转换为表示电流相位并利于与传送的信号，送往对端，同时接收对端送来的电流相位信号与本侧的相位信号比较。当输电线路发生区内短路时，两端电流相角差为 0°，保护动作，跳开本端断路器。而正常运行或发生区外短路时两端电流相角差 180°，保护不动作。考虑电流、电压互感器的误差以及输电线分布电容等的影响，当线路发生区外故障时两端电流相角差并不等于 180°，而是近似为 180°，且故障前两侧电动势有一定相角差，在区内短路时两侧电流也不完全同相位，保护的动作区如图 4.4 所示。

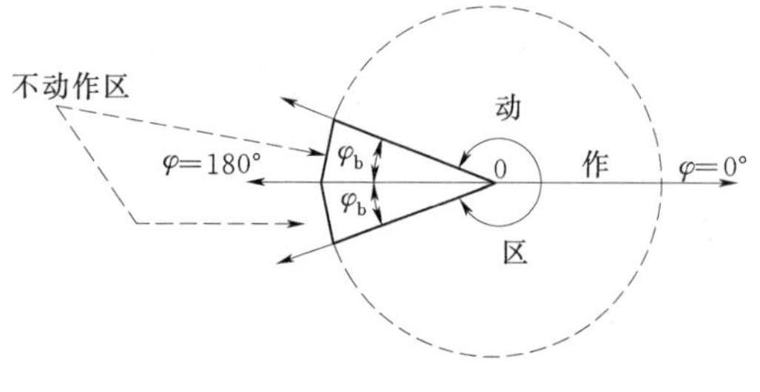

图 4.4　电流相位比较式纵联保护动作区示意图

4. 距离纵联保护

距离纵联保护构成原理和方向比较式纵联保护相似，只是用方向阻抗元件替代

功率方向元件。它较方向比较式纵联保护的优点在于：当故障发生在保护Ⅱ段范围内时相应的方向阻抗元件才启动，当故障发生在保护Ⅱ段以外时相应的方向阻抗元件不启动，减少了方向元件的启动次数从而提高了保护的可靠性。一般高压线路配备距离保护作为后备保护，距离保护Ⅱ段作为方向元件，简化了纵联保护（主保护），但也带来了后备保护检修时主保护被迫停运的不足。

4.2 输电线路纵联保护的通信方式

输电线路保护目前常用的通信方式分为：导引线通信、电力线载波通信、微波通信、光纤通信等。

4.2.1 导引线通信

利用敷设在输电线路两端变电所之间的二次电缆传递被保护线路各侧信息的通信方式称之为导引线通信，以导引线为通道的纵联保护称为导引线纵联保护。导引线纵联保护常采用电流差动原理，其接线可分为环流式和均压式两种，如图 4.5 所示。

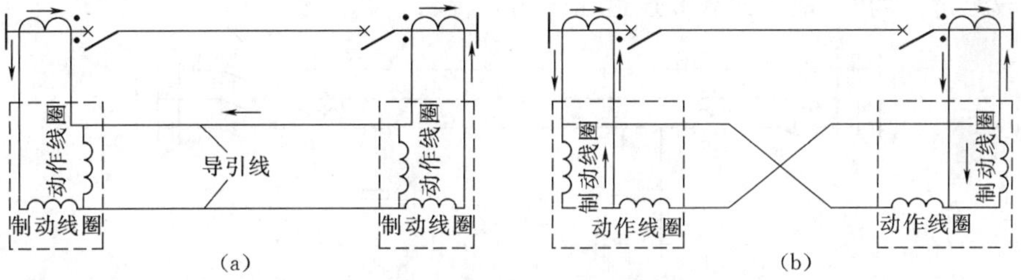

图 4.5 引导线纵联电流差动保护原理示意图

(a) 环流式；(b) 均压式

（1）环流式。线路两侧电流互感器的同级端子经导引线连接起来。在模拟式保护中两端的保护继电器各有两个线圈，动作线圈跨接在两根导引线之间，流过两端的和电流起动作作用；当继电器的动作作用大于制动作用时，保护动作。在正常运行或外故障时，被保护线路两侧电流互感器的同极性端子的输出电流大小相等而方向相反，动作线圈中没有电流流过，即处于电流平衡状态，此时导引线流过两端循环电流，故称环流式。

环流式导引线保护具有电流互感器二次负载较小，受导引线线芯电容的影响小，单电源运行方式下发生区内故障时，容易实现两侧保护同时跳闸等特点，但当导引线发生开路故障时保护要误动，导引线发生短路故障时保护要拒动。

（2）均压式。线路两端电流互感器的异极性端子经由导引线连接起来，继电器的动作线圈串接在导引线回路中，流过两端的差电流；制动线圈则被跨接在两根导引线之间，流过和电流。在正常运行或在区外故障时，被保护线路两侧电流互感器极性相异的端子的输出电流大小相等且方向相同，故引导线及动作线圈中均没有电流流过，二次侧电流只能分别在各自的制动线圈及互感器二次绕组中流过，在两侧导引线线芯间电压大小相等方向相反，即处在电压平衡状态，这种工作模式也称为电压平衡原理。

均压式导引线保护受导引线线芯电容影响较大，导引线发生开路故障时保护会拒动，导引线发生短路时保护会误动。导引线纵差保护的突出优点是不受电力系统振荡的影响，不受非全相运行的影响，在单侧电源运行时仍能正常工作；还具有简单可靠，维修工作量小，投运率高，技术成熟，服务年限长，动作速度快等优点。

导引线纵差动保护的使用也受如下因素的限制：保护装置的性能受导引线参数和使用长度影响，导引线愈长，分布电容愈大，则保护装置的安全可靠性愈低；导引电缆造价高，随着使用长度增加，投资增加。

4.2.2　电力线载波通信

将线路两端的电流相位（或功率方向）信息转变为高频信号，经过高频耦合设备将高频信号加载到输电线路上，输电线路本身作为高频信号的通道将高频载波信号传输到对端，对端再经过高频耦合设备将高频信号接收，以实现各端电流相位（或功率方向）的比较，这就是高频保护或载波保护。

1. 电力线载波通信的构成

按照通道的构成，电力线载波通信又可分为使用两相线路的“相—相”式和使用一相一地的“相—地”式两种，其中“相—相”式高频通道信号传输的衰减小，而“相—地”式则比较经济。“相—地”式载波通道如图 4.6 所示。

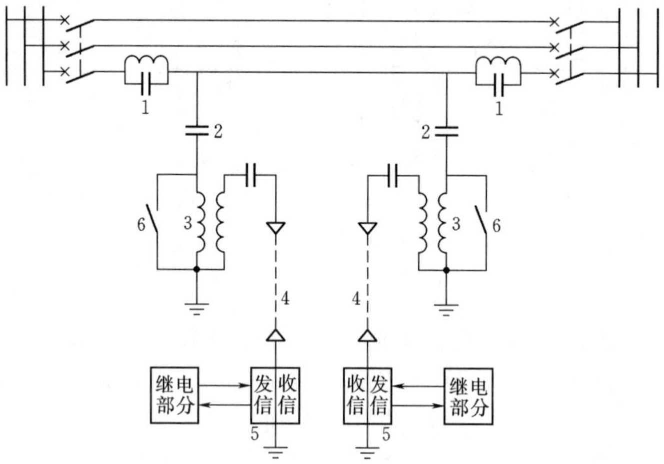

图 4.6　载波通信示意图

1—阻波器；2—耦合电容器；3—连接滤波器；4—电缆；5—载波收发信机；6—接地开关

（1）输电线路。三相输电线路都可以用来传递高频信号，任意一相与大地间都可以组成“相—地”回路。

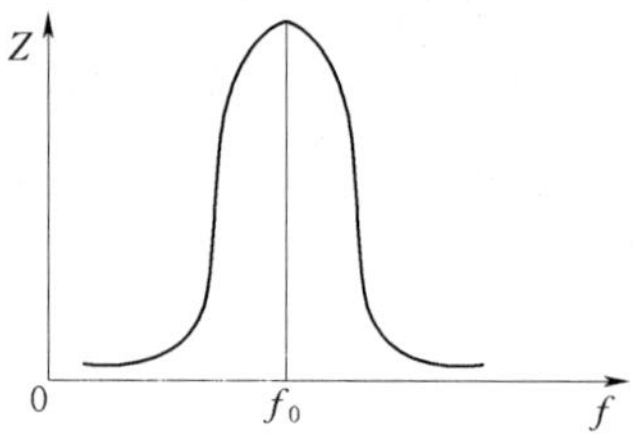

图 4.7　阻波器特性

（2）阻波器。为了使两端发送的高频载波信号只在本线路内传输而不穿越到相邻路上去，采用了电感线圈与可调电容组成的并联谐振回路，其阻抗与频率的关系如图 4.7 所示。当阻波器谐振频率等于高频载波信号的频率时，对载波电流呈现极高的阻抗（1000Ω 以上），从而将高频电流限制在本线路以内。而对工频电流，阻波器仅呈现电感线圈的阻抗（约 0.04Ω），不影响工频电能传输。

(3) 耦合电容器。为使工频对地泄漏电流减到极小，采用耦合电容器，它的电容量小，对工频信号呈现非常大的阻抗，同时可以防止工频电压侵入高频收、发信机；对高频载波电流则呈现很小的阻抗，与连接滤波器共同组成带通滤波器，只允许此通带频率内的高频电流通过。

(4) 连接滤波器。它由一个可调电感的空芯变压器和一个串接在副边的电容构成。连接滤波器与耦合电容器共同组成一个“四端网络”带通滤波器，使所选频带的高频电流能够顺利通过。由于架空输电线路的波阻抗约为400Ω，而高频电缆的波阻抗约为100Ω，该“四端网络”可使两侧的阻抗相匹配，从而使高频信号在收、发信机与输电线路间传递时不发生反射，减少高频能量的附加衰耗。同时空芯变压器的使用进一步使收、发信机与输电线路的高压部分相隔离，提高安全性。

(5) 高频收、发信机。高频收发信机由继电保护部分控制发出预定频率的高频信号，通常是在电力系统发生故障、保护启动后发出信号，但也有采用长期发信发生故障保护启动后停信或改变信号频率的工作方式。发信机发出的高频信号经载波信道传送到对端，被对端和本端的收信机所接受。只要输电线路上有高频电流，则不论该高频电流是哪一端的发信机发出的，两端的收信机都收到同样地高频信号。该信号传送继电保护装置经比较判断后，作用于继电保护的输出部分。

(6) 接地开关。当检修连接滤波器时，接通接地开关，使耦合电容器下端可靠接地。

2. 电力线载波通道的特点

电力线载波通信是电力系统的一种特有的通信方式，以电力线路为信息通道，通道传输的信号频率范围一般为50～400kHz。载频低于40kHz受工频干扰太大，同时信道中的连接设备的构成也比较困难；载频过高，将对中波广播等产生严重干扰，同时高频能量衰耗也将大大增加。电力线载波通信曾在一段时间内成为电力系统应用最广的通信方式。它具有以下优点。

(1) 无中继通信距离长。电力线载波通信距离可达几百公里，中间不需要信号的中继设备，一般的输电线路，只需要在线路两端配备载波机和高频信号耦合设备。

(2) 经济、使用方便。使用电力线载波通道的装置（继电保护、电力自动化设备等）与载波机之间的距离很近，都在同一变电所内，高频电缆短，由于不需要再架信道，节省了投资。

(3) 工程施工比较简单。输电线路建好后，装上阻波器、耦合电容器、结合滤波器，放好高频载波电缆，然后安装载波机，就可以进行调试。这些工作都在变电所内进行，基本上不需另外进行基建工程，能较快地建立起通信。在不少工期比较紧的输变电工程中，往往只有电力线载波通信才能和输变电工程同期建成，保证了输变电工程的如期投产。

由于输电线载波通道是直接通过高压输电线路传送高频载波电流的，因此高压输电线路上的干扰直接进入载波通道，高压输电线路的电晕、短路、开关操作都会在不同程度上对载波通信造成干扰。另外，由于高频载波的通信速率低，难于满足纵联电流差动保护实时性的要求，一般用来传递状态信号，用于构成方向比较式纵联保护和电流相位比较式纵联保护。输电线载波通信还被用于对系统运行状态监视的调度自动化信息的传递、电力系统内部的载波电话等。

3. 电力线载波通道的工作方式

输电线路纵联保护载波通道按其工作方式可分为三大类：正常无高频电流方式、正常有高频电流方式和移频方式。我国电力系统主要采用正常无高频电流方式。

（1）正常无高频电流方式。在电力系统正常运行工况下发信机不发信，沿通道不传送高频电流，发信机只在电力系统发生故障期间才由保护的启动元件启动发信，因此又称之为故障启动发信的方式。

在利用正常无高频电流方式时，为了确知高频通道完好，往往采用定期检查的方法，定期检查又可分为手动和自动两种。在手动检查的条件下。值班员手动启动发信，并检查高频信号是否合格，通常是每班一次。该方式在我国电力系统中得到了广泛的采用。自动检查的方法是利用专门的时间元件按规定时间自动启动发信，检查通道，并向值班员发出信号。

（2）正常有高频电流方式。在电力系统正常工作条件下发信机处于发信状态，沿高频通道传送高频电流，因此又称为长期发信方式。其主要优点是使高频保护中的高频通道部分经常处于被监视的状态，可靠性较高；无需收、发信机启动元件，使装置稍为简化。它的缺点是因为发信机经常处于发信状态，增加了对其他通信设备的干扰时间；因为经常处于收信状态，外界对高频信号干扰的时间长，要求收信机自身有更高的抗干扰能力。

（3）移频方式。在电力系统正常运行工况下，发信机处在发信状态，向对端送出频率为 f_1 的高频电流，这一高频电流可作为通道的连续检查或闭锁保护之用。在线路发生故障时，保护装置控制发信机停止发送频率为 f_1 的高频电流，改发频率为 f_2 的高频电流。这种方式能监视通道的工作情况，提高了通道工作的可靠性，并且抗干扰能力较强；但是它占用的频带宽，通道利用率低。移频方式在国外已得到了广泛的应用。

4. 电力线载波信号的种类

按照高频载波通道传送的信号在纵联保护中所起不同作用，将电力线载波信号分为闭锁信号、允许信号和跳闸信号。

（1）闭锁信号。闭锁信号是阻止保护动作跳闸的信号。换句话说，无闭锁信号是保护作用于跳闸的必要条件。只有同时满足以下两条件时保护才作用于跳闸：①本端保护元件动作；②无闭锁信号。

表示闭锁信号逻辑的方框图如图 4.8（a）所示。

在闭锁式方向比较高频保护中，当外部故障时，闭锁信号自线路近故障点一端发出，同时该端保护元件不动作，该端保护不能跳闸；线路另一端保护元件虽然动作，但由于收到对端发出的闭锁信号，所以也不作用于跳闸；当内部故障时，任何一端都不发送闭锁信号，两端保护都收不到闭锁信号，保护元件动作后即作用于跳闸。

（2）允许信号。允许信号是允许保护动作于跳闸的信号。换句话说，有允许信号是保护动作于跳闸的必要条件。只有同时满足以下两条件时，保护装置才动作于跳闸：①本端保护元件动作；②有允许信号。

表示允许信号的逻辑框图如图 4.8（b）所示。

在允许式方向比较高频保护中，当区内故障时，线路两端互送允许信号，两端保护都收到对端允许信号，保护元件动作后即作用于跳闸；当区外故障时，近故障端不发出允许

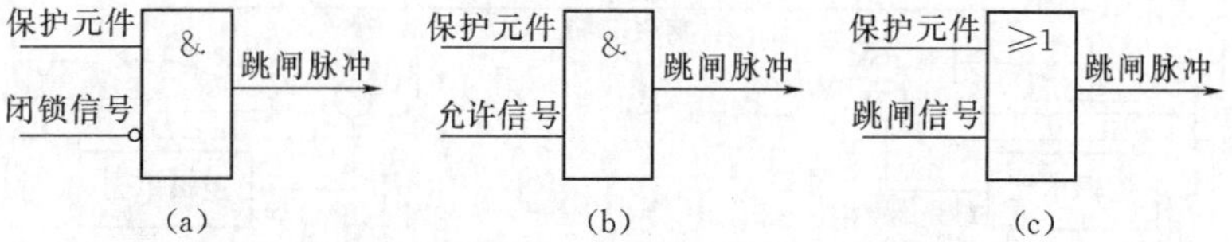

图 4.8 高频保护信号逻辑图

(a) 闭锁信号；(b) 允许信号；(c) 跳闸信号

信号、保护元件也不动作，近故障端保护不能跳闸；远故障端的保护元件虽动作，但收不到对端的允许信号，保护不能动作于跳闸。

(3) 跳闸信号。跳闸信号是直接引起跳闸的信号，换句话说，收到跳闸信号是跳闸的充要条件。使用跳闸信号的逻辑框图如图 4.8（c）所示。跳闸的条件是本端保护元件动作，或者对端传来跳闸信号。只要本端保护元件动作即作用于跳闸，与有无对端信号无关；只要收到跳闸信号即作用于跳闸，与本端保护元件动作与否无关。

从跳闸信号的逻辑可以看出，它在不知道对端信息的情况下就可以跳闸，所以本侧和对侧的保护元件必须具有直接区分区内故障和区外故障的能力，如距离保护Ⅰ段、零序电流保护Ⅰ段等。而阶段式保护Ⅰ段是不能保护线路的全长的，所以采用跳闸信号的纵联保护只能使用在两端保护的Ⅰ段有重叠区的线路才能快速切除全线任意点的短路。

4.2.3 微波通信

随着电力系统的发展，电力自动化系统、各种远方控制、调节、保护等，对远方信息的需求越来越多，单纯使用电力线载波一种通道出现了通道拥挤的困难。从 20 世纪 50 年代开始，微波通信在电力系统中开始得到应用。电力系统使用的微波通信频率段一般在 300～30000MHz 之间，相比电力线载波的 50～400kHz 频段，频带要宽得多，信息传输容量要大得多。微波通信纵联保护使用的频段属于超短波的无线电波，大气电离层已不能起反射作用，只能在“视线”范围内传播，传输距离不超过 40～60km；如果两个变电所之间距离超出以上范围，就要装设微波中继站，以增强和传递微波信号。微波通道的建设往往是根据电力系统通信的总体需要统一安排的，微波纵联保护的信息传递只使用微波通道容量的一小部分。

1. 微波通信纵联保护的构成

图 4.9 所示为微波通信纵联保护构成框图，包括输电线路两端的保护装置（虚框内）部分和微波通信部分。在两端的保护装置中需要增加将电气量信息转换成微波传送信息的发送端口和接收微波信息的接收端口。微波通信部分由两个或多个微波站（中继站）中的调制和解调设备、发射和接收设备、连接电缆、方向性天线以及信息通过的天空组成。

微波通信的调制可以采取频率调制（FM）方式和脉冲编制调制（PCM）方式，可以传送模拟信号，也可以传送数字信号。

2. 微波通信纵联保护的优点

与电力线路高频载波纵联保护相比，微波通信纵联保护有以下特点：

(1) 有一条独立于输电线路的通信通道，输电线路上产生干扰，如故障点电弧、断路器操作、冲击过电压、电晕等，对通信系统没有影响；通道的检修不影响输电线路运行。

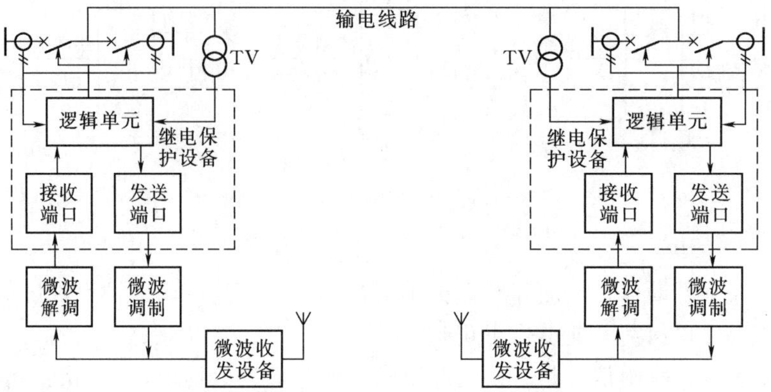

图 4.9　微波通信纵联保护示意图

（2）扩展了通信频段，可以传递的信息容量增加、速率加快，可以传送电流波形信息实现纵联分相电流差动原理的保护；受外界干扰的影响小，工业、雷电等干扰的频谱基本上不在微波频段内，通信误码率低，可靠性高。

（3）输出线路的任何故障都不会使通道工作破坏，因此可以传送反应内部故障信息的允许信号和跳闸信号。

微波在视线距离内传送的特点决定了在通信距离较远时，必须架设微波中继站，通道价格较贵。

4.2.4　光纤通信

光纤通信以光纤作为信号传递媒介。随着光纤技术的发展和光纤制造成本的降低，光纤通信网正在成为电力通信网的主干网，光纤通信在电力系统通信中得到越来越多的应用，例如连接各高压变电所的电力调度自动化信息系统、利用光纤通信的纵联保护、配电自动化通信网等都应用光纤通信。

1. 光纤通信的构成

图 4.10 所示为点对点单向光纤通信系统的构成示意图。它通常有光发射机、光纤、中继器和光接收机组成。光发射机的作用是把电信号转变为光信号，一般由电调制器和光调制器组成。光接收器的作用是光信号转变为电信号，一般由光探测器和电解调制器组成。

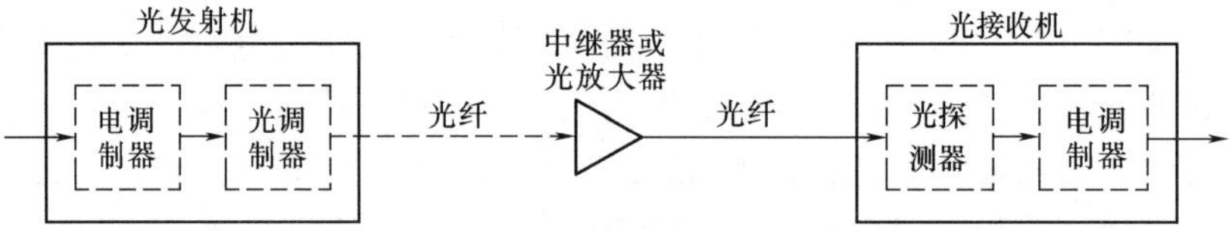

图 4.10　单向点对点光纤通信系统的构成

电调制器的作用是把信息转换为适合信道传输的信号，多为数字信号。光调制器的作用是把电调制信号转换为适合光纤信道传输的光信号，如直接调制激光器的光强（如图 4.11 所示），或通过外调制器调制激光器的相位。中继器的作用是对经光纤传输衰减后的信号进行放大。中继器有光—电—光中继器和全光中继器两种。如需对信息进行分出和插入，可使用光—电—光中继器；如只要求对光信号进行放大，则可以使用光放大器。光探测器的作用是把经光纤传输后的微弱光信号转变为电信号。电解调器的作用是把电信号放大，恢复出原信号。

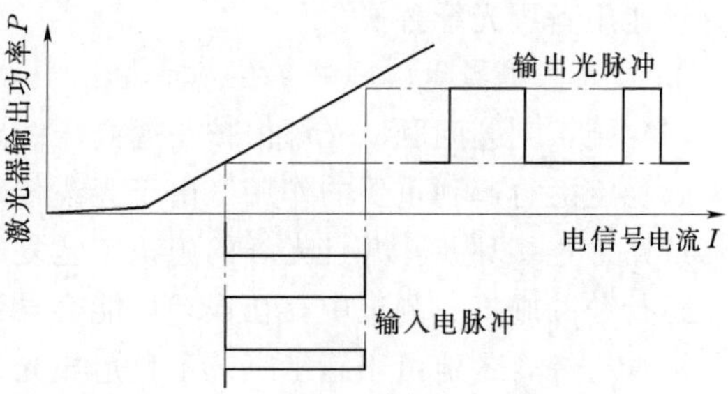

图 4.11 激光器的光强度调制

光信号在光纤中的传播过程如图 4.12 所示。由玻璃或硅材料制成的光纤为细圆筒空芯状［见图 4.12（b）］。假定光线对着光纤射入，进入光纤内的光线按照入射方向前进，当光线射到芯和皮的交界面时会发生反射，如此不断地向前传播［见图 4.12（a）］。为了让光线在芯和皮的界面上发生全反射，而不折射到光纤外面去，需要采用适当的材料和保持光纤为一定的形状。由光学原理可知，当芯的折射率大于皮的折射率时，如果光到达交界面时的入射角大于某一临界值，就会产生全反射。由此可见，光不仅能在直的光纤中传播，也能在弯曲的光纤中传播。

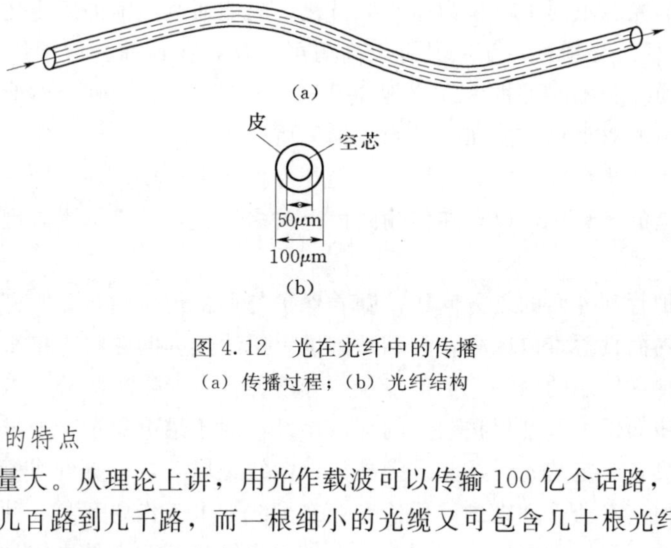

图 4.12 光在光纤中的传播
（a）传播过程；（b）光纤结构

2. 光纤通信的特点

（1）通信容量大。从理论上讲，用光作载波可以传输 100 亿个话路，实际上目前一对光纤一般可通过几百路到几千路，而一根细小的光缆又可包含几十根光纤到几百根光纤，因此光纤通信系统的通信容量是非常大的。

（2）可以节约大量金属材料。光纤由玻璃或硅制成，其来源丰富，供应方便，光纤通信的经济效益也较为可观。

（3）光纤通信还有保密性好，敷设方便，不怕雷击，不受外界电磁干扰，抗腐蚀和不怕潮等优点。

（4）光纤最重要的特性之一是无感应性能，因此利用光纤可以构成无电磁感应的、极为可靠的通道。这一点对继电保护来说尤为重要，在易受地电位升高、暂态过程及其他有严重干扰的金属线路地段之间，光纤是一种理想的通信媒介。

光纤通信的不足之处是通信距离不够长，在长距离通信时，要用中继器及其附加设备。此外当光纤断裂时不易找寻或修复，不过，由于光缆中的光纤数目多，可以将断裂的光纤迅速用备用光纤替换。

3. 光纤保护实际应用中存在的问题

(1) 施工工艺问题。光纤保护是超高压线路的主保护，通道的安全可靠对电力系统的安全、稳定运行起到重要的作用。由于光缆传输需要经过转接端子箱、光缆机、电缆层和高压线路等连接环节，并且光纤的施工工艺复杂、施工质量要求高，因此如果在保护装置投入运行前的施工、测试中存在误差可能会导致保护装置的误动作，进而影响全网的安全稳定运行。综合各地由于施工工艺不良造成光纤保护退出运行的案例，需注意杜绝以下两类问题的出现：①断点的熔接质量不高，往往使断点附近的光纤纤芯受到应力的作用，导致光纤的衰耗指标不稳定，影响光纤保护的正常运行；②光纤活接头积灰造成通道衰耗增加，进而引起保护装置通道告警，造成光纤保护退出运行。

(2) 通道双重化问题。光纤保护用于 220kV 及以上电网时，按照 220kV 及以上线路主保护双重化原则的要求，纵联保护的信号通道也要求双重化，高频保护由于是在不同的相别上耦合，因此能满足双通道的要求，如果使用 2 套光纤保护作为线路的主保护，通道双重化的问题则一直限制着光纤保护的大规模推广应用。同一光缆的不同纤芯能否构成通道的双重化需要根据光缆的型式来确定。对于普通光缆和 ADSS 光缆，由于其可靠性较差，同一光缆内的光芯不同不能视为通道双重化，只能通过光缆的双重化达到通道双重化的要求。对于 OPGW 光缆，由于其具有较高的可靠性，在目前光纤网络未能形成环网的现状下，同一光缆纤芯不同可视为通道双重化；当形成了光纤网络环网后，OPGW 光缆也应实现两条路由的双重化，能在一条光缆损坏后通过另一个路由正常运行。随着波分复用技术的逐步应用和光纤容量的大幅增加，光纤保护将来还要实现在同一根光缆里的多重化、在传输波长上的多重化，以及在传输路由上的多重化，从而最大限度地提高光纤保护运行的可靠性。

(3) 光纤保护管理界面的划分问题。随着保护与通信衔接的日益紧密，继电保护专业与通信专业管理界面日益难以区分，如不从制度上解决这一问题将直接影响到光纤保护的可靠运行。对于独立纤芯的保护，通信专业与继电保护专业管理的分界点在通信机房的光纤配线架上。配线架以上包括保护装置的那段尾纤，属于继电保护专业维护，这就要求继电保护专业人员具备一定的光纤校验维护技能；配线架以下，一直到对侧变电站通信机房的配线架，均属通信专业管理维护，通信专业在配线架上工作要开第二种工作票，如果影响到保护用纤芯的可靠性，要通知继保管理人员，由继保管理人员决定是否将光纤保护退出运行。对于使用复用通道的保护，通信专业与保护专业管理的分界点在通信机房脉冲编码调制（PCM）的数字电接口上。接口以上包括数字接口装置、机房到保护装置的光纤均属继电保护专业管理维护；PCM 设备属通信专业管理维护，在 PCM 设备上进行工作需要开第二种工作票，如果影响到保护用接口的可靠性，要通知继电保护人员决定是否将光纤保护退出运行。

(4) 光纤保护在旁路代路上的问题。线路光纤保护在旁路代路时不方便操作，由于光纤活接头不能随便拔插，每次拔插都需要重新作衰耗测试，而且经常性拔插也容易造成活接头的损坏，因此不宜使用拔插活接头的办法实现光纤通道的切换。在我国部分省、市的电网中并没有单独的旁路保护，旁路代路时是切换交流回路，因此不存在通道切换问题，但在我国广州地区有独立的旁路保护，对于光纤闭锁式、允许式纵联保护暂时可以采用切换二次回路的方式，但对于光纤差动电流保护则无法代路，目前都是采取旁路保护单独增设一套光纤差动保护的方法解决。已有部分厂家在谋求解决光纤保护切换问题的办法，如使用光开关来实现光纤通道切换。

尽管目前光纤保护在长距离和超高压输电线路上的应用还有一定的局限性，在施工和管理应用上仍存在不足，但是从长远看，随着光纤网络的逐步完善、施工工艺和保护产品技术的不断提高，光纤保护将占据线路保护的主导地位。

4.3 方向比较式纵联保护

4.3.1 闭锁式方向纵联保护

1. 闭锁式方向纵联保护的工作原理

目前在电力系统中广泛使用电力线载波通道实现的闭锁式方向纵联保护。采用正常无高频电流，而在区外故障时发闭锁信号的方式构成，其工作原理如图4.13所示。此闭锁信由功率方向为负的一侧发出，被两端的收信机同时接收，闭锁两端的保护，故称为闭锁式方向纵联保护。

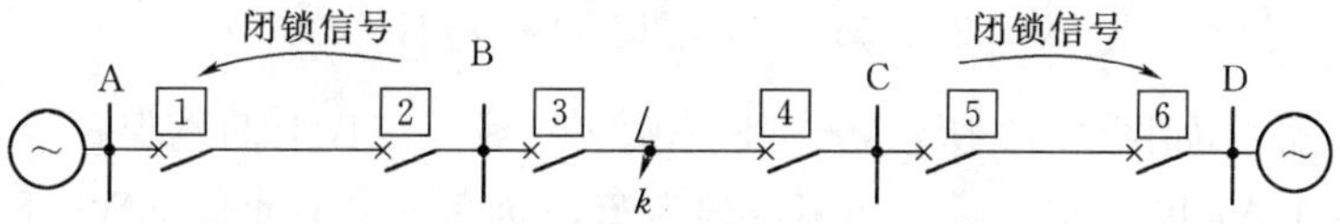

图4.13 闭锁式方向纵联保护作用原理

系统正常运行时，所有保护都不启动，各线路上也都没有高频电流。假定短路发生在BC线路上，则所有保护都启动，但保护2、5的功率方向为负，其余保护的功率方向全为正。保护2启动发信机发出高频闭锁信号，非故障线路AB上出现与该高频信号对应的高频电流，保护1、2都收到该闭锁信号，从而将保护1、2闭锁；保护5启动发信机发出闭锁信号，非故障线路CD上出现与该高频信号对应的高频电流，保护5、6都收到该闭锁信号，从而将保护5、6闭锁；因此非故障线路的保护不跳闸。故障线路BC上保护3、4功率方向全为正，不发闭锁信号，线路BC上不出现高频电流，保护3、4判定有正方向故障且没有收到闭锁信号，满足保护跳闸条件，保护3、4分别跳闸，切除故障线路。可见闭锁式方向纵联保护的跳闸判据是本端保护方向元件判定为正方向故障且收不到闭锁信号。

这种保护的优点是利用非故障线路一端的闭锁信号，闭锁非故障线路不跳闸，而对于故障线路跳闸，则不需要闭锁信号。这样在区内故障伴随有通道破坏时，两端保护仍能可靠跳闸。这是故障启动发信闭锁式纵联保护得到广泛应用的主要原因。

2. 闭锁式方向纵联保护的构成

闭锁式方向纵联保护安装于被保护线路的两端，其单端保护的简化动作逻辑类似于图4.8（a），只是图中的保护元件被方向元件代替。需要指出的是，如果闭锁信号是由对端保护发出的，那么该信号的传输要经过发信机、高频通道、收信机等环节，信号从发出到被接收之间有一定的延时，而方向元件的判定是本端保护独立完成的，因此两个信号之间存在时间上的配合问题。换句话说，如果本端方向元件判为正方向但没有闭锁信号时可能有以下两种情况：其一对端保护也判为正方向，因而没有发出闭锁信号；其二是对端保护判为反方向，也发出了闭锁信号，由于传输延时尚未接收到该闭锁信号。图 4.14 为闭锁式方向纵联保护原理接线图。

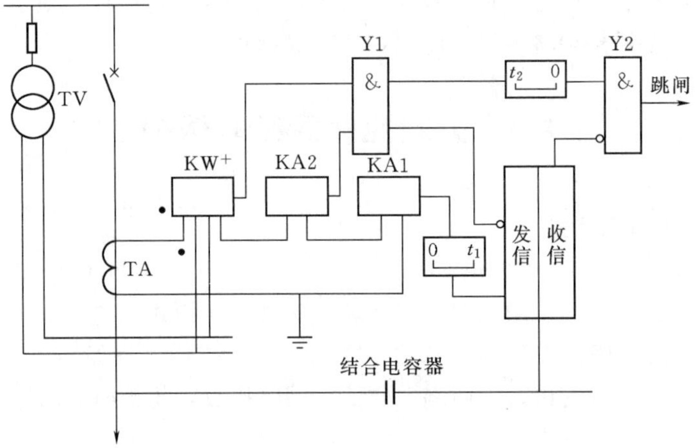

图 4.14　闭锁式方向纵联保护原理接线图

（1）外部短路。如图 4.13 所示，1、2 分别表示线路 AB 上两端保护，对于 B 端的保护 2，启动元件 KA1 启动发信后，功率方向为负，功率正方向元件 KW^+ 不动作，发信机不停信，Y1 元件不动作，Y2 的两个输入条件都不满足，保护 2 不能跳闸。

对于 A 端的保护 1，元件 KA1 的灵敏度高，保护可能启动，KA1 启动后先启动发信机发出闭锁信号，但是随之启动元件 KA2、功率正方向元件 KW^+ 同时启动，Y1 元件有输出，立即停止发信，经并经 t_2 延时后 Y2 元件的一个输入条件满足，保护是否跳闸取决于本端保护是否收到对端（B 端）的保护发出的闭锁信号。

当外部故障被切除之前，B 端保护 2 不停地发闭锁信号，A 端保护 1 的 Y2 元件不动作，A 端保护不跳闸。当外部故障被切除后，A 端保护的启动元件 KA2、功率正方向元件 KW^+ 立即返回，A、B 两端的启动元件 KA1 立即返回，B 端保护经 t_1（一般为 100ms）延时后停止发信，A 端保护正方向元件 KW^+ 即使返回慢，也能确保在外部故障切除时可靠闭锁。

可见在外部故障情况下，如果远故障点（功率方向为正）一端收不到对端发来的高频电流，保护将会误跳闸。根据前面对闭锁信号传输延时的分析，闭锁式纵联方向保护不误动的关键是近故障点（功率方向为反方向）一端的保护要及时发出闭锁信号并保持发信状态，同时远故障点（功率方向为正）一端的保护要延时确认对端没有发出闭锁信号。t_2 延时元件就是考虑对端的闭锁信号传输需要一定的时间才能到达本端，防止在此之前由于收不到闭锁信号导致保护误动，一般整定 t_2 为 4～16ms。

（2）两端供电线路区内短路。对于图 4.13 中线路 BC 两端保护 3、4，两端的启动发信元件 KA1 都启动发信，但是，两侧功率方向都为正，两侧正方向元件 KW^+ 动作后准备跳闸并停止发信，经 t_2 延时后两侧跳闸。

(3) 单电源供电线路区内短路。两端供电线路如果一端电源的停运可能变成单电源供电线路。如图 4.13 系统 D 母线电源停运时，系统变为单电源系统，此时若 BC 线路区短路时，B 侧保护 3 的工作情况同（2）的分析，C 侧保护 4 不启动，因而不发闭锁信号，B 侧（电源侧）保护收不到闭锁信号并且本侧功率方向为正，满足跳闸条件，则立即跳开电源侧断路器，切除故障。

通过以上工作过程的分析可以看出，在区外故障时依靠近故障侧（功率方向为负）保护发出的闭锁信号实现远故障侧（功率方向为正）的保护不跳闸，并且保护启动后为防止保护误动，两端的保护不论是远故障端或近故障端总是首先假定故障发生在反方向，因此保护启动后首先启动发出高频闭锁信号，然后再根据本端的故障方向判别结果决定是停信还是保持发信状态。这带来了两个问题：其一是需等待以确定对端的闭锁信号确实没有发出或消失后才能根据本端的判别结果跳闸，延迟了保护动作时间，这是闭锁式纵联保护的固有缺点；其二是需要一个启动发信元件 KA1 和一个停信元件 KA2，并且本侧 KA1 灵敏度要比两侧的 KA2 都高。如图 4.13 所示短路，若 AB 线路上保护 1、2 的两个元件灵敏度配合不当，保护 2 的 KA1 灵敏度低于保护 1 的 KA2 而没有启动，则会造成保护 1 的误动跳闸。

4.3.2 闭锁式距离纵联保护

方向比较式纵联保护仅反应区内故障而动作，可以快速地切除保护范围内部的各种故障，但却不能作为变电站母线和下级相邻线路的后备。距离保护可以作为变电所母线和下级相邻线路的远后备，同时由于距离保护的主要元件（如启动元件、方向阻抗元件等）也可以作为实现闭锁式方向纵联保护，使得区内故障时能够瞬时切除故障，而在区外故障时则具有常规距离保护的阶段式配合特性，起到后备保护的作用，从而兼有两种保护的优点，并且能简化整个保护的接线。图 4.15 为纵联距离保护所用阻抗元件的动作范围和时限。

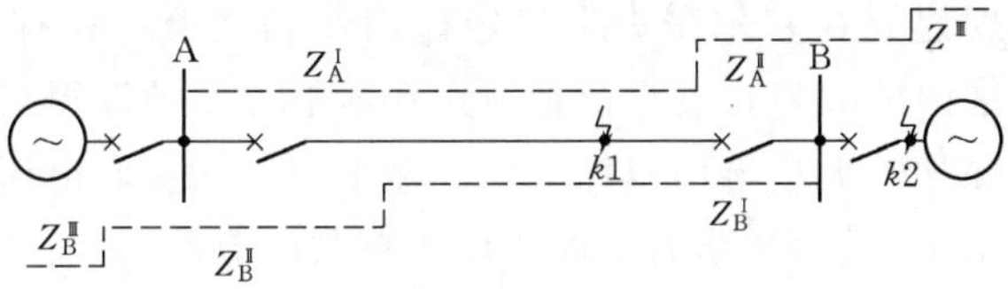

图 4.15 闭锁式距离纵联保护所用的阻抗元件的动作范围和时限

闭锁式距离纵联保护实际上由两端完整的三段式距离保护附加高频通信部分组成，它以两端的距离保护Ⅲ段继电器作为故障启动发信元件（也可以增加负序电流加零序电流的专门启动元件），以两端的距离保护Ⅱ段为方向判别元件和停信元件，以距离保护Ⅰ段作为两端各自独立跳闸段。其一端保护的工原理框图如图 4.16 所示。其中，三段式距离保护的各段定值和时间仍按照第 3 章有关原则整定，核心的变化是距离保护Ⅱ段的跳闸时间元件增加了瞬时动作的与门元件。该元件的动作条件是本侧Ⅱ段动作且收不到闭锁信号，表明故障在两端保护的Ⅱ段内即本线路内，立即跳闸，这样就实现了纵联保护瞬时切除全线任意点短路的速动功能。需要注意的是距离Ⅲ段作为启动元件，其保护范围应超过正、反向相邻线末端母线，一般无方向性。

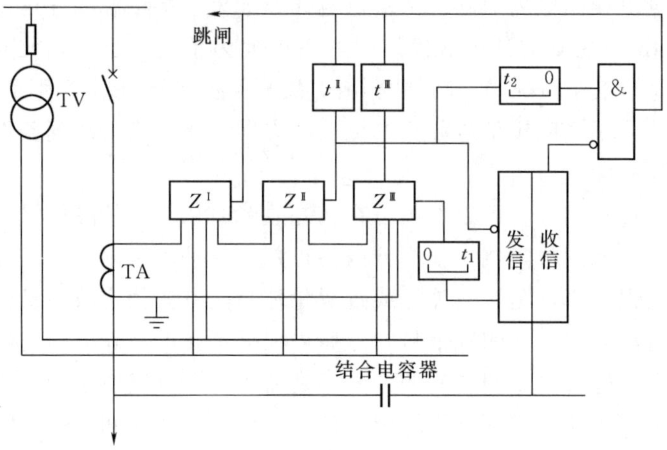

图 4.16　闭锁式距离纵联保护的原理接线图

闭锁式距离纵联保护可以近似的看作常规三段式距离保护和以方向阻抗（方向距离Ⅱ段）替代功率方向判别元件的闭锁式纵联方向保护的集成。闭锁式距离纵联保护的主要缺点是当后备保护检修时，主保护也被迫停运，运行检修灵活性不够。

闭锁式零序方向纵联保护的实现原理与闭锁式距离纵联保护相同，只需要用三段式零序方向保护代替三段式距离保护元件并与收、发信机部分相配合即可。

4.4　纵联电流差动保护

4.4.1　纵联电流差动保护原理

1. 纵联电流差动保护的工作原理

电流差动保护原理建立在基尔霍夫电流定律的基础之上，具有良好的选择性，能灵敏、快速地切除保护区内的故障，被广泛地应用在能够方便地取得被保护元件两端电流的发电机保护、变压器保护、大型电动机保护中。输电线路的纵联电流差动保护是该原理应用的一个特例。以图 4.17 所示线路为例简要说明纵联电流差动保护的基本原理。

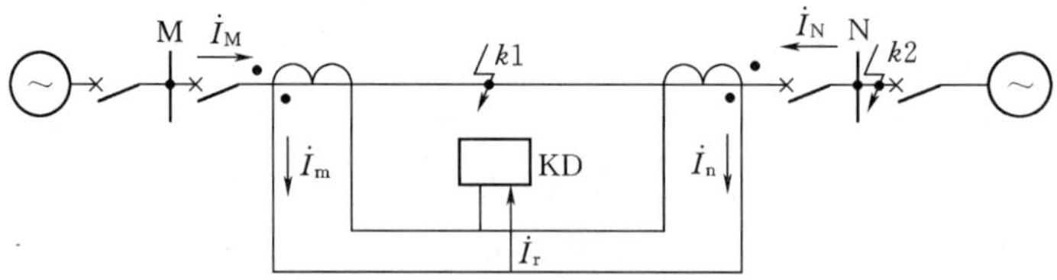

图 4.17　电流纵联差动保护区外、内短路示意图

当线路 MN 正常运行以及被保护线路外部（如 $k2$ 点）短路时，按规定的电流正方向看，M 侧电流为正，N 侧电流为负，两侧电流大小相等、方向相反，即 $\dot{I}_M+\dot{I}_N=0$。当线路内部短路（如 $k1$ 点）时，流经输电线两侧的故障电流均为正方向，且 $\dot{I}_M+\dot{I}_N=\dot{I}_K$

（$\dot{I}_K$ 为 $k1$ 点短路电流）。利用被保护元件两侧电流和在区内短路与区外短路时一个是短路点电流很大、一个几乎为零的差异，构成电流差动保护；利用被保护元件两侧在区内短路几乎同相、区外短路几乎反相的特点，比较两侧电流的相位，可以构成电流相位差动保护。

在实际应用中，输电线路两侧装设特性和变比都相同的电流互感器，电流互感器的极性和连接方式如图 4.17 所示，即当电流互感器的一次侧同名端都接母线侧，二次侧同名端并联。图中 KD 为差动电流测量元件（差动继电器）。

流过差动继电器的电流是电流互感器的二次侧电流之和，由于两个电流互感器总是具有励磁电流，且励磁特性不会完全相同，所以在正常运行及外部故障时，流过差动继电器的电流不等于零，此电流称为不平衡电流。考虑励磁电流的影响，二次侧电流的数值应为

$$\left.\begin{aligned}\dot{I}_m&=\frac{1}{n_{TA}}(\dot{I}_M-\dot{I}_{\mu M})\\ \dot{I}_n&=\frac{1}{n_{TA}}(\dot{I}_N-\dot{I}_{\mu N})\end{aligned}\right\}\tag{4.2}$$

式中 $\dot{I}_{\mu M}$、$\dot{I}_{\mu N}$——两个电流互感器的励磁电流；

$\dot{I}_m$、$\dot{I}_n$——两个电流互感器二次电流；

n_{TA}——两电流互感器的额定变比。

在正常运行及区外故障时，$\dot{I}_M=-\dot{I}_N$，因此流过差动继电器的电流即不平衡电流为

$$\dot{I}_{unb}=\dot{I}_m+\dot{I}_n=-\frac{1}{n_{TA}}(\dot{I}_{\mu M}+\dot{I}_{\mu N})\tag{4.3}$$

继电器正确动作时的差动电流 I_r 应躲过正常运行及外部故障时的不平衡电流，即

$$I_r=|\dot{I}_m+\dot{I}_n|>\dot{I}_{unb}\tag{4.4}$$

在工程上不平衡电流的稳态值采用电流互感器的 10% 的误差曲线按下式计算

$$\dot{I}_{unb}=0.1K_{st}K_{np}I_k\tag{4.5}$$

式中 K_{st}——电流互感器的同型系数，当两侧电流互感器的型号、容量均相同时取 0.5，不同时取 1；

K_{np}——非周期分量系数；

I_k——外部短路时穿过两个电流互感器的短路电流。

差动保护判据式（4.4）的实现有两种思路：其一是躲过最大不平衡电流 $I_{unb\cdot max}$，此时式（4.4）变形为 $I_r=|\dot{I}_m+\dot{I}_n|>I_{unb\cdot max}$，这种方法可以防止区外短路的误动，但对区内故障则降低了差动保护的灵敏度；其二是采用浮动门坎，即带制动特性的差动保护，由式（4.5）可见区外故障时流过差动回路的不平衡电流与短路电流的大小有关，短路电流越小，不平衡电流也越小，因此可以根据短路电流的大小调整差动保护的动作门槛。外部短路时穿过两侧电流互感器的实际短路电流 I_{res} 可以按照式（4.6）～式（4.8）计算

$$I_{res}=0.5|\dot{I}_m-\dot{I}_n|\tag{4.6}$$

$$I_{res}=0.5(|\dot{I}_m|+|\dot{I}_n|)\tag{4.7}$$

$$I_{res}=\begin{cases}\sqrt{|\dot{I}_m||\dot{I}_n|\cos(180^\circ-\theta_{mn})} & \cos(180^\circ-\theta_{mn})>0\\ 0 & \cos(180^\circ-\theta_{mn})\leqslant 0\end{cases} \tag{4.8}$$

式中　θ_{mn}——两端电流$\dot{I}_m$、$\dot{I}_n$间的相角差。

在差动继电器的设计中差动动作门槛随着I_{res}的增大而增大，I_{res}起制动作用，称为制动电流；让差动电流I_r起动作作用，称为动作电流；电流差动保护的动作方程为

$$I_r\geqslant K_{res}I_{res} \tag{4.9}$$

式中　K_{res}——制动系数，根据差动保护原理应用于不同的被保护元件（线路、变压器、发电机等）上选取不同的值。

根据上述的分析，计算制动电流I_{res}的最基本要求是区外短路时，计算得到的制动电流应等于穿过线路的故障电流。这样在外部故障时都可以保证差动保护可靠不动作，但制动电流的不同计算方法在内部故障时灵敏度不同。当I_{res}采用式（4.6）计算时制动量是被保护线路两端二次侧电流的相量差，采用式（4.7）计算时制动量是被保护线路两端二次侧电流的标量和，统称为比率制动方式。当I_{res}采用式（4.8）计算时制动量是被保护线路两端二次侧电流相量的标量积，称为标积制动方式。区外故障及正常运行时 $\arg(\dot{I}_m/\dot{I}_n)\approx 180^\circ$，$|\dot{I}_m-\dot{I}_n|\approx|\dot{I}_m|+|\dot{I}_n|$，采用式（4.6）与式（4.7）这两种制动方式效果相同，当按被保护线路在单侧电源运行内部最小短路电流校验差动保护灵敏度时，此两种方式也是相同的。但在双侧电源内部短路时 $\arg(\dot{I}_m/\dot{I}_n)\approx 0^\circ$，有$|\dot{I}_m|+|\dot{I}_n|>|\dot{I}_m-\dot{I}_n|$，此时式（4.6）有更高的灵敏度。对于式（4.8）所示的标积制动方式，在单电源内部短路时，$\dot{I}_m$和$\dot{I}_n$两个量中有一为零，此时灵敏度最高。

2. 输电线路纵联电流差动保护的动作特性

输电线路纵联电流差动保护常用不带制动作用和带有制动作用的两种动作判据，如下：

（1）不带制动特性的差动继电器特性。其动作方程为

$$I_r=|\dot{I}_m+\dot{I}_n|\geqslant I_{set} \tag{4.10}$$

式中　I_r——流入差动继电器的电流；

I_{set}——差动继电器的动作电流整定值。

I_{set}值通常按以下两个条件来选取：

1）躲过外部短路时的最大不平衡电流，即

$$I_{set}=K_{rel}K_{np}K_{er}K_{st}I_{k\cdot max} \tag{4.11}$$

式中　K_{rel}——可靠系数，取 1.2～1.3；

K_{np}——非周期分量系数，当差动回路采用速饱和变流器时，K_{np}为 1；当差动回路是用串联电阻降低不平衡电流时，为 1.5～2；

K_{er}——电流互感器的 10%误差系数；

K_{st}——同型系数，在两侧电流互感器同型号时取 0.5，不同型号时取 1；

$I_{k\cdot max}$——外部短路时流过电流互感器的最大短路电流（二次值）。

2）躲过最大负荷电流。考虑正常运行时一侧电流互感器二次断线时差动继电器在流

过线路的最大负荷电流时保护不动作，即

$$I_{set}=K_{rel}I_{L\cdot max} \tag{4.12}$$

式中 K_{rel}——可靠系数，取1.2～1.3；

$I_{L\cdot max}$——线路正常运行时的最大负荷电流的二次值。

取以上两个整定值中较大的一个作为差动继电器的整定值。保护线路应满足线路在单侧电源运行内部短路时有足够的灵敏度

$$K_{sen}=\frac{I_r}{I_{set}}=\frac{I_{k\cdot min}}{I_{set}}\geqslant 2 \tag{4.13}$$

式中 $I_{k\cdot min}$——单侧最小电源作用且被保护线路末端短路时，流过保护的最小短路电流。

若纵差保护不满足灵敏度要求，可采用带制动特性的纵差保护。

（2）带有制动线圈的差动继电器特性。这种原理的差动继电器有两组线圈，制动线圈流过两侧互感器的循环电流 $|\dot{I}_m-\dot{I}_n|$，在正常运行和外部短路时制动功率增强，在动作线圈中流过两侧互感器的和电流 $|\dot{I}_m+\dot{I}_n|$，在内部短路时制动功率减弱（相当于无制动作用），而动作的功率极强。其电磁型继电器（虚框内）的结构原理和动作特性如图4.18所示。

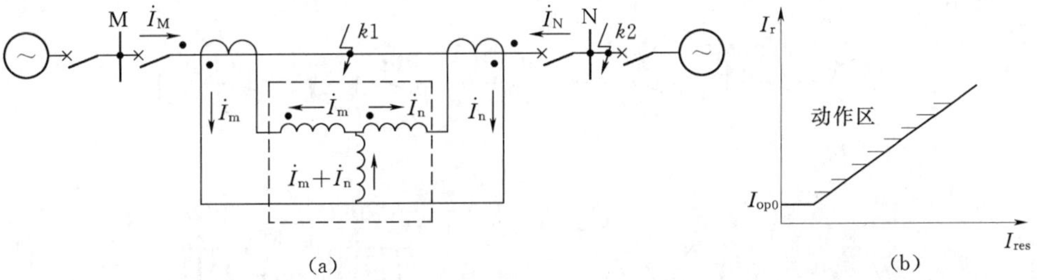

图4.18 带制动线圈的差动继电器原理及动作特性
（a）继电器原理示意图；（b）动作特性

继电器的动作方程为

$$|\dot{I}_m+\dot{I}_n|-K|\dot{I}_m-\dot{I}_n|\geqslant I_{op0} \tag{4.14}$$

式中 K——制动系数，可在0～1之间选择；I_{op0}很小的门限，克服继电器动作机械摩擦或保证电路状态发生翻转需要的值，远小于无制动作用时按式（4.11）或式（4.12）计算的值。

这种动作电流 $|\dot{I}_m+\dot{I}_n|$ 不是定值而是随制动电流 $|\dot{I}_m-\dot{I}_n|$ 变化的特性称为制动特性。不仅提高了内部短路时的灵敏性而且提高了在外部短路时不动作的可靠性，因而在电流差动保护中得到了广泛的应用。

4.4.2 纵联电流相位差动保护的工作原理

线路纵联电流差动保护既比较线路两侧电流的大小又比较电流的相位，要求进行相量比较。传输两端的电流相量时，对传输设备的传输容量和传输速率都有较高的要求，同时因为纵联电流差动原理上要求两端数据必须严格同步，对异地同步技术也有很高要求，利用电力线载波通道很难满足以上技术要求。因而纵联电流差动保护原理主要应用在发电

机、变压器、母线等集中参数元件上，并在超短距离输电线导引线保护中有所采用；近年来随着微波、光纤、全球卫星同步时钟等通信技术和设备的发展，纵联电流差动保护才在远距离输电线路上获得越来越多的应用。但是电力线载波通道很难满足以上技术要求，只能传递简单的逻辑信号，因此通常利用载波通道传递两端电流的相位信息，构成纵联电流相位差动保护。

由图 4.19（b）、（c）可以看出，仅利用输电线路两端电流相位在区外短路时相差180°区内短路时相差为 0°，也可以区分区内、外短路，这就是纵联电流相位差动保护原理。此时只需要两端传递各自的相位信息，例如两端保护仅在本端电流正半波或负半波时启动发信机发送高频信号，这样外部故障时两端电流按照规定的正方向相位为反相，输电线路上将出现连续的高频信号；内部故障时两端电流近似同相，输电线路上将出现间断的高频信号；因此高频信号的连续和间断反映了两端电流的相位比较结果，可以据此构成电流相位比较式纵联动保护。这种方案在远距离输电线路的模拟式载波保护中获得广泛应用。以下结合图 4.20 给出的单频制闭锁式电流相位差动保护的工作原理框图说明其构成。

故障启动发信元件：采用低定值的负序电流 I_2^{I} 元件反映不对称短路，采用低定值的相电流 I_φ^{I} 元件反映对称短路，高频载波通道经常无电流，只有故障启动后才发出高频电流信号。

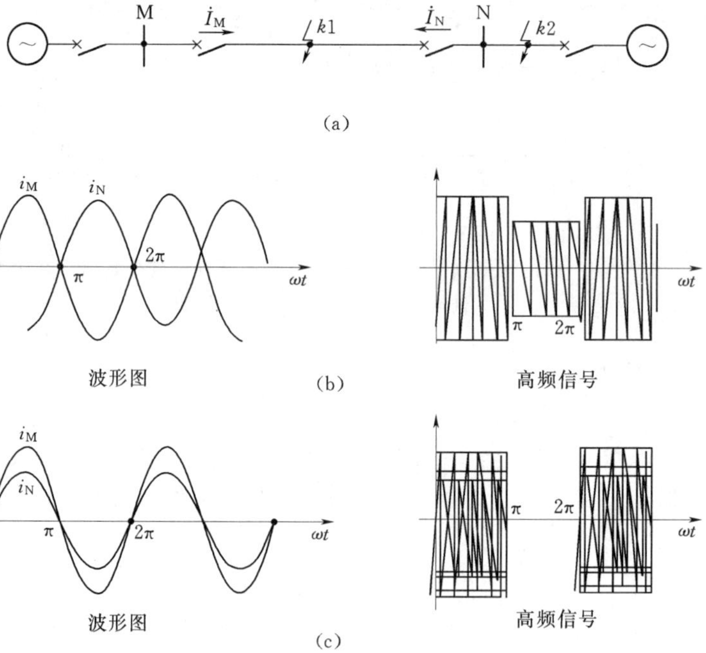

图 4.19　电流纵联差动保护区内、外短路示意图

（a）系统示意图；（b）外部短路两侧电流波形及高频信号；

（c）内部短路两侧电流波形及高频信号

启动跳闸元件：采用高定值的负序电流 I_2^{II} 和相电流 I_φ^{II} 元件，启动本侧跳闸回路，只待收信机的输出满足跳闸条件便可跳闸。

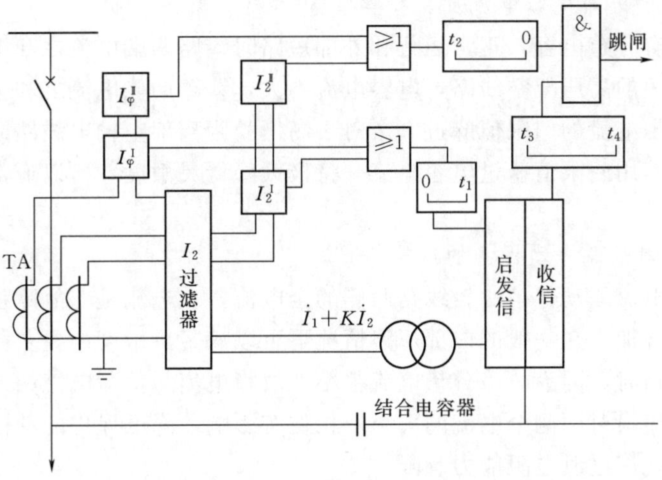

图 4.20 闭锁式纵联电流相位差动保护的原理框图

发信机操作元件：为了能反应各种类型的短路又使实现简单，通过比较两侧的$\dot{I}_1+K\dot{I}_2$电流相位，一般 K 取 6～8，实现区内、外故障的区分。当该电流为正（或负）半波时，操作发信机发出连续的高频电流，而当该电流为负（或正）半波时，则不发高频电流。

收信比较时间 t_3 元件：收信机既可以收到本侧的高频电流又可以收到对侧的高频电流。当区内短路时，如果两侧电流同相位，两侧同时发出高频电流，不考虑高频信号传输延迟时，在两侧收信机中收到间隔半周波（10ms）高频电流［图 4.19（c）］；当区外短路时，两侧电流相差 180°，两侧相差 10ms 发出高频电流，在两侧收信机中收到无间断的连续高频电流［图 4.19（b）］，因为高频信号在输电线路上传输时的衰减，收到的对端信号幅值略低；时间 t_3 元件对收到的高频电流进行整流并延时 t_3 后有输出，并展宽 t_4 时间。区外短路时高频电流间断的时间短，小于 t_3 延时，收信机回路无输出，保护不能跳闸。区内短路时高频电流间断时间长，t_3 延时满足，收信机回路有输出，保护跳闸。

4.4.3 影响纵联电流差动保护正确动作的因素

1. 电流互感器的误差和不平衡电流

由纵联电流差动保护的原理可知，在外部短路情况下，输电线两侧一次电流虽然大小相等，方向相反，其和为零，但由于电流互感器传变的幅值误差和相位误差，使其二次电流之和不再等于零（此电流也就是不平衡电流），保护可能进入动作区，误将线路断开。不平衡电流是由于两侧电流互感器的磁化特性不一致，励磁电流不等造成的，稳态负荷下，其值较小；而在短路时，短路电流很大，使电流互感器铁芯严重饱和，不平衡电流可能达到很大的数值。

为保证差动保护的选择性，差动继电器的启动电流必须躲开上述最大不平衡电流。因此，最大不平衡电流越小，则保护的灵敏度越好。为减少不平衡电流，输电线路两端应采用型号相同、磁化特性一致、铁芯截面较大的高精度的电流互感器，在必要时，还可采用铁芯磁路中有小气隙的电流互感器。

2. 输电线路的分布电容电流及其补偿措施

由于线路具有分布电容，正常运行和外部短路时线路两端电流之和不为零，而为线路电容电流。对较短的高压架空线路，电容电流不大，线路两侧电流之和不大，纵联电流差动保护可用不平衡电流的门限值躲过它。对于高压长距离架空输电线路或电缆线路，充电电容电流很大，若用门限值躲过电容电流，将极大降低灵敏度，所以通常采用测量电压来补偿电容电流。

3. 负荷电流对纵联差动保护的影响

传统的纵联电流差动保护比较线路两侧的全电流，全电流是非故障状态下负荷电流和故障分量电流的叠加，在一般的内部短路情况下可以满足灵敏度的要求。但是当区内发生经大过渡电阻短路时，因为故障分量电流很小，故障电流与负荷电流相差不是太大，负荷电流为穿越性电流，对两侧全电流的大小及相位有影响，降低保护的动作灵敏度，使得纵联电流差动保护允许过渡电阻能力有限。

图 4.21 为在重负荷条件下发生经大过渡电阻区内短路时的系统接线，按照图示的电流方向，两侧测量得到的全电流分别为

$$\dot{I}_m=\Delta\dot{I}_m+\dot{I}_L,\dot{I}_n=\Delta\dot{I}_n+\dot{I}_L \tag{4.15}$$

式中　$\Delta\dot{I}_m$、$\Delta\dot{I}_n$——M、N 两侧的故障分量电流；

$\dot{I}_L$——负荷电流。

动作量为

$$\dot{I}_r=|\dot{I}_m+\dot{I}_n|=|\Delta\dot{I}_m+\Delta\dot{I}_n| \text{（为短路点故障分量电流）} \tag{4.16}$$

制动量为

$$K|\dot{I}_m-\dot{I}_n|=K|\Delta\dot{I}_m-\Delta\dot{I}_n+2\dot{I}_L| \tag{4.17}$$

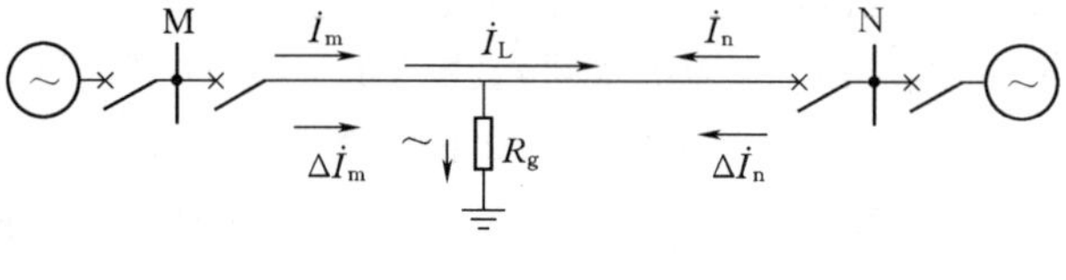

图 4.21　负荷电流对纵联电流差动保护的影响示意图

可见在重负荷情况下发生经大电阻短路时，由于 I_r 很小而 I_L 很大，有可能动作量小于制动量而拒动。为了提高重负荷情况下保护耐受过渡电阻的能力，不得不降低制动系数 K 的值，同时也就降低了外部故障时的防卫能力，这是全电流纵联差动保护的主要缺点。为了消除负荷电流的影响，增强保护的耐过渡电阻能力，提高保护的灵敏度，利用电流的故障分量构成差动保护判据，即

$$|\Delta\dot{I}_m+\Delta\dot{I}_n|>I_{set} \tag{4.18}$$

$$|\Delta\dot{I}_m+\Delta\dot{I}_n|>K|\Delta\dot{I}_m-\Delta\dot{I}_n| \tag{4.19}$$

式中　$\Delta\dot{I}_m$、$\Delta\dot{I}_n$——线路两侧的相电流工频故障分量；

I_{set}——动作门限。

制动系数 K 较全电流纵联差动保护降低 I_{set} 和 K 值的选取以保证内部在经预定值以下

的过渡电阻短路时有足够的动作灵敏度。式（4.18）是辅助判据，式（4.19）是主判据，两式同时满足时保护跳闸。在区内故障时，式（4.18）、式（4.19）中的制动量、动作量都与负荷电流无关，提高了动作灵敏度。在系统正常运行时，无故障分量，即 $\Delta\dot{I}_{\mathrm{m}}$ 和 $\Delta\dot{I}_{\mathrm{n}}$ 都为零，保护可靠不动作。在区外短路时，$\Delta\dot{I}_{\mathrm{m}}$ 和 $\Delta\dot{I}_{\mathrm{n}}$ 大小相等，相位相反，保护可靠不动作。

习 题 及 思 考 题

4.1　纵联保护依据的最基本原理是什么？

4.2　纵联保护与阶段式保护的根本差别是什么？陈述纵联保护的主要优、缺点。

4.3　输电线路中纵联保护中通道的作用是什么？通道的种类及其优缺点、适用范围有哪些？

4.4　通道传输的信号、通道的工作方式有哪些？

4.5　请画出输电线载波通道的构成元件方框图，说明对各技术元件的技术要求。

4.6　光纤保护实际应用中存在哪些方面的问题？

4.7　图 4.22 所在系统线路全部配置闭锁式方向比较式纵联保护，分析在 k 点短路时各端保护方向元件的动作情况，各线路保护的工作过程及结果。

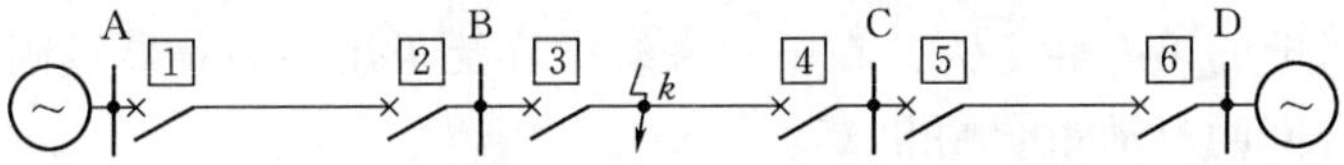

图 4.22　闭锁式方向纵联保护配置示意图

4.8　图 4.22 所示系统中，线路全部配置闭锁式方向纵联保护，在 k 点短路时，若 AB、BC 线路通道同时故障，保护将会出现何种状况？靠什么保护动作切除故障？

4.9　在依靠电力线路载波通道的线路上实现纵联差动保护较实现方向式纵联保护的主要困难是什么？前者保护原理的主要优点是什么？

4.10　试述电流相位差动保护原理与纵联电流差动保护原理的优缺点，实现技术要求方面的优缺点。

4.11　影响纵联电流差动保护正确动作的因素有哪些？

4.12　输电线路纵联电流差动保护在系统振荡、非全相运行期间，是否会误动，为什么？

第5章　自动重合闸

5.1　自动重合闸的作用

在电力系统的故障中，大多数是输电线路（特别是架空线路）的故障。运行经验表明，架空线路的故障大多都是“瞬时性”，例如由雷电引起的绝缘子表面闪络、大风引起的碰线、鸟类以及树枝等物掉落在导线上引起的短路等，在线路被继电保护迅速切断以后，电弧即行熄灭，外界物（如树枝、鸟类等）也被电弧烧掉而消失。此时，如果把断开的线路断路器再合上，就能够恢复正常的供电。因此，称这类故障是“瞬时性故障”。除此以外，也有“永久性故障”，例如由于线路倒杆、断线、绝缘子击穿或损坏等引起的故障，在线路被断开以后，它们仍然是存在的。这时，即使再合上电源，由于故障依然存在，线路还是要被继电保护再次动作断开，因而就不能恢复正常的供电。

由于输电线路上的故障具有以上性质，因此，在线路被断开以后再进行一次重合闸就有可能大大提高供电的可靠性。为此在电力系统中广泛采用当断路器跳闸以后就能够自动地将断路器重新合闸的自动重合闸装置。

在现场运行的线路重合闸装置，在不判断是瞬时性故障还是永久性故障，在保护跳闸以后经预定延时将断路器重新合闸。显然，对瞬时性故障重合闸可以成功（指恢复供电不再断开），对永久性故障重合闸不可能成功。用重合成功的次数与总动作次数之比来表示重合闸的成功率，一般在60％～90％之间，主要取决于瞬时性故障占总故障的比例。衡量重合闸工作正确性的指标是正确动作率，即正确动作次数与总动作次数之比。根据2001年220kV电网运行资料的统计，重合闸正确动作率为99.57％。

在电力系统中采用重合闸的技术经济效果主要归纳如下：

（1）大大提高供电的可靠性，减小线路停电的次数，特别是对单侧电源的单回路尤为显著。

（2）在高压输电线路采用重合闸，还可提高电力系统并列运行的稳定性，从而提高传输容量。

（3）对断路器本身由于机构不良或继电保护误动作而引起的跳闸，也能起纠正的作用。

在采用重合闸以后，当重合于永久性故障上时，也将带来一些不利的影响。例如：

（1）在电力系统再一次受到故障的冲击，对超高压系统还可能降低并列运行的稳定性。

（2）使断路器的工作条件变得更加恶劣，因为它要在很短的时间内，连续切断两次短路电流。这种情况对于油断路器必须加以考虑，因为在第一次跳闸时，由于电弧的作用，已使绝缘介质的绝缘强度降低，在重合后的第二次跳闸时，是在绝缘强度已经降低的不利条件下进行，因此，油断路器在采用了重合闸以后，其遮断容量也要有不同程度的降低(一般降低到80%左右)。通常在短路电流比较大的系统中，装设油断路器的线路往往不使用重合闸。

对于重合闸的经济效益，应该用无重合闸时，因停电而造成的国民经济损失来衡量。由于重合闸装置本身的投资较低、工作可靠，因此，在电力系统中获得了广泛应用。

5.2 对自动重合闸的基本要求及分类

5.2.1 对自动重合闸的基本要求

对1kV及以上的架空线路和电缆与架空线的混合线路，当其上有断路器时，就应装设自动重合闸；在用高压熔断器保护的线路上，一般采用自动重合熔断器。此外，在供电给地区负荷的电力变压器上，以及发电厂和变电所的母线上，必要时也可以装设自动重合闸。对自动重合闸的基本要求为：

(1) 在以下情况下不希望重合闸重合时，重合闸不应动作。

1) 由值班人员手动操作或通过遥控装置将断路器断开时。

2) 手动投入断路器，由于线路上有故障，而随即被继电保护将其断开时。因为在这种情况下，故障是属于永久性的，它可能是由于检修质量不合格，隐患未消除或者保安接地线忘记拆除等原因所产生，因此再重合一次也不可能成功。

3) 当断路器处于不正常状态（例如操动机构中使用的气压、液压降低等）而不允许实现重合闸时。

(2) 当断路器由继电保护动作或其他原因而跳闸后，重合闸均应动作，使断路器重新合闸。

(3) 自动重合闸装置的动作次数应符合预先的规定。如一次重合闸应该只动作1次，当重合于永久性故障而再次跳闸以后，不应该再动作；对二次重合闸应该能够动作2次，当第二次重合于永久性故障而跳闸以后，不应该再动作。

(4) 自动重合闸在动作以后，一般应能自动复归，准备好下一次再动作。但对10 kV及以下电压的线路，如当地有值班人员时，为简化重合闸的实现，也可以采用手动复归的方式。

(5) 自动重合闸装置的合闸时间应能整定，并有可能在重合闸以前或重合闸以后加速继电保护的动作，以便更好地与继电保护相配合，加速故障的切除。

(6) 双侧电源的线路上实现重合闸时，应考虑合闸时两侧电源间的同步问题，并满足所提出的要求。

为了能够满足第（1）、（2）项所提出的要求，应优先采用由控制开关的位置与断路器位置不对应的原则来启动重合闸，即当控制开关在合闸位置而断路器实际上在断开位置的情况下，使重合闸启动，这样就可以保证不论是任何原因使断路器跳闸以后，都可以进行一次重合闸。

5.2.2 自动重合闸的分类

采用自动重合闸的目的有二：其一是保证并列运行系统的稳定性；其二是尽快恢复瞬时故障元件的供电，从而恢复整个系统的正常运行。根据重合闸控制的断路器所接通或断开的电力元件不同，可将重合闸分为线路重合闸、变压器重合闸和母线重合闸等。目前在10kV及以上的架空线路和电缆与架空线的混合线路上，广泛采用重合闸装置，只有个别的由于受系统条件的限制不能使用重合闸的除外。例如：断路器遮断容量不足；防止出现非同期情况；或者防止在特大型汽轮发电机出口重合于永久性故障时产生更大的扭转力矩，而对轴系造成损坏等。鉴于单母线或双母线接线的变电所在母线故障时会造成全停或部分停电的严重后果，有必要在枢纽变电所装设母线重合闸。根据系统的运行条件，事先安排哪些元件重合、哪些元件不重合、哪些元件在符合一定条件时才重合；如果母线上的线路及变压器都装有三相重合闸，使用母线重合闸不需要增加设备与回路，只是在母线保护动作时不去闭锁那些预计重合的线路和变压器，实现比较简单。变压器内部故障多数是永久性故障，因而当变压器的瓦斯保护和差动保护动作后不重合，仅当后备保护动作是启动重合闸。

根据重合闸控制断路器连续合闸次数的不同，可将重合闸分为多次重合闸和一次重合闸。多次重合闸一般使用在配电网中与分段器配合，自动隔离故障区段，是配电自动化的重要组成部分。而一次重合闸主要用于输电线路，提高系统的稳定性。

根据重合闸控制断路器相数不同，可将重合闸分为单相重合闸、三相重合闸、综合重合闸和分相重合闸。对一个具体的线路，究竟使用何种重合闸方式，要结合系统的稳定性分析，选取对系统稳定最有利的重合闸方式。一般说来有：

（1）没有特殊要求的单电源线路，宜采用一般的三相重合闸。

（2）凡是选用简单的三相重合闸能满足要求的线路，都应当选用三相重合闸。

（3）当发生单相接地短路时，如果使用三相重合闸不能满足稳定要求的线路，会出现大面积停电或重要用户停电，应当选用单相重合闸或综合重合闸。

5.3 输电线路的三相一次自动重合闸

5.3.1 单侧电源线路的三相一次自动重合闸

三相一次重合闸的跳、合闸方式为无论本线路发生何种类型的故障，继电保护装置均将三相断路器跳开，重合闸启动，经预定整定延时（一般在0.5～1.5s间）发出重合脉冲而将三相断路器一起合上。若是瞬时性故障，因故障已经消失，重合成功，线路继续运行；若是永久性故障，继电保护再次动作跳开三相，不再重合。

单侧电源线路的三相一次自动重合闸，由于下述原因实现简单：在单侧电源的线路上，不需要考虑电源间同步的检查问题；三相同时跳开，重合不需要区分故障类别和选择故障相，只需要在重合时断路器满足允许重合的条件下，经预定的延时发出一次合闸脉冲。图5.1所示为单侧电源输电线路三相一次重合闸的工作原理框图，主要由重合闸启动、重合闸时间、一次合闸脉冲、手动跳闸后闭锁、手动合闸于故障时保护加速跳闸等元件组成。

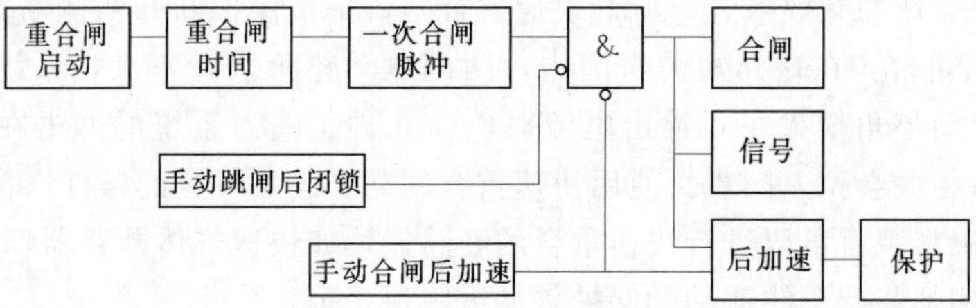

图 5.1 三相一次重合闸工作原理框图

重合闸启动：当断路器由继电保护动作跳闸或其他非手动原因而跳闸后，重合闸均应启动。一般使用断路器的辅助常开触点或者用合闸位置继电器的触点构成，在正常运行情况下，当断路器由合闸位置变为跳闸位置时，马上发出启动指令。

重合闸时间：启动元件发出启动指令后，时间元件开始计时，达到预定的延时后，发出一个短暂的合闸脉冲命令。这个延时就是重合闸时间，是可以整定的。

一次合闸脉冲：当延时时间到后，它马上发出一个可以合闸的脉冲命令，并且开始计时，准备重合闸的整组复归，复归时间一般为 15～25s。在这个时间内，即使再有重合闸时间元件发出的命令，它也不再发出可以合闸第二个命令。此元件的作用是保证在一次跳闸后有足够的时间合上（对瞬时故障）和再次跳开（对永久性故障）断路器，而不会出现多次重合。

手动跳闸后闭锁：当手动跳开断路器时，也会启动重合闸回路，为消除这种情况造成的不必要合闸，设置闭锁环节，使之不能形成合闸命令。

重合闸后加速保护跳闸回路：对于永久性故障，在保证选择性的前提下，尽可能地加快故障的再次切除，需要保护与重合闸配合，详见 5.4.2 节重合闸与保护的配合。当手动合闸到带故障的线路上时，保护跳闸，故障一般是因为检修时的保安接地线没拆除、缺陷未修复等永久故障，不仅不需要重合，而且要加速保护的再次跳闸。

5.3.2 双测电源线路的检同期三相一次自动重合闸

1. 双侧电源输电线路重合闸的特点

在双侧电源的输电线路上实现重合闸时，除应满足在 5.2.1 节中提出的各项要求外，还必须考虑如下的特点：

（1）当线路上发生故障跳闸以后，常常存在着重合闸时两侧电源是否同步，以及是否允许非同步合闸的问题。一般根据系统的具体情况，选用不同的重合闸重合条件。

（2）当线路上发生故障时，两侧的保护可能以不同的时限动作于跳闸，例如一侧为第Ⅰ段动作，而另一侧为第Ⅱ段动作，此时为了保证故障点电弧的熄灭和绝缘强度的恢复，以使重合闸有可能成功，线路两侧的重合闸必须保证在两侧的断路器都跳闸以后，再进行重合，其重合闸时间与单侧电源的有所不同。

因此，双侧电源线路上的重合闸，应根据电网的接线方式和运行情况，在单侧电源重合闸的基础上，采取某些附加的措施，以适应新的要求。

2. 双侧电源输电线路重合闸的主要方式

（1）快速自动重合闸。在现代高压输电线路上，采用快速重合闸是提高系统并列运行稳定性和供电可靠性的有效措施。所谓快速重合闸，是指保护断开两侧断路器后在0.5～0.6s内使之再次重合，在这样短的时间内，两侧电动势角摆开不大，系统不可能失去同步，即使两侧电动势角摆大了，冲击电流对电力元件、电力系统的冲击在可以耐受范围内，线路重合后很快会拉入同步。使用快速重合闸需要满足一定的条件：

1）线路两侧都装有可以进行快速重合的断路器，如快速气体断路器等。

2）线路两侧都装有全线速动的保护，如纵联保护等。

3）重合瞬间输电线路中出现的冲击电流对电力设备、电力系统的冲击均在允许范围内。输电线路中出现的冲击电流周期分量可估算为

$$I=\frac{2E}{Z_{\Sigma}}\sin\frac{\delta}{2} \tag{5.1}$$

式中　Z_{Σ}——系统两侧电动势间总阻抗；

δ——两侧电动势角差，最严重取180°；

E——两侧发电机电动势，可取$1.05U_{N}$。

按规定，由式（5.1）算出的电流，不应超过下列数值

对于汽轮发电机

$$I\leqslant\frac{0.65}{X''_{d}}I_{N} \tag{5.2}$$

对于有纵轴和横轴阻尼绕组的水轮发电机

$$I\leqslant\frac{0.6}{X''_{d}}I_{N} \tag{5.3}$$

对于无阻尼或阻尼绕组不全的水轮发电机

$$I\leqslant\frac{0.61}{X'_{d}}I_{N} \tag{5.4}$$

对于同步调相机

$$I\leqslant\frac{0.84}{X_{d}}I_{N} \tag{5.5}$$

对于电力变压器

$$I\leqslant\frac{100}{U_{K}\%}I_{N} \tag{5.6}$$

式中　I_{N}——各元件的额定电流；

X''_{d}——次暂态电抗标幺值；

X'_{d}——暂态电抗标幺值；

X_{d}——同步电抗标幺值；

$U_{K}\%$——短路电压百分值。

（2）非同期重合闸。当快速重合闸的重合时间不够快，或者系统的功角摆开比较快，两侧断路器合闸时系统已经失步，合闸后期待系统自动拉入同步，此时系统中各电力元件都将受到冲击电流的影响，当冲击电流不超过式（5.2）～式（5.6）规定值时，可以采用非同期重合闸方式，否则不允许采用非同期重合闸方式。

（3）检同期的自动重合闸。当必须满足同期条件才能合闸时，需要使用检同期重合

闸。因为实现检同期比较复杂，根据发电厂送出线路或输电断面上的输电线路电流间相互联系，有时采用简单的检测系统是否同步的方法。检同步重合有以下几种方法：

1）系统的结构保证线路两侧不会失步。电力系统之间，在电气上有紧密的联系时（例如具以上 3 个以上联系的线路），由于同时断开所有联系的可能性几乎不存在，因此，当任一条线路断开又进行重合闸时，都不会出现非同步重合的问题，可以直接使用不检同步重合闸。

2）在双回路上检查另一线路有电流的重合方式。在没有其他旁路联系的双回线路上（如图 5.2 所示），当不能采用非同步重合闸时，可采用检定另一回线路上是否有电流的重合闸。因为当另一回线路上有电流时，即表示两侧电源仍保持联系，一般是同步的，因此可以重合。采用这种重合闸方式的优点是电流检定比同步检定简单。

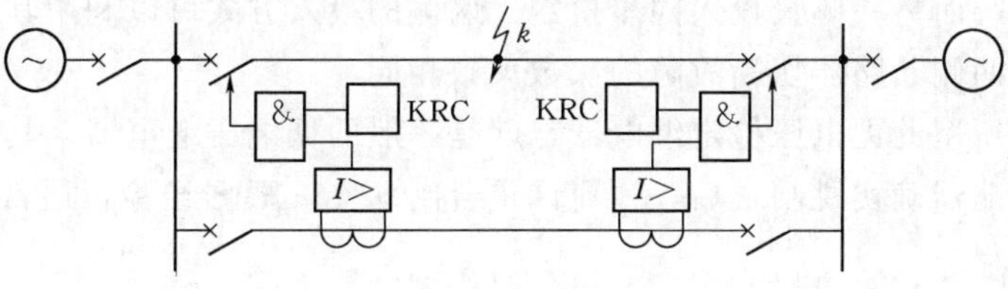

图 5.2　双回路线上采用检查另一回线路有电流的重合闸示意图

3）必须检定两侧电源确实同步之后，才能进行重合。为此可在线路的一侧采用检查线路无电压先重合，因另一侧断路器是断开的，不会造成非同期合闸；待一侧重合成功后又在另一侧采用检定同步的重合闸，如图 5.3 所示。

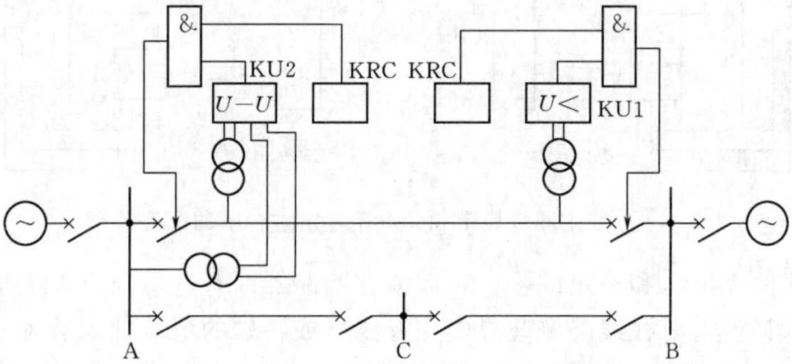

图 5.3　具有同步和无电压检定的重合闸接线示意图

KU2—同步检定继电器；KU1—无电压检定继电器；KRC—自动重合闸继电器

3. 具有同步检定和无电压检定的重合闸

具有同步检定和无电压检定的重合闸的接线示意图如图 5.3 所示，除在线路两侧均装设重合闸装置以外，在线路的一侧还装设有检定线路无电压的继电器 KU1，当线路无电压时允许重合闸重合；而在另一侧则装设检定同步的继电器 KU2，检测母线电压与线路电压间满足同期条件时允许重合闸重合。这样当线路有电压或是不同步时，重合闸就不能重合。

当线路发生故障，两侧断路器跳闸以后，检定线路无电压一侧的重合闸首先动作，使断路器投入。如果重合不成功，则断路器再次跳闸。此时，由于线路另一侧没有电压，同步检定继电器不动作，因此，该侧重合闸根本不启动。如果重合成功，则另一侧在检定同步之后，再投入断路器，线路即恢复正常工作。

在使用检查线路无电压方式重合闸的一侧，当该侧断路器在正常运行情况下由于某种原因（如误碰跳闸机构，保护误动作等）而跳闸时，由于对侧并未动作，线路上有电压，因而就不能实现重合，这是一个很大的缺陷。为了解决这个问题，通常都是在检定无电压的一侧也同时投入同步检定继电器，两者经“或门”并联工作。此时如遇有上述情况，则同步检定继电器就能够起作用，当符合同步条件时，即可将误跳闸的断路器重新投入。但是，在使用同步检定的另一侧，其无电压检定是绝对不允许同时投入。

实际上，这种重合闸方式的配置原则如图 5.4 所示，一侧投入无电压检定和同步检定（两者并联工作），而另一侧只投入同步检定。两侧的投入方式可以利用其中的切换片定期轮换。这样可使两侧断路器切断故障的次数大致相同。

在重合闸中所用的无电压检定继电器，就是一般的低电压继电器，其整定值的选择应保证只当对侧断路器确实跳闸之后，才允许重合闸动作，根据经验，通常都是整定为 0.5 倍额定电压。

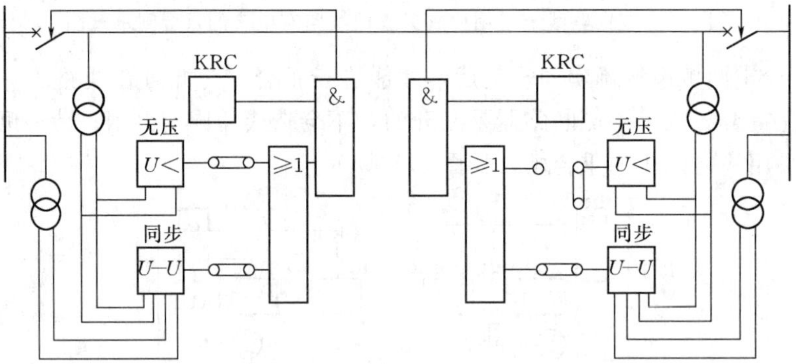

图 5.4　采用同步检定和无电压检定重合闸的配置关系

为了检定线路无电压和检定同步，就需要在断路器断开的情况下，测量线路侧电压的大小和相位。这样就需要在线路侧装设电压互感器或特殊的电压抽取装置。在高压输电线路上，为了装设重合闸而增设电压互感器是十分不经济的，因此一般都是利用结合电容器或断路器的电容式套管等来抽取电压。

5.4　自动重合闸时限的整定原则及自动重合闸与继电保护的配合

5.4.1　自动重合闸时限的整定原则

现在电力系统广泛使用的自动重合闸都不区分故障是瞬时性的还是永久性的。对于瞬时性故障，必须等待故障点的故障消除、绝缘强度恢复后才可能重合成功，而这个时间与湿度、风速等气候条件有关。对于永久性故障，除考虑上述时间外，还要考虑重合到永久故障后，断路器内部的油压、气压的恢复以及绝缘介质绝缘强度的恢复等，保证断路器能够再次切断短路电流。按以上原则确定的最小时间，称为最小重合闸时间，实际使用的重合闸时间必须大于这个时间，根据重合闸在系统中所起的主要作用，计算确定。

1. 单侧电源线路的三相重合闸

单侧电源线路的重合闸的主要作用是尽可能缩短电源中断的时间，重合闸的动作时限原则上应越短越好，应按照最小重合闸时间整定。因为电源中断后，电动机的转速急剧下降，电动机被其负荷转矩所制动，当重合闸成功恢复供电以后，很多电动机要自启动，断电时间越长电动机转速降得越低，自启动电流越大，往往又会引起电网内电压的降低，因而造成自启动的困难或拖延其恢复正常工作的时间。

重合闸的最小时间按下述原则确定：

(1) 在断路器跳闸后，负荷电动机向故障点反馈电流的时间；故障点的电弧熄灭并使周围介质恢复绝缘强度需要的时间。

(2) 在断路器动作跳闸息弧后，其触头周围绝缘强度的恢复以及消弧室重新充满油、气需要的时间；同时其操动机构恢复原状准备好再次动作需要的时间。

(3) 如果重合闸是利用继电保护跳闸出口启动，其动作时限还应加上断路器的跳闸时间。

根据我国一些电力系统的运行经验，重合闸的最小时间一般为0.3～0.4s。

2. 双侧电源线路三相重合闸的最小时间

其最小合闸时间除满足以上原则外，还应考虑线路两侧继电保护以不同时限切除故障的可能性。

从最不利的情况出发，每一侧的重合闸都应该以本侧先跳闸而对侧后跳闸来作为考虑整定时间的依据。如图5.5所示，设本侧保护（保护1）的动作时间为t_{pr1}、断路器动作时间为t_{QF1}，对侧保护（保护2）的动作时间为t_{pr2}、断路器动作时间为t_{QF2}，则在本侧跳闸以后，对侧还需要经过（$t_{pr2}+t_{QF2}-t_{pr1}-t_{QF1}$）的时间才能跳闸。再考虑故障点灭弧和周围介质去游离的时间t_u，则先跳闸一侧重合闸装置ARD的动作时限应整定为

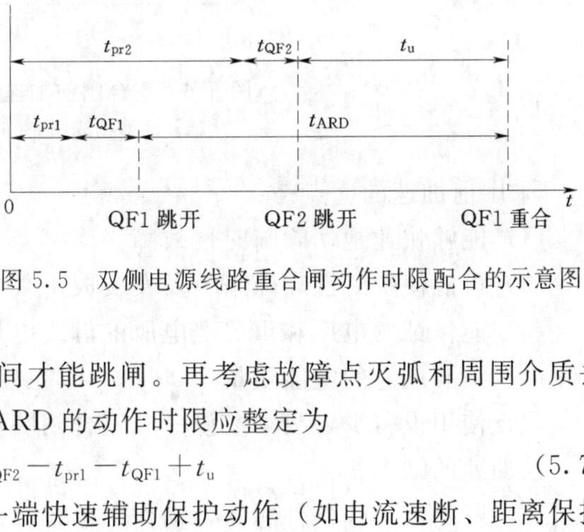

图5.5 双侧电源线路重合闸动作时限配合的示意图

$$t_{ARD}=t_{pr2}+t_{QF2}-t_{pr1}-t_{QF1}+t_u \tag{5.7}$$

当线路上装设纵联保护时，一般考虑一端快速辅助保护动作（如电流速断、距离保护Ⅰ段）时间（约30ms），另一端由纵联保护跳闸（可能慢至100～120s）。当线路采用阶段式保护做主保护时，t_{pr1}应采用本侧Ⅰ段保护的动作时间，而t_{pr2}一般采用对侧Ⅱ段（或Ⅲ段）保护的动作时间。

5.4.2 自动重合闸与继电保护的配合

为了能尽量利用重合闸所提供的条件以加速切除故障，继电保护与之配合时，一般采用重合闸前加速保护和重合闸后加速保护两种方式，根据不同的线路及其保护配置方式选用。

1. 重合闸前加速保护

重合闸前加速保护一般又简称为“前加速”。图5.6所示的网络接线中，假定在每条线路上均装设过电流保护，其动作时间按阶梯形原则来配合。因而，在靠近电源保护3处的时限就很长。为了加速故障的切除，可在保护3处采用前加速的方式，即当任何一条线路上发生瞬时无选择性动作予以切除，重合闸以后保护第二次动作切除故障是有选择性的。例如故障是在线路AB以外（如$k1$点故障），则保护3的第一次动作是无选择的，但断路器QF3跳闸后，如果此时的故障是瞬时性的，则在重合闸以后就恢复了供电；如果故障是永久性的，则在保护3第二次就按有选择性的时限t_3动作。为了使无选择性的动作范围不扩展得太长，一般规定当变压器低压侧短路时，保护3不应动作。因此，其启动电流还应该按照躲开相邻变压器低压侧的短路（如$k2$点短路）来整定。

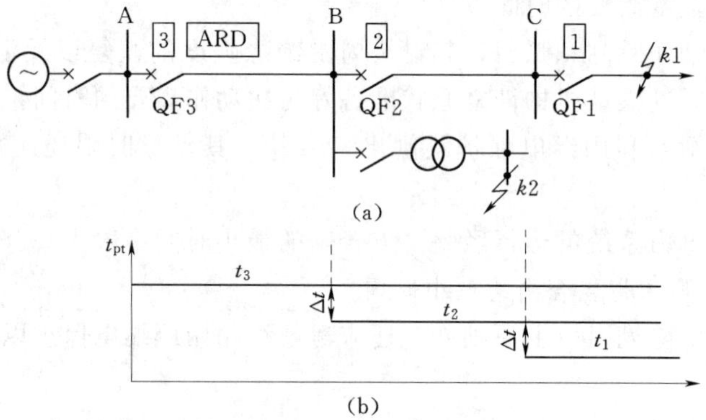

图5.6 重合闸前加速保护的网络接线图

（a）网络接线图；（b）时间配合关系

采用前加速的优点是：

（1）能够快速地切除瞬时性故障。

（2）可能使瞬时性故障来不及发展成永久性故障，从而提高重合闸的成功率。

（3）能保证发电厂和重要变电所的母线电压在0.6～0.7倍额定电压以上，从而保证厂用电和重要用户的电能质量。

（4）使用设备少，只需装设一套重合闸装置，简单，经济。

前加速的缺点是：

（1）断路器工作条件恶劣，动作次数较多。

（2）重合于永久性故障上时，故障切除的时间可能较长。

（3）如果重合闸装置或断路器QF3拒绝合闸，则将扩大停电范围。甚至在最末一级线路上故障时，都会使连接在这条线路上的所有用户停电。

前加速保护主要用于35kV以下由发电厂或重要变电所所引出的直配线路上，以便快速切除故障，保证母线电压。

2. 重合闸后加速保护

重合闸后加速保护一般又称为“后加速”。所谓后加速就是当线路第一次故障时，保护有选择性动作，然后进行合闸。如果重合于永久性故障，则在断路器重合闸后，再加速保护动作瞬时切除故障，而与第一次动作是否带有时限无关。

“后加速”的配合方式广泛应用于35kV以上的网络及对重要负荷供电的输电线路上。因为，在这些线路上一般都装有性能比较完备的保护装置。例如，三段式电流保护、距离保护等，因此，第一次有选择性地切除故障的时间（瞬时动作时间或具有0.5s延时）均为系统运行所允许，而在重合闸以后加速保护的动作（一般是加速保护第Ⅱ段的动作，有时也可以加速保护第Ⅲ段的动作），就可以更快切除永久性故障。

后加速的优点是：

（1）第一次是有选择地切除故障，不会扩大停电范围，特别是在重要的高压电网中，一般不允许保护无选择性地动作而后以重合闸来纠正（即前速）。

（2）保证了永久性故障能瞬时切除，并仍然是有选择性的。

（3）和前加速相比，使用中不受网络结构和负荷条件的限制，一般来说是有利而无害的。

后加速的缺点是：

（1）每台断路器上都需要安装一套重合闸，与前加速相比略为复杂。

（2）第一次切除故障可能带有延时。

5.5　高压输电线路的单相自动重合闸

前面所讨论的自动重合闸，都是三相式的，即不论送电线路上发生单相接地短路还是相间短路，继电保护动作后均使断路器三相断开，然后重合闸再将三相投入。

但是，运行经验表明，在220～500kV的架空线路上，由于线间距离大，其绝大部短路故障都是单相接地短路，2001年全国高压输电线路单相接地短路占所有短路故障的比例：220kV为92.05%，330kV为98%，500kV为98.87%。在这种情况下，如果只把发生故障的一相断开，而未发生故障的两相仍然继续运行，然后再进行单相重合，就能够大大提高供电的可靠性和系统并列运行的稳定性。如果线路发生的瞬时性故障，则单相重合成功，即恢复三相的正常运行。如果是永久性故障，则再次切除故障并不再进行重合，目前一般采用重合不成功时就跳开三相的方式。这种单相短路跳开故障单相，经一定时间重合单相、若不成功再跳开三相的重合方式称为单相自动重合闸。

5.5.1　单相自动重合闸与保护的配合关系

通常继电保护装置只判断故障发生在保护区内、区外，决定是否跳闸，而决定跳三相还是跳单相、跳哪一相，是由重合闸内的故障判别元件和故障相元件来完成，最后由重合闸操作箱发出跳、合断路器的命令。图5.7所示为保护装置、选相元件与重合闸回路的配合框图。

保护装置和选相元件动作后，经“与”门进行单相跳闸，并同时启动重合闸合闸回路。对于单相接地故障，就进行单相跳闸和单相合闸，对于相间短路则在保护和选相元件相配合进行判断之跳开三相，然后进行三相重合闸或不进行重合闸。

在单相合闸过程中，由于出现纵向不对称，因此将产生负序分量和零序分量，这就可能引起本线路保护以及系统中其他保护的误动作。对于可能误动作的保护，应整定保护的

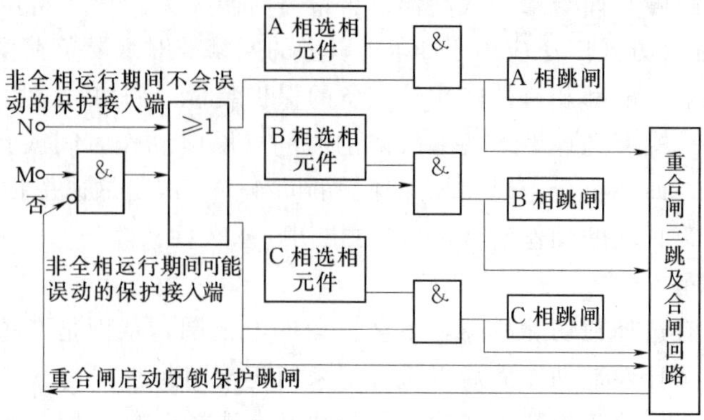

图 5.7 保护装置、选相元件与重合闸回路的配合框图

动作时限大于单相非全相运行的时间以躲开之，或在单相重合闸动作时将该保护予以闭锁。为了实现对误动保护的闭锁，在单相重合闸与继电器保护相连接的输入端子都设有两个端子：一个端子接入在非全相运行中仍然能继续工作的保护，习惯上称为 N 端子；另一端子则接入非全相运行中可能误动作的保护，称为 M 端子。在重合闸启动以后，利用“否”回路即可将接入 M 端的保护跳闸回路闭锁，当断路器被重合而恢复全相运行时，这些保护也立即恢复工作。

5.5.2 单相自动重合闸的特点

1. 故障相选择元件

为实现单相重合闸，首先就必须有故障相的选择元件（简称选相元件）。对选相元件的基本要求有：

（1）应保证选择性，即选相元件与继电保护相配合只跳开发生故障的一相，而接于另外两相上的选相元件不应动作。

（2）在故障相末端发生单相接地短路时，接于该相上的选相元件应该保证足够的灵敏性。根据网络接线和运行的特点，满足以上要求的选相元件有如下几种。

1）电流选相元件：在每相上装设一个过电流继电器，其启动电流按照最大负荷电流的原则进行整定，以保证动作的选择性。这种选相元件适于装设在电源端，且短路电流比较大的情况下，它是根据故障相短路电流增大的原理而动作的。

2）低电压选相元件：用三个低电压继电器分别接于三相的相电压上，低电压继电器是根据故障相电压降低的原理而工作。它的启动电压应小于正常运行时以及非全相运行时可能出现的最低电压，这种选相元件一般适于安装在小电源侧或单侧电源线路的受电侧，因为在这一侧如用电流选相元件，则往往不能满足选择性和灵敏性的要求。

3）阻抗选相元件、相电流差突变量选相元件等，常用于高压输电线路上，有较高的灵敏度和选相能力。

2. 动作时限的选择

采用单相重合闸时，其动作时限的选择除应满足三相重合闸时所提出的要求（即大于故障点灭弧时间及周围介质去游离的时间，大于断路器及其操作机构复归原状准备好再次动作的时间）外，还应考虑下列问题。

(1) 不论是单侧电源还是双侧电源，均应考虑两侧选相元件与继电保护以不同时限切除故障的可能性。

(2) 潜供电流对灭弧产生的影响。这是指当故障相线路自两侧切除后（如图 5.8 所示）由于故障相与断开相之间存在有静电（通过电容）和电磁（通过互感）的联系，因此，虽然短路电流已被切断，但在故障点的弧光通道中，仍然流有如下电流：

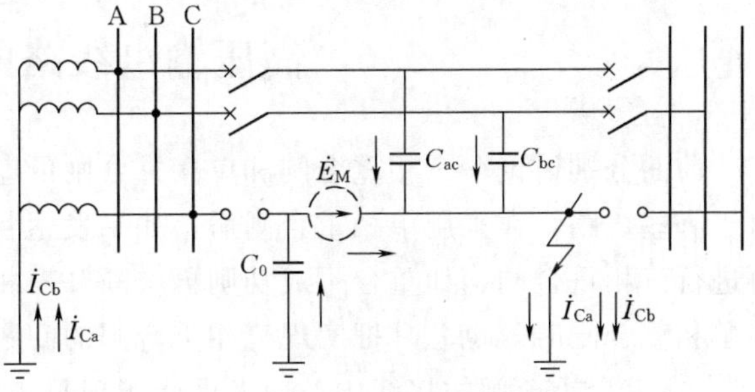

图 5.8 C 相单相接地时，潜供电流的示意图

1) 非故障相 A 通过 A、C 相间的电容供给 C_{ac} 的电流。

2) 非故障相 B 通过 B、C 相间的电容供给 C_{bc} 的电流。

3) 继续运行的两相中，由于流过负荷电流 $\dot{I}_{La}$ 和 $\dot{I}_{Lb}$ 而在 C 相中产生互感电动势 $\dot{E}_M$，此电动势通过故障点和该相对地电容 C_0 而产生的电流。

这些电流的总和就称为潜供电流。由于潜供电流的影响，将使短路时弧光通道的去游离受到严重阻碍，而自动重合闸只有在故障点电弧熄灭并绝缘恢复以后才有可能成功，因此，单相重合闸的时间还必须考虑潜供电流的影响。一般线路的电压越高，线路越长，则潜供电流越大。潜供电流的持续时间不仅与其大小有关，而且也与故障电流的大小、故障切除的时间、弧光的长度以及故障点的风速等因素有关。因此，为了正确地整定单相重合闸的时间，国内外许多电力系统都是由实测来确定灭弧时间。如我国电力系统中，在 220kV 的线路上，根据实测确定保证单相重合闸期间的熄弧时间应在 0.6s 以上。

3. 对单相重合闸的评价

采用单相重合闸的主要优点是：

(1) 能在绝大多数的故障情况下保证对用户的连续供电，从而提高供电的可靠性；当由单侧电源单回路向重要负荷供电时，对保证不间断供电具有显著的优越性。

(2) 在双侧电源的联络线上采用单相重合闸，可以在故障时大大加强两个系统之间的联系，从而提高系统并列运行的动态稳定性。对于联系比较薄弱的系统，当三相切除并继之以三相重合闸很难再恢复同步时，采用单相重合闸就能避免两系统解列。

采用单相重合闸的缺点：

(1) 需要有按相操作的断路器。

(2) 需要专门的选相元件与继电器保护相配合，再考虑一些特殊的要求后，使重合闸回路的接线比较复杂。

(3) 在单相重合闸过程中，由于非全相运行能引起本线路和电网中其他线路的保护误动作，因此，就需要根据实际情况采取措施以防止。这将使保护的接线、整定计算和调试工作复杂化。

由于单相重合闸具有以上特点，并在实践中证明了它的优越性，因此，已在 220～500kV 的线路上获得了广泛应用。对于 110kV 的电网，一般不推荐这种重合闸方式，只在由单侧电源向重要负荷供电的某些线路及根据系统运行需要装设单相重合闸的某些重要线路上，才考虑使用。

5.6 高压输电线路的综合重合闸

前面分别讨论了三相重合闸和单相重合闸的基本原理和实现中需要考虑的一些问题。对于有些线路，在采用单相重合闸后，如果发生各种相间故障时仍然需要切除三相，然后再进行三相重合闸，如重合不成功则再次断开三相而不再进行重合闸。因此，实际上在实现单相重合闸时，也总是把实现三相重合闸的问题结合在一起考虑，故称它为“综合重合闸”。在综合重合闸的接线中，应考虑能实现只进行单相重合闸，三相重合闸或综合重合闸以及停用重合闸的各种性能。

实现综合重合闸回路接线时，应考虑的基本原则。

（1）单相接地短路时跳开单相，然后进行单相重合；如重合不成功则跳开三相而不再进行重合。

（2）各种相间短路时跳开三相，然后进行三相重合；如重合不成功，仍跳开三相，而不进行重合。

（3）当选相元件拒绝动作时，应能跳开三相并进行三相重合。

（4）对于非全相运行中可能误动作的保护，应进行可靠的闭锁；对于在单相接地时可能误动作的相间保护（如距离保护），应有防止单相接地误跳三相的措施。

（5）当一相跳开后重合闸拒绝动作时，为防止线路长期出现非全相运行，应将其他两相自动断开。

（6）任意两相的分相跳闸继电器动作后，应联跳第三相，使三相断路器均跳闸。

（7）无论单相或三相重合闸，在重合不成功之后，均应考虑加速切除三相，实现重合闸后加速。

（8）在非全相运行过程中，如又发生另一相或两相的故障，保护应能有选择性地予以切除。上述故障如发生在单相重合闸的脉冲发出以前，则在故障切除后能进行三相重合；如果发生在重合闸脉冲发出以后，则切除三相不再进行重合。

（9）对空气断路器或液压传动的油断路器，当气压或液压低至不允许实现重合闸时，应将重合闸回路自动闭锁；但如果在重合闸过程中下降到低于运行值时，则应保证重合闸动作的完成。

习题及思考题

5.1 在超高压电网中，目前使用的重合闸有何优、缺点？

5.2 在电力系统中采用重合闸的技术经济效果体现在哪些方面？

5.3 在超高压电网中使用三相重合闸为什么要考虑两侧电源的同步问题，使用单相重合闸是否需要考虑同步问题？

5.4 在什么条件下重合闸可以不考虑两侧电源的同步问题？

5.5 如果必须考虑同期合闸，重合闸是否必须装检同步元件？

5.6 三相重合闸的最小重合时间主要由哪些因素决定？单相重合闸的最小重合时间主要由哪些因素决定？

5.7 使用单相重合闸有哪些优点？它对继电保护的正确工作带来了哪些不利影响？我国为什么还要采用这种重合闸方式？

5.8 对选相元件的基本要求是什么？常用的选相原理有哪些？

5.9 什么是重合闸前加速保护？有何优缺点？主要适用于什么场合？

5.10 什么是重合闸后加速保护？有何优缺点？主要适用于什么场合？

5.11 什么是潜供电流？潜供电流对单相重合闸有什么影响？

5.12 实现综合重合闸回路接线时，应考虑哪些原则？

第6章　电力变压器保护

6.1　电力变压器的故障、不正常工作状态及其保护方式

在电力系统中广泛采用变压器来升高或降低电压。变压器是电力系统不可缺少的重要电气设备。它的故障将对供电可靠性和系统安全运行带来严重的影响，同时大容量的电力变压器也是十分贵重的设备。因此应根据变压器容量等级和重要程度装设性能良好、动作可靠的继电保护装置。

变压器的故障可以分油箱外和油箱内两种故障。油箱外的故障，主要是套管和引出线上发生相间短路以及接地短路。油箱内的故障包括绕组的相间短路、接地短路、匝间短路以及铁芯的烧损等。油箱内故障时产生的电弧，不仅会损坏绕组的绝缘、烧毁铁芯，而且由于绝缘材料和变压器油因受热分解而产生了大量的气体，有可能引起变压器油箱的爆炸。对于变压器发生的各种故障，保护装置应能尽快地将故障切除。实践表明，变压器套管和引出线上的相间短路、接地短路、绕组的匝间短路是比较常见的故障形式，而变压器油箱内发生相间短路的情况比较少。

变压器不正常运行状况主要有：变压器外部短路引起的过电流、负荷长时间超过额定容量引起的过负荷、风扇故障或漏油等原因引起冷却能力的下降等。这些不正常运行状态会使绕组和铁芯过热。此外，对于中性点不接地运行的星形接线变压器，外部接地短路时有可能造成变压器中性点过电压，威胁变压器的绝缘；大容量变压器在过电压或低频率等异常运行工况下会使变压器过励磁引起铁芯和其他金属构件的过热。变压器处于不正常运行状态时，继电保护应根据其严重程度，发出告警信号，使运行人员及时发现并采取相应的措施，以确保变压器的安全。

变压器油箱内故障时，除了变压器各侧电流、电压变化以外，油箱内的油、气、温度等非电量也会发生变化。因此，变压器保护分电量保护和非电量保护两种。非电量保护装设在变压器内部。线路保护中采用的许多保护如过电流保护、纵差保护等在变压器的电量保护中都有应用，但在配置上有区别。

根据上述故障类型和不正常运行状态，对变压器应装设下列保护。

1. 瓦斯保护

对变压器油箱内的各种故障以及油面的降低，应装设瓦斯保护，它反应于油箱内部所产生的气体或油流而动作。其中轻瓦斯保护动作于信号，重瓦斯保护动作于跳开变压器各电源侧的断路器。

应装设瓦斯保护的变压器容量界限是：800kVA 及以上的油浸式变压器和 400kVA 及以上的车间内油浸式变压器。同样对带负荷调压的油浸式变压器的调压装置，也应装设瓦

斯保护。

2. 纵差动保护或电流速断保护

对变压器绕组、套管及引出线上的故障，应根据容量的不同，装设纵差动保护或电流速断保护。

纵差动保护适用于：并列运行的变压器，容量为6300kVA以上时；单独运行的变压器，容量为10000kVA以上时；发电厂厂用工作变压器和工业企业中的重要变压器，容量为6300kVA以上时。

电流速断保护用于10000kVA以下的变压器，且其过电流保护的时限大于0.5s时。

对2000kVA以上的变压器，当电流速断保护的灵敏性不能满足要求时，也应装设纵差动保护。

对高压侧电压为330kV及以上的变压器，可装设双重差动保护。

上述各保护动作后，均应跳开变压器各电源侧的断路器。

3. 外部相间短路保护后备保护

对于外部相间短路引起的变压器过电流，应采用下列保护作为后备保护。

(1) 过电流保护，一般用于降压变压器。

(2) 复合电压启动的过电流保护，一般用于升压变压器、系统联络变压器及过电流保护灵敏度不满足要求的降压变压器上。

(3) 负序电流及单相式低电压启动的过电流保护，一般用于容量为63MVA及以上的升压变压器。

(4) 阻抗保护，对于升压变压器和系统联络变压器，当采用第(2)、(3)的保护不能满足灵敏性和选择性要求时，可采用阻抗保护。对500kV系统联络变压器高、中压侧均应装设阻抗保护。保护可带两段时限，以较短的时限用于缩小故障影响范围；较长的时限用于断开变压器各侧断路器。

4. 外部接地短路后备保护

对中性点直接接地电力网内，由外部接地短路引起过电流时，如变压器中性点接地运行，应装设零序电流保护。零序电流保护可由两段组成，每段可各带两个时限，并均以较短的时限动作于缩小故障影响范围，或动作于本侧断路器，以较长的时限动作于断开变压器各侧断路器。

对自耦变压器和高、中压侧中性点都直接接地的三绕组变压器，当有选择性要求时，应增设零序方向元件。

当电力网中部分变压器中性点接地运行，为防止发生接地短路时，中性点接地的变压器跳开后，中性点不接地的变压器（低压侧有电源）仍带接地故障继续运行，应根据具体情况，装设专用的保护装置，如零序过电压保护，中性点装放电间隙加零序电流保护等。

5. 过负荷保护

变压器长期过负荷运行时，绕组会因发热而受到损伤。对400kVA以上的变压器，当数台并列运行，或单独运行并作为其他负荷的备用电源时，应根据可能过负荷的情况，装设过负荷保护。过负荷保护接于一相电流上，并延时作用于信号。对于无经常值班人员的变电站，必要时过负荷保护可动作于自动减负荷或跳闸。对自耦变压器和多绕组变压器，过负荷保护应能反应公共绕组及各侧过负荷的情况。

6. 过励磁保护

对频率减低和电压升高而引起变压器过励磁，励磁电流急剧增加，铁芯及附近的金属构件损耗增加，引起高温。长时间或多次反复过励磁，将因过热而使绝缘老化。高压侧电压为 500kV 及以上的变压器，应装设过励磁保护，在变压器允许的过励磁范围内，保护作用于信号，当过励磁超过允许值时，可作用于跳闸。过励磁保护反应于铁芯的实际工作磁密和额定工作磁密之比（称为过励磁倍数）而动作。实际工作磁密通常通过检测变压器电压幅值与频率的比值来计算。

7. 其他非电量保护

对变压器温度及油箱内压力升高和冷却系统故障，应按现行的变压器的标准要求，专设可作用于信号或动作于跳闸的非电量保护。

为了满足电力系统稳定方面的要求，当变压器发生故障时，要求保护装置快速切除故障。通常变压器瓦斯保护和纵差动保护（对小容量变压器则为电流速断保护）已构成了双重化快速保护，但对变压器外部引出线上的故障只有一套快速保护。当变压器故障而纵差动保护拒动时，将由带延时的后备保护切除。为了保证在任何情况下都能快速切除故障，对于大型变压器，应装设双重纵差动保护。

6.2　变压器的瓦斯保护

电力变压器通常是利用变压器油作为绝缘和冷却介质。当变压器油箱内故障时，在故障电流和故障点电弧的作用下，变压器油和其他绝缘材料会因受热而分解，产生大量气体。气体排出的多少及排出速度，与变压器故障的严重程度有关。利用这种气体来实现保护的装置，称为瓦斯保护。瓦斯保护能够保护变压器油箱内的各种轻微故障（例如绕组轻微的匝间短路、铁芯烧损等），但像变压器绝缘子闪络等油箱外面的故障，瓦斯保护不能反应。《电力装置的继电保护和自动装置设计规范》（GB 50062—1992）规定对于容量在 800kVA 及以上的油浸式变压器和 400kVA 及以上的车间内油浸式变压器，应装设瓦斯保护。

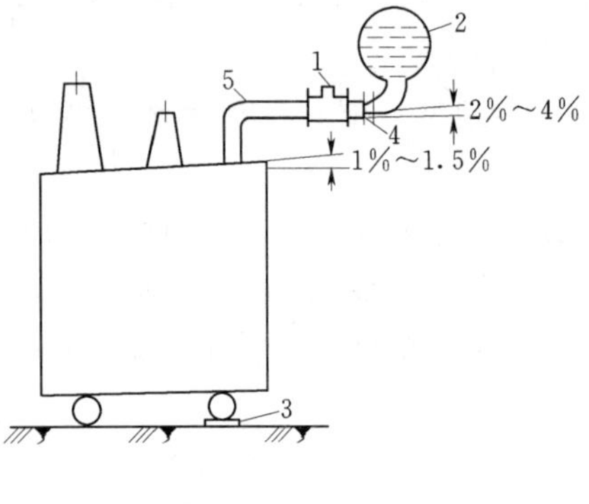

图 6.1　气体继电器安装位置

1—气体继电器；2—油枕；3—钢垫块；4—阀门；5—导油管

瓦斯保护的主要元件是气体继电器，它安装在油箱和油枕之间的连接管上，如图 6.1 所示。气体继电器有两个输出触点：一个反映变压器内部的不正常情况或轻微故障，通常称为“轻瓦斯”；另一个反映变压器的严重故障，称为“重瓦斯”。轻瓦斯动作于信号，使运行人员能够迅速发现故障并及时处理；重瓦斯动作于跳开变压器各侧断路器。气体继电器的具体结构在这里不作介绍，大致的工作原理如下：

变压器发生轻微故障时，油箱内产生气体较少且速度慢，由于油枕在油箱的上方，气体沿管道上升，使气体继电器内的油面下降，当下降到动作门槛时，轻瓦斯动作，发出警告信号。当发生严重故障时，故障点周围的温度剧增而迅速产生大量的气体，变压器内部压力升高，迫使变压器油从油箱经过管道向油枕方向冲去，气体继电器感受到的油速达到动作时，重瓦斯动作，瞬时作用于跳闸回路，切除变压器，以防事故扩大。

瓦斯保护的主要优点是动作迅速、灵敏度高、安装接线简单、能反应油箱内部发生的各种故障。其缺点则是不能反映油箱以外的套管及引出线等部位上发生的故障。因此瓦斯保护可作为变压器的主保护之一，与纵差动保护相互配合、相互补充，实现快速而灵敏地切除变压器油箱内外及引出线上发生的各种故障。

6.3 变压器纵差动保护

6.3.1 变压器纵差动保护的基本原理和接线方式

前面已经介绍了线路电流纵差动保护的原理。电流纵差动保护不但能够正确区分区内外故障，而且不需要与其他元件的保护配合，可以无延时地切除区内各种故障，具有独特的优点，因而被广泛地用作变压器的主保护。图6.2所示为双绕组单相变压器纵差动保护的原理接线图。$\dot{I}_1$、$\dot{I}_2$ 分别为变压器一次侧和二次侧的电流，参考方向为母线指向变压器；$\dot{I}_1'$、$\dot{I}_2'$为相应的电流互感器二次电流。流入差动继电器KD的差动电流为

$$\dot{I}_r=\dot{I}_1'+\dot{I}_2' \tag{6.1}$$

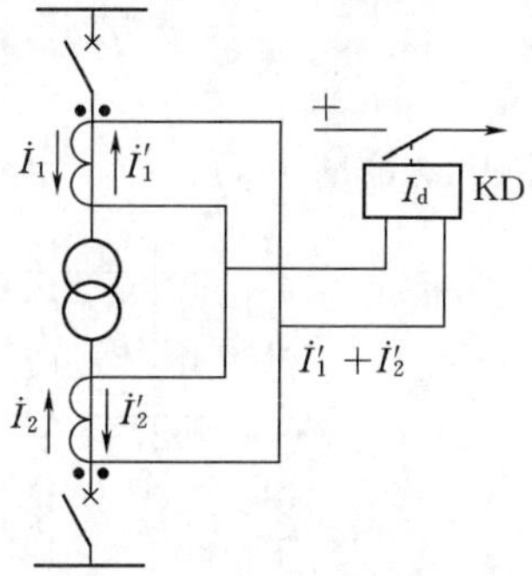

图6.2 双绕组单相变压器纵差动保护的原理接线图

纵差动保护的动作判据为

$$I_r \geqslant I_{set} \tag{6.2}$$

式中 I_{set}——纵差动保护的动作电流；

I_r——差动电流的有效值，$I_r=|\dot{I}_1'+\dot{I}_2'|$。

设变压器的变比为 $n_T=U_1/U_2$，式（6.1）可进一步表示为

$$\dot{I}_r=\frac{\dot{I}_2}{n_{TA2}}+\frac{\dot{I}_1}{n_{TA1}}$$

变形为

$$\dot{I}_r=\frac{n_T\dot{I}_1+\dot{I}_2}{n_{TA2}}+\left(1-\frac{n_{TA1}+n_T}{n_{TA2}}\right)\frac{\dot{I}_1}{n_{TA1}} \tag{6.3}$$

式中 n_{TA1}、n_{TA2}——两侧电流互感器的变比。

若选择电流互感器的变比，使之满足

$$\frac{n_{TA2}}{n_{TA1}}=n_T \tag{6.4}$$

这样式（6.3）变为

$$\dot{I}_r=\frac{n_T\dot{I}_1+\dot{I}_2}{n_{TA2}} \tag{6.5}$$

忽略变压器的损耗，正常运行和区外故障时一次电流的关系为$\dot{I}_2+n_T\dot{I}_1=0$。根据式（6.5），正常运行和变压器外部故障时，差动电流为零，保护不会动作；变压器内部（包

括变压器与电流互感器之间的引线）任何一点故障时，相当于变压器内部多了一个故障支路，流入差动继电器的差动电流等于故障点电流（变换到电流互感器二次侧），只要故障电流大于差动继电器的动作电流，差动保护就能迅速动作。因此，式（6.4）成为变压器纵差动保护中电流互感器变比选择的依据。

实际电力系统都是三相变压器（或三相变压器组），并且通常采用 Yd11 接线方式，如图 6.3（a）所示（本章的图中总是假定一次侧电流从同名端流入，二次侧电流从同名端流出）。这样的接线方式造成了变压器一、二次侧电流的不对应，以 A 相为例，正常运行时，由于$\dot{I}_{dA}=\dot{I}_{da}+\dot{I}_{db}$，$\dot{I}_{dA}$超前$\dot{I}_{da}$30°，如图 6.3（b）所示。若仍用上述针对单相变压器的差动继电器的接线方式，将一、二次侧电流直接引入差动保护，则会在继电器中产生很大的差动电流。可以通过改变纵差保护的接线方式消除这个电流，就是将引入差动继电器的星形侧的电流也采用两相电流差，即

$$\left.\begin{aligned}\dot{I}_{A\cdot r}&=(\dot{I}'_{YA}-\dot{I}'_{YB})+\dot{I}'_{dA}\\\dot{I}_{B\cdot r}&=(\dot{I}'_{YB}-\dot{I}'_{YC})+\dot{I}'_{dB}\\\dot{I}_{C\cdot r}&=(\dot{I}'_{YC}-\dot{I}'_{YA})+\dot{I}'_{dC}\end{aligned}\right\}\tag{6.6}$$

式中　$\dot{I}_{A\cdot r}$、$\dot{I}_{B\cdot r}$、$\dot{I}_{C\cdot r}$——流入三个差动继电器的差动电流。

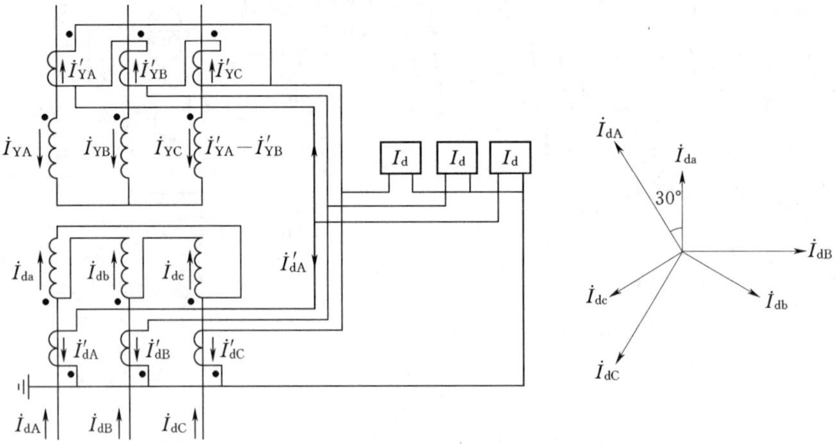

图 6.3　双绕组三相变压器纵差动保护原理接线图

（a）接线图；（b）对称工况下的相量关系

这样就可以消除两侧电流不对应。由于星形侧采用了两相电流差，该侧流入差动继电器的电流增加了$\sqrt{3}$倍。为了保证正常运行及外部故障情况下差动回路没有电流，就该电流互感器的变比也要相应地增大$\sqrt{3}$倍，即两侧电流互感器变比的选择应该满足

$$\frac{n_{TA2}}{n_{TA1}}=\frac{n_T}{\sqrt{3}}\tag{6.7}$$

为了满足式（6.6），变压器两侧电流互感器采取不同的接线方式，如图 6.3（a）所示。三角形侧采用 Yd12 的接线方式，将各相电流直接接入差动保护继电器内；星形侧采

用 Yd11 的接线方式，将两相电流差接入差动继电器内。模拟式的差动保护都是采用图 6.3 (a)所示的接线方式；对于数字式差动保护，一般将星形侧的三相电流直接接入保护装置内，由计算机的软件实现式（6.6）的功能，以简化接线。

电力系统中常常采用三绕组变压器，三绕组变压器纵差动保护原理与双绕组变压器是一样的。图 6.4 所示的是 Yyd11 接线方式三绕组变压器纵差动保护单相示意图，接入纵差继电器的差电流为

$$\dot{I}_r=\dot{I}_1'+\dot{I}_2'+\dot{I}_3' \tag{6.8}$$

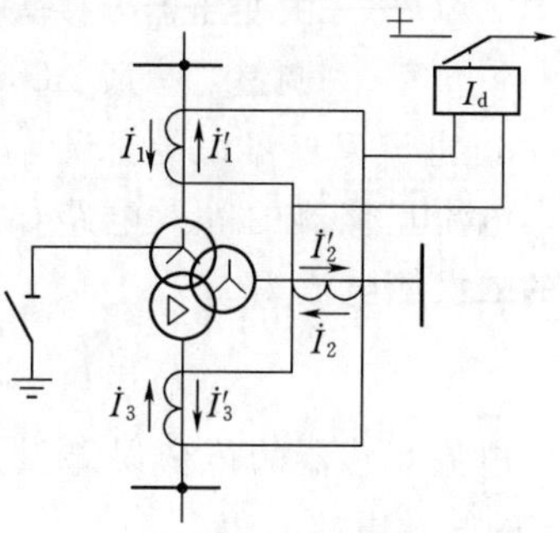

图 6.4 三绕组变压器纵差动保护接线单相示意图

三相变压器各侧电流互感器的接线方式和变比的选择也要参照 Yd11 双绕组变压器的方式进行调整，即三角形侧电流互感器用星形接线方式；两个星形侧电流互感器侧采用三角形接线方式。设变压器的 1-3 侧和 2-3 侧的变比为 n_{T13} 和 n_{T23}，考虑到正常运行和区外故障时变压器各侧电流满足 $n_{T13}\dot{I}_1+n_{T23}\dot{I}_2+\dot{I}_3=0$，电流互感器变比的选择应满足

$$\left.\begin{aligned}\frac{n_{TA3}}{n_{TA1}}=\frac{n_{T13}}{\sqrt{3}}\\ \frac{n_{TA3}}{n_{TA2}}=\frac{n_{T23}}{\sqrt{3}}\end{aligned}\right\} \tag{6.9}$$

6.3.2 变压器差动保护的不平衡电流及减小不平衡电流影响的方法

变压器的纵差动保护同样需要躲过流过差动回路的不平衡电流 I_{unb}。下面以双绕组单相变压器为例，对其不平衡电流产生的原因和消除方法分别加以讨论。

1. 计算变比与实际变比不一致产生的不平衡电流

变压器两侧的电流互感器都是根据产品目录选取的标准变比，其规格种类是有限的。变压器的变比也是有标准的，三者的关系很难完全满足式（6.4），令变比差系数为

$$\Delta f_{za}=|1-\frac{n_{TA1}n_T}{n_{TA2}}| \tag{6.10}$$

根据式（6.3）可得

$$I_{unb}=\frac{n_T\dot{I}_1+\dot{I}_2}{n_{TA2}}+\frac{\Delta f_{za}\dot{I}_1}{n_{TA1}} \tag{6.11}$$

如果将变压器两侧的电流都折算到电流互感器的二次侧，并忽略 Δf_{za} 不为零的影响，则区外故障时变压器两侧电流大小相等，即 $I=I_2=n_TI_1$，但方向相反，I 称为区外故障时变压器的穿越电流。设 $I_{k\cdot max}$ 为区外故障时最大的穿越电流，根据（6.11）知，由电流互感器和变压器变比不一致产生的最大不平衡电流 $I_{unb\cdot max}$ 为

$$I_{unb\cdot max}=\Delta f_{za}I_{k\cdot max} \tag{6.12}$$

2. 由变压器带负荷调节分接头产生的不平衡电流

电力系统中经常采用带负荷调压的变压器，利用改变变压器分接头的位置来保持系统的运行电压。改变分接头的位置，实际上就是改交变压器的变比 n_T。电流互感器的变比

选定后能根据运行方式进行调整，只能根据变压器分接头未调整时的变比进行选择。因此，由于改变分接头的位置产生的最大不平衡电流为

$$I_{unb \cdot max}=\Delta UI_{k \cdot max} \tag{6.13}$$

式中　ΔU——由变压器分接头改变引起的相对误差，考虑到电压可以正负两个方向进行调整，一般 ΔU 可取调整值的一半。

3. 电流互感器的传变误差产生的不平衡电流

电流互感器的等效电路如图 6.5 所示。电流互感器的二次侧电流为

$$\dot{I}_1'=\dot{I}_1-\dot{I}_{\mu1} \tag{6.14}$$

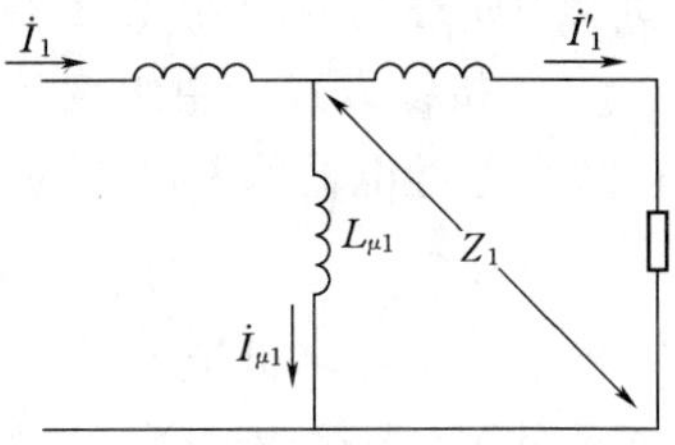

图 6.5　电流互感器等效电路
$L_{\mu1}$—励磁回路等效电感；Z_L—二次负载的等效阻抗；
$\dot{I}_{\mu1}$—励磁电流

电流互感器的传变误差就是励磁电流 $\dot{I}_{\mu1}$。根据图 6.5 的等效电路，得

$$\dot{I}_{\mu1}=\frac{Z_1}{j\omega L_{\mu1}+Z_1}\dot{I}_1=\frac{1}{\frac{j\omega L_{\mu1}}{Z_1}+1}\dot{I}_1 \tag{6.15}$$

Z_1 包括了电流互感器的漏抗和二次侧负载阻抗，一般电阻分量占优，在定性分析时可以当作纯电阻处理。

区外故障时变压器两侧的一次侧电流为 $\dot{I}_2=-\dot{I}_1$（折算到二次侧），故由电流互感器传变误差引起的不平衡电流为

$$I_{unb}=|\dot{I}_1'+\dot{I}_2'|=|\dot{I}_{\mu2}-\dot{I}_{\mu1}| \tag{6.16}$$

不平衡电流实际上就是两个电流互感器励磁电流之差。由式（6.15）知，励磁电流总是落后于一次电流，故 $\dot{I}_{\mu1}$ 与 $\dot{I}_{\mu2}$ 之间的相位差不会超过 90°，它们是相互抵消的。不失一般性，假设 $I_{\mu1}$ 比较大，不平衡电流将小于 $I_{\mu1}$。若两个电流互感器的型号相同，它们的参数差异性小，不平衡电流也比较小；反之，不平衡电流比较大。通常采用同型系数 K_{st} 来表示互感器型号对不平衡电流的影响，即

$$I_{unb}=K_{st}I_{\mu1} \tag{6.17}$$

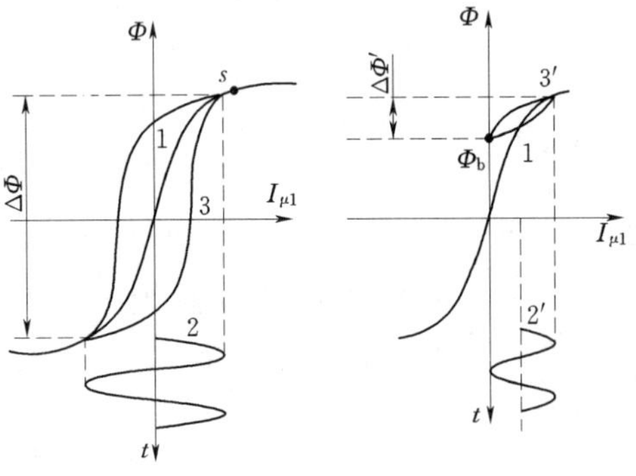

图 6.6　电流互感器铁芯的磁滞回线
（a）励磁电流中无直流偏移；
（b）励磁电流中有直流偏移

当两个电流互感器型号相同时，取 $K_{st}=0.5$；否则取 $K_{st}=1$。对于变压器的纵差动保护，两侧电流互感器的变比不一样，互感器的型号不同，故取 $K_{st}=1$。

励磁电流 $I_{\mu1}$ 的大小取决于电流互感器铁芯是否饱和以及饱和程度。$I_{\mu1}$ 与铁芯磁通 Φ 之间的关系由铁芯的磁滞回线确定如图 6.6 所示。图 6.6（a）的曲线 3 是励磁电流按照曲线 2 变化时的磁滞回线，曲线 1 是铁芯的基本磁化曲线（通常简称为磁化曲线）。由于曲线 2 的励磁电流是对称变化的，磁滞回线回绕着磁化曲线形成回环，近似分析时通常用磁化

曲线来替代磁滞回线。磁化曲线上的 s 点称为饱和点。由于线圈电压 u 与铁芯磁磁通 Φ 之间的关系为 $u=W\dfrac{d\Phi}{dt}$（W 是线圈的匝数，定性分析时可假设 $W=1$），故磁化曲线的斜率（严格讲是各点切线的斜率）就是励磁回路的电感 $L_{\mu1}$，铁芯未饱和时，$L_{\mu1}$ 很大且接近常数；铁芯饱和后磁化曲线变得很平坦，$L_{\mu1}$ 大为减小。

若励磁电流 $I_{\mu1}$ 中存在大量的非周期分量，饱和后的 $L_{\mu1}$，还会进一步减小，如图 6.6（b）所示。由于非周期分量引起 $I_{\mu1}$，偏于时间轴的一侧，磁通也偏离磁化曲线并按照曲线 3′的局部磁滞回环变化。显然，偏离时间轴后 $L_{\mu1}$，会减小。非周期分量的存在将会显著地减小 $L_{\mu1}$。

顺便指出，电流互感器一次侧电流消失后，励磁电流 $I_{\mu1}$ 也相应地变为零。由于磁滞回线的"磁滞"现象，铁芯中将长期存在残留磁通，称为剩磁。剩磁的大小和方向与一次电流消失时刻的励磁电流 $I_{\mu1}$ 有关。

根据式（6.15）可知，当 I_1 比较小时，电流互感器不饱和。此时由于 $L_{\mu1}$ 很大且基本不变，励磁电流 $I_{\mu1}$ 很小并随着 I_1 增大也按比例地增大。当励磁电流 $I_{\mu1}$ 增大到铁芯饱和，即磁化曲线 s 点以后，励磁电感 $L_{\mu1}$ 减小，励磁回路的分流增大。而励磁分流回路的分流增大又导致励磁电感进一步下降，其结果是励磁电流 $I_{\mu1}$ 迅速增大。铁芯越饱和则励磁电流也越大，并且随一次电流的增加呈非线性的增加。

从图 6.6（a）和式（6.15）中可以看到，铁芯是饱和以及饱和的程度，除了与电流互感器的磁化曲线和一次电流 I_1 有关外，还与二次侧负载有关。在一次电流大小一定的情况下，二次侧负载越大（即负载阻抗 Z_L 越大），励磁回路的分流越大，铁芯越容易饱和。磁化曲线是由电流互感器铁芯材料和截面积决定的，电流互感器生产厂家根据产品的磁化曲线会提供所谓的 10%误差曲线，即电流互感误差达到 10%时，一次电流与二次负载阻抗之间的关系曲线。为了保证纵差动保护的正确工作，通常是根据电流互感器的 10%误差曲线来选择电流互感器的型号。根据区外故障最大短路电流 $I_{k\cdot max}$，在 10%误差曲线中找出相应的二次侧负载阻抗的数值，如果实际的负载阻抗小于这个值，那么二次侧的误差就一定小于 10%，否则要选择容量更大的电流互感器。因此电流互感器可能的最大误差就是 10%，即

$$I_{\mu1\cdot max}=0.1I_{k\cdot max} \tag{6.18}$$

根据式（6.17），最大不平衡电流为

$$I_{unb\cdot max}=0.1K_{st}I_{k\cdot max} \tag{6.19}$$

在进行不平衡电流计算时，通常在式（6.19）中引入一个非周期分量系数 K_{np}，来反映非周期分量的影响，即

$$I_{unb\cdot max}=0.1K_{np}K_{st}I_{k\cdot max} \tag{6.20}$$

一般 $K_{np}=1.5\sim2$。

需要注意，电流互感器的 10%误差曲线是一次电流为额定频率的正弦波情况下得到的，故式（6.19）的 $I_{unb\cdot max}$ 只是不稳定电流。在变压器外部故障时，一次电流中除了稳态分量外，还有非周期分量等暂态分量。导致不平衡电流的瞬时值较稳态量大，非周期分量系数 K_{np} 就是考虑这个因素而引进的。式（6.15）知，铁芯的饱和还与一次侧电流的频

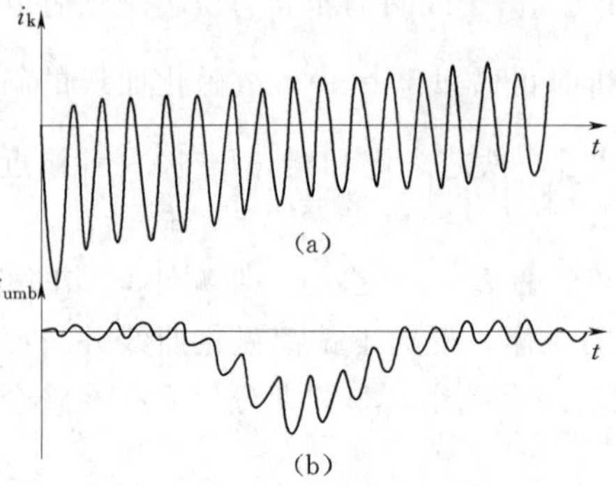

图6.7　纵差动保护的暂态不平衡电流
(a) 外部短路电流；(b) 纵差动保护暂态不平衡电流

率有关。频率越低，铁芯越容易饱和。不衰减的周期分量就是频率为零的直流分量。实际的非周期分量都是按一定时间常数衰减的，但对时间的变化率要小于稳态分量，可以粗略的看成是一个低频分量。衰减时间常数越大，频率越低，$\dot{I}_{\mu 1}$越大，因此非周期分量的存在将大大增加电流互感器的饱和程度。因此产生的误差称为电流互感器的暂态误差。差动保护是瞬时动作的，必须考虑非周期分量引起的暂态不平衡电流。

图6.7为变压器外部故障时的短路电流和纵差动保护暂态不平衡电流的实验录波图。由于励磁电流不能突变，故障刚开始时电流互感器并没有饱和，不平衡电流不大。几个周波后电流互感器开始饱和，不平衡电流逐渐达到最大值。以后随着一次电流非周期分量的衰减，不平衡电流又逐渐下降并趋于稳态不平衡电流。暂态不平衡电流比稳态不平衡电流大许多倍，且含有很大的周期分量，其特性完全偏于时间轴的一侧。

4. 变压器励磁电流产生的不平衡电流

将变压器参数折算到二次侧后，单相变压器等效电路图如图6.8所示。显然，励磁回路相当于变压器内部故障的故障支路。励磁电流 I_μ 全部流入差动继电器中，形成不平衡电流，即

$$I_{unb}=I_\mu \tag{6.21}$$

三相变压器的情况也完全相同。励磁电流的大小取决于励磁电感 L_μ 的数值，也就是取决于变压器铁芯是否饱和。正常运行和外部故障时变压器不会饱和，励磁电流一般不会超过额定电流的2%～5%。对纵差保护的影响往往略去不计，变压器空载投入或外部故障切除后电压恢复时变压器电压从零或很小的数值突然上升到运行电压。在这个电压上升的暂态过程中，变压器可能会严重饱和，产生很大的暂态励磁电流。这个励磁电流称为励磁涌流。励磁涌流的最大值可达额定电流的4～8倍，并与变压器的额定容量有关。图6.9所示的是励磁涌流的最大值 $I_{\mu\cdot max}$与变压器额定容量 S_T 的关系曲线。其中 I_N 为变压器额定电流。

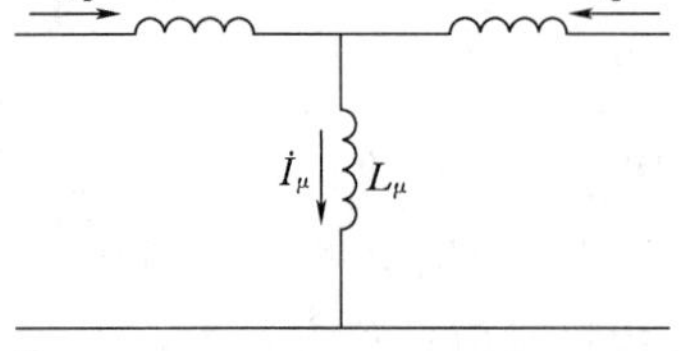

图6.8　双绕组单相变压器等效电路

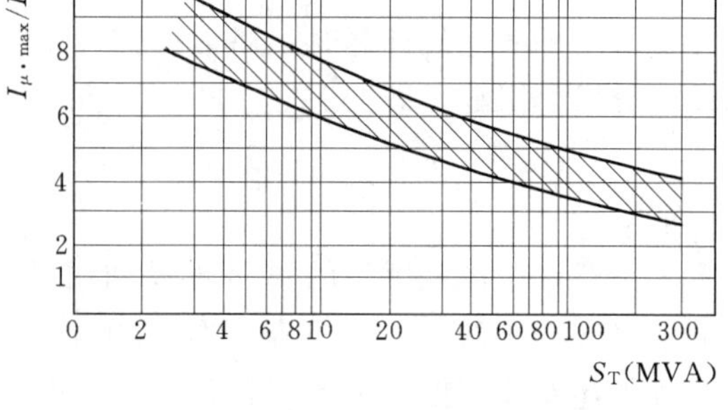

图6.9　$I_{\mu\cdot max}$与变压器额定容量 S_T 的关系曲线

由于励磁涌流很大，若用动作电流来躲过其影响，纵差动保护在变压器内部故障时灵敏度将会降低，一般要通过其他措施来防止励磁涌流引起差动保护的误动。这也是变压器纵差动保护的核心问题。

5. 减小不平衡电流的主要措施

可以通过以下措施来减小区外故障时纵差动保护的不平衡电流。

(1) 计算变比与实际变比不一致产生的不平衡电流的补偿。令

$$\Delta n=-\left(1-\frac{n_{\mathrm{TA1}}n_{\mathrm{T}}}{n_{\mathrm{TA2}}}\right) \tag{6.22}$$

由式 (6.3) 知，由计算变比与实际变比不一致产生的不平衡电流为 $-\Delta n\dot{I}'_1$。电流互感器变比选定后，Δn 就是一个常数，所以可以用 $\Delta n\dot{I}'_1$ 将这个不平衡电流补偿掉。此时引入差动继电器的到来为

$$\dot{I}_{\mathrm{r}}=\dot{I}'_1+\dot{I}'_2+\Delta n\dot{I}'_1 \tag{6.23}$$

Δn 就是需要补偿的系数。当然也可用 $\dot{I}'_2$ 来进行补偿，此时的补偿系数读者可自行推导。

对于数字式差动保护装置，只需按照式 (6.23) 进行简单的计算就能够实现补偿。对于电磁式纵差动保护装置，可采用中间变流器进行补偿。如图 6.10 所示，在中间变流器 TS 的铁芯上绕有主绕组 W_{d}，接入差动电流 $\dot{I}'_1+\dot{I}'_2$。另外还绕有一个平衡绕组 W_{b} 和二次绕组 W_2。假设 $\Delta n>0$，则可将 $\dot{I}'_1$ 先经 W_{b} 后再和 $\dot{I}'_2$ 差接起来。这样，在正常运行和外部故障时，只要满足 $W_{\mathrm{d}}(\dot{I}'_1+\dot{I}'_2)+W_{\mathrm{b}}\dot{I}'_1=0$，即 $W_{\mathrm{b}}/W_{\mathrm{d}}=\Delta n$，则中间变流器内总磁通等于零，在二次绕组 W_2 上就没有感应电动势，从而没有电流流入继电器。

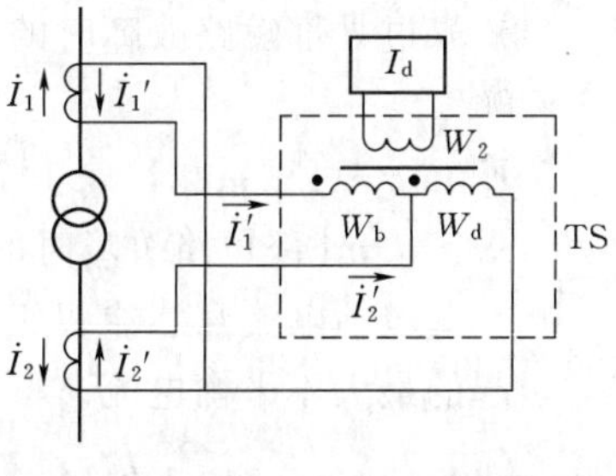

图 6.10 电流互感器变比的补偿

采用这种补偿方法时，由于 W_{b} 的匝数不能平滑调节，选用的匝数与计算的匝数不可能完全一致，故仍有一部分不平衡电流流入继电器，但不平衡电流已大为减少。此时，式 (6.12) 中的 Δf_{za} 计算式为

$$\Delta f_{\mathrm{za}}=\left|\frac{W_{\mathrm{b}}}{W_{\mathrm{d}}}-\Delta n\right| \tag{6.24}$$

(2) 减少因电流互感器性能不同引起的稳态不平衡电流。应尽可能使用型号、性能完全相同的 D 级电流互感器，使得两侧电流互感器的磁化曲线相同，以减小不平衡电流。另外，减小电流互感器的二次侧负载并使各侧二次负载相同，能够减少铁芯的饱和程度，相应的也减少了不平衡电流。减小二次负载的方法，除了减小二次侧电缆电阻外可以增大电流互感器的变比 n_{TA}。二次侧阻抗 Z_2 折算到一次侧的等效阻抗为 Z_2/n_{TA}^2，若采用二次侧额定电流为 1A 的电流互感器，等效阻抗只有额定电流为 5A 时的 1/25。

(3) 减小电流互感器暂态不平衡电流。根据电流互感器暂态不平衡电流中可能含有大量的非周期分量，使电流完全偏离时间轴一侧的特点，以前常采用在差动回路中接入具有速饱和特性的中间变流器的方法减少电流互感器的不平衡电流。其接线方式与图 6.10 类似，只是没有平衡绕组 W_{b}。速饱和中间变流器采用很容易饱和的铁芯，当差动电流中含

有大量非周期分量并完全偏离时间轴一侧时，铁芯迅速饱和，磁通沿着局部磁滞回线3′变化［图6.6（a）、（b）］，一个周波内的变化量$\Delta\Phi'$很小。由于电流互感器的感应电动势（即等效回路中励磁电感上的电压）与磁通的变化率成正比，所以非周期分量不易传变到变流器的二次侧。当差电流中只流过周期分量时，磁通沿着磁滞回线3变化，变化量为很大的$\Delta\Phi$，很容易传变到二次侧。因此速饱和中间变流器能够大大减小电流互感器的暂态不平衡电流。对于实际保护装置，通常在中间变流器中还要采取其他增加铁芯饱和的辅助措施，如带加强型速饱和中间变流器差动保护（BCH－2型），以进一步减少暂态不平衡电流。

励磁涌流中往往也存在大量非周期分量，采用速饱和中间变流器也能够减少励磁涌流产生的不平衡电流，但不能完全消除。应当指出，变压器内部故障时，故障电流中也含有非周期分量。采用速饱和中间变流器后，纵差动保护需待非周期分量衰减后才能动作，延长了故障切除时间。这对变压器是十分不利的。

6.3.3　纵差动保护的整定计算原则

1. 纵差动保护电流的整定原则

（1）躲过外部短路故障时的最大不平衡电流，整定式为

$$I_{set}=K_{rel}I_{unb\cdot max} \tag{6.25}$$

式中　K_{rel}——可靠系数，取1.3；

$I_{unb\cdot max}$——外部短路故障时的最大不平衡电流。

$I_{unb\cdot max}$包括电流互感器和变压器变比不完全匹配产生的最大不平衡电流和互感器传变误差引起的最大不平衡电流。根据式（6.12）、式（6.13）和式（6.20），得

$$I_{unb\cdot max}=(\Delta f_{za}+\Delta U+0.1K_{np}K_{st})I_{k\cdot max} \tag{6.26}$$

式中　$I_{k\cdot max}$——外部短路故障时最大短路电流；

Δf_{za}——由于电流互感器计算变比和实际变比不一致引起的相对误差，单相变压器按式（6.10）计算，Yd11接线三相变压器的计算公式为$\Delta f_{za}=|1-n_{TA1}n_T/\sqrt{3}n_{TA2}|$，当采用中间变流器进行补偿时，取补偿后剩余的相对误差；

ΔU——由变压器分接头改变引起的相对误差，一般可取调整范围的一半；

0.1——电流互感器容许的最大稳态相对误差；

K_{st}——电流互感器同型系数，取为1；

K_{np}——非周期分量系数，取1.5～2，当采用速饱和变流器时，由于非周期分量会使其饱和，抑制不平衡输出，可取为1。

（2）躲过变压器最大的励磁涌流，整定式为

$$I_{set}=K_{rel}K_{\mu}I_N \tag{6.27}$$

式中　K_{rel}——可靠系数，取1.3～1.5；

I_N——变压器的额定电流；

K_{μ}——励磁涌流的最大倍数（即励磁涌流与变压器额定电流的比值），取4～8，可以根据变压器的额定容量按图6.9的上限来选择。

由于变压器的励磁涌流很大，实际的纵差动保护通常采用其他措施来减少它的影响：

一种通过鉴别励磁涌流和故障电流，在励磁涌流时将差动保护闭锁，这时在整定值中不必考虑励磁涌流的影响，即取 $K_{\mu}=0$。另一种是采用速饱和变流器减少励磁电流产生的不平衡电流，采用加强型速饱和变流器的差动保护（BCH－2 型）取 $K_{\mu}=1$。

（3）躲过电流互感器二次回路断线引起的差电流。变压器某侧电流互感器二次回路断线时，另一侧电流互感器的二次侧电流全部流入差动继电器中，要引起保护的误动。有的误动保护采用断线识别的辅助措施，在互感器二次回路断线时将差动保护闭锁。若没有断线识别的措施，则差动保护的动作电流必须大于正常运行情况下变压器的负荷最大电流，即

$$I_{set}=K_{rel}I_{1\cdot max} \tag{6.28}$$

式中 K_{rel}——可靠系数，取 1.3；

$I_{1\cdot max}$——变压器的最大负荷电流。在最大负电流不能确定时，可取变压器的额定电流。

按上面三个条件计算纵差动保护的动作电流，并选取最大者。所有电流都是折算到电流互感器二次侧的数值。对于 Yd11 接线的三相变压器，在计算故障电流和负荷电流时，要注意 Y 侧电流互感器接线方式，通常在 d 侧计算比较方便。

2. 纵差动保护灵敏系数的校验

纵差动保护的灵敏系数校验式为

$$K_{sen}=\frac{I_{k\cdot min\cdot r}}{I_{set}} \tag{6.29}$$

式中 $I_{k\cdot min\cdot r}$——各种运行方式下变压器区内端部故障时，流经差动继电器的最小差动电流。

灵敏系数 K_{sen} 一般不低于 2。

当按上述整定原则的动作电流不能满足灵敏度时，需要采用具有制动特性的差动继电器。

6.3.4 具有制动特性的差动继电器

由互感器变比不一致和互感器传变误差产生的不平衡电流的讨论可知，流入差动继电器的不平衡电流与变压器外部故障时的穿越电流有关。穿越电流越大，不平衡电流也越大。具有制动特性的差动继电器正是利用这个特点，在差动继电器中引入一个能反应穿越电流大小的制动电流，继电器的动作电流不再是按躲过最大穿越电流（$I_{k\cdot max}$）整定，而是根据制动电流自动调节。对于双绕组变压器，外部故障时由于 $\dot{I}_2=-\dot{I}_1$（折算到二次侧），制动电流 I_{res} 可取

$$I_{res}=I_1 \tag{6.30}$$

变压器外部故障时的不平衡电流与短路电流有关，也可以表示为

$$I_{unb}=f(I_{res}) \tag{6.31}$$

则具有制动特性差动继电器的动作方程为

$$I_r>K_{rel}f(I_{res}) \tag{6.32}$$

式中 K_{rel}——可靠系数。

将差动电流 I_r 与制动电流 I_{res} 的关系在一个平面坐标上表示（见图 6.11），显然只有

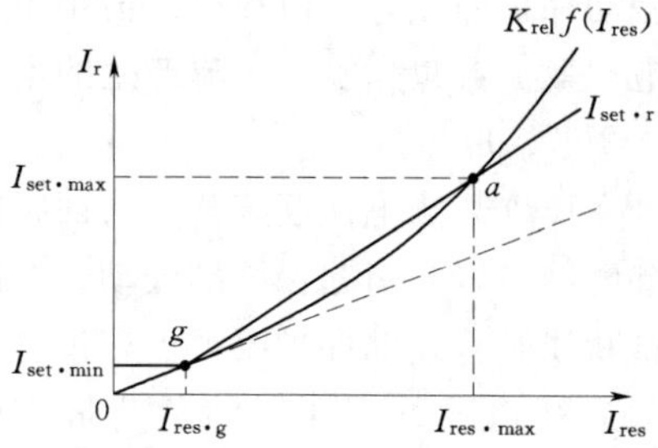

图 6.11 继电器制动特性

当差动电流处于曲线 $K_{rel}f(I_{res})$ 的上方时差动继电器才能动作并且肯定动作。$K_{rel}f(I_{res})$ 曲线称为差动继电器的制动特性，而处于制动特性上方的区域称为差动继电器的动作区，另一个区域相应地称为制动区。

如图 6.11 所示，$K_{rel}f(I_{res})$ 曲线是一个关于 I_{res} 的单调上升函数。在 I_{res} 比较小时，电流互感器不饱和，$K_{rel}f(I_{res})$ 曲线是线性上升的；I_{res} 比较大时导致电流互感器饱和，$K_{rel}f(I_{res})$ 曲线变化率增加，并不再是线性的。$K_{rel}f(I_{res})$ 曲线的线性部分可以表示为

$$K_{rel}f(I_{res})=K_{rel}(\Delta f_{za}+\Delta U+K_{TA})I_{res} \tag{6.33}$$

Δf_{za}、ΔU 的意义与式（6.26）相同；K_{TA} 为电流互感器未饱和时存在的线性误差，由互感器型号决定，一般小于 2%。

设变压器穿越电流大于最大外部故障电流 $I_{k\cdot max}$ 时差动继电器动作电流和制动电流分别为 $I_{set\cdot max}$ 和 $I_{res\cdot max}$，如图 6.11 中的 a 点。显然，此时差动继电器的不平衡电流就是按式（6.26）计算的最大不平衡电流，故

$$I_{set\cdot max}=K_{rel}I_{unb\cdot max} \tag{6.34}$$

理论上 $I_{set\cdot max}=I_{k\cdot max}$，但制动电流 I_{res} 也要经过电流互感器测量，互感器饱和会使测量到的制动电流 I_{res} 减小，故

$$I_{res\cdot max}=I_{k\cdot max}-I_{unb\cdot max} \tag{6.35}$$

令

$$K_{res\cdot max}=\frac{I_{set\cdot max}}{I_{res\cdot max}} \tag{6.36}$$

式中 $K_{res\cdot max}$——制动特性的最大制动比。

由于电流互感器的饱和与许多因素有关，制动特性中非线性部分的具体数值是不易确定的。实用的制动特性要进行简化，在数字式纵差动保护中，常常采用一段与坐标横轴平行的直线和一段斜线构成的所谓的“两折线”特性，折线的纵坐标用 $I_{set\cdot r}$ 表示，如图 6.11 所示。该折线的斜线部分穿过 a 点，并与水平直线及 $K_{rel}f(I_{res})$ 曲线相交于 g 点所对应的动作电流 $I_{set\cdot min}$ 称为最小动作电流，而对应的制动电流 $I_{res\cdot g}$ 称为拐点电流。由于在 $I_{res}<I_{res\cdot max}$ 时，$I_{set\cdot r}$ 始终在 $K_{rel}f(I_{res})$ 曲线的上方，所以外部故障时差动继电器不会误动，当内部故障时灵敏度有所下降。设置一个最小动作电流 $I_{set\cdot min}$ 是必要的，因为存在一些与制动电流无关的不平衡电流，如变压器的励磁电流、测量回路的杂散噪声等，动作电流过低容易造成继电器的误动。这样，制动特性的数学表达式为

$$I_{set\cdot r}=\begin{cases}I_{set\cdot min}, & I_{res}<I_{res\cdot g}\\ K(I_{res}-I_{res\cdot g})+I_{set\cdot min}, & I_{res}\geqslant I_{res\cdot g}\end{cases} \tag{6.37}$$

其中的 K 为制动特性的斜率，由图 6.11 知

$$K=\frac{I_{set\cdot max}-I_{set\cdot min}}{I_{res\cdot max}-I_{res\cdot g}} \tag{6.38}$$

继电器的整定计算就是确定拐点电流 $I_{res\cdot g}$。最小动作电流 $I_{set\cdot min}$ 和制动特性的斜率 K（或最大制动比 $K_{res\cdot max}$）这些参数的精确计算往往比较困难，在实际应用中一般由运行经验来确定。下面介绍它们的选择原则和范围。

由于拐点电流 $I_{res\cdot g}$ 应该处在 $K_{rel}f(I_{res})$ 曲线的线性部分，最小动作电流 $I_{set\cdot min}$。制动电流达到多少时电流互感器开始饱和也是不易确定的，通常认为最小制动电流小于或略大于变压器的额定电流时电流互感器肯定不会饱和。故拐点电流 $I_{res\cdot g}$ 选取的范围为

$$I_{res\cdot g}=(0.6\sim1.1)I_N \tag{6.39}$$

式中　I_N——变压器的额定电流。

由于拐点电流 $I_{res\cdot g}$ 应该处在 $K_{rel}f(I_{res})$ 曲线的线性部分，最小动作电流 $I_{set\cdot min}$ 可以按式（6.33）计算。但这样计算出的 $I_{set\cdot min}$ 有时会很小，对纵差动保护的安全性不利。在这种情况下，$I_{set\cdot min}$ 可计算为

$$I_{set\cdot min}=(0.2\sim0.5)I_N \tag{6.40}$$

制动特性斜率 K 按式（6.38）计算，对变压器保护，通常取 0.4～1。

6.4 变压器的励磁涌流及鉴别方法

6.4.1 单相变压器的励磁涌流

通过前面分析已经知道励磁涌流是由于变压器铁芯饱和造成的，下面以一台单相变压器的空载合闸为例来说明励磁涌流产生的原因。为了表达方便，以变压器额定电压的幅值和额定磁通的幅值为基值的标幺值来表示电压 u 和磁通 Φ。变压器的额定磁通是指变压器运行电压等于额定电压时，铁芯中产生的磁通。用标幺值表示时，电压和磁通之间的关系为

$$u=\frac{d\Phi}{dt} \tag{6.41}$$

设变压器在 $t=0$ 时刻空载合闸时，加在变压器上的电压为 $u=U_m\sin(\omega t+\alpha)$。解式（6.41）的微分方程，得

$$\Phi=-\Phi_m\cos(\omega t+\alpha)+\Phi_{(0)} \tag{6.42}$$

式中，$-\Phi_m\cos(\omega t+\alpha)$ 为稳态磁通分量，其中 $\Phi_m=U_m/\omega$；$\Phi_{(0)}$ 为自由分量，如计及变压器的损耗，$\Phi_{(0)}$ 应该是衰减的非周期分量，这里没有考虑损耗，所以是直流分量。由于铁芯的磁通不能突变，可求得

$$\Phi_{(0)}=\Phi_m\cos\alpha+\Phi_r \tag{6.43}$$

式中　Φ_r——变压器铁芯的剩磁，其大小和方向与变压器切除时刻的电压（磁通）有关。

电力变压器的饱和磁通一般为 $\Phi_{sat}=1.15\sim1.4$，而变压器的运行电压一般不会超过额定电压的 10%，相应的磁通 Φ 不会超过饱和磁通 Φ_{sat}。所以在变压器稳态运行时，铁芯是不会饱和的。但在变压器空载合闸时产生的暂态过程中，由于 $\Phi_{(0)}$ 的作用使 Φ 可能会大于 Φ_{sat}，造成变压器铁芯的饱和。若铁芯的剩磁 $\Phi_r>0$，$\cos\alpha>0$，合闸半个周期（$\omega t=\pi$）后 Φ 达到最大值，即 $\Phi=2\Phi_m\cos\alpha+\Phi_r$。最严重的情况是在电压过零时刻（$\alpha=0$）合闸，$\Phi$ 的最大值为 $2\Phi_m+\Phi_r$ 远大于饱和磁通 Φ_{sat}，造成变压器的严重饱和。此时 Φ 的波形如图

6.12 所示。

在励磁涌流分析中，通常用 $\theta=\omega t+\alpha$ 来代替时间，这样 Φ 是以 2π 为周期变化的。在（0，2π）周期内，$\theta_1<\theta<2\pi-\theta_1$ 时发生饱和，而 $\theta=\pi$ 时饱和最严重。令 $\Phi=\Phi_{sat}$，由图 6.12 可得

$$\theta_1=\arccos\left(\frac{\Phi_m\cos\alpha+\Phi_r-\Phi_{sat}}{\Phi_m}\right), 0<\theta_1<\pi \tag{6.44}$$

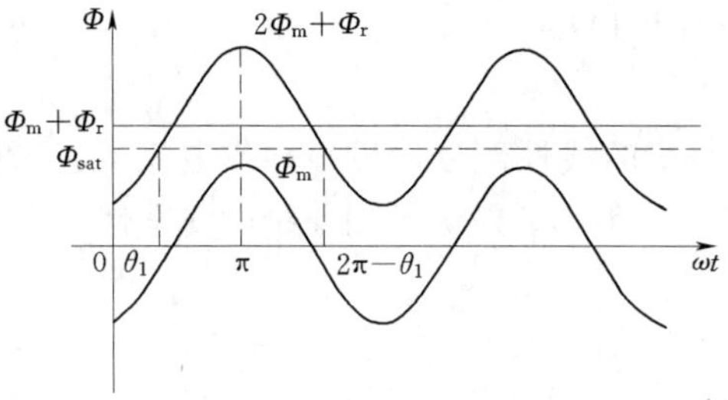

图 6.12　变压器暂态磁通

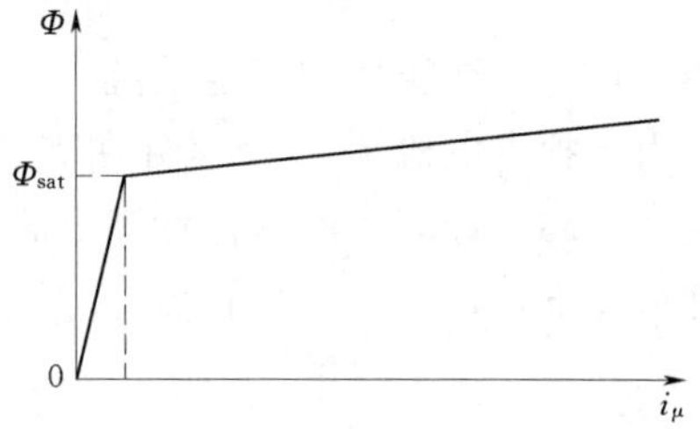

图 6.13　变压器近似磁化曲线

图 6.13 所示的是变压器的近似磁化曲线，铁芯不饱和时，磁化曲线的斜率很大，励磁电流 i_μ 近似为零；铁芯饱和后，磁化曲线的斜率 L_μ 很小，i_μ 大大增加，形成励磁涌流。其波形与 $\Phi-\Phi_{sat}$ 只相差一个 L_μ，故在（0，2π）周期内有

$$i_\mu=\begin{cases}0, & 0\leqslant\theta\leqslant\theta_1 \text{ 或 } \theta\geqslant 2\pi-\theta \\ I_m(\cos\theta_1-\cos\theta), & \theta_1<\theta<2\pi-\theta_1\end{cases} \tag{6.45}$$

$$I_m=\Phi_m/L_\mu$$

励磁涌流的波形如图 6.14 所示，波形完全偏离时间轴的一侧且是间断的。波形间断的宽度称为励磁电流的间断角 θ_J，显然

$$\theta_J=2\theta_1 \tag{6.46}$$

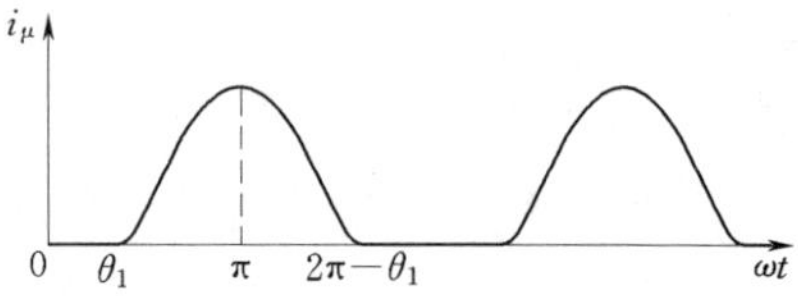

图 6.14　励磁涌流波形

间断角 θ_J 是区别励磁涌流和故障电流的一个重要特征，饱和越严重间断角越小，θ_J 的数值与变压器电压（稳态磁通）幅值 Φ_m，合闸角 α 以及铁芯剩磁 Φ_r 有关。通常只关心各个情况下最小的间断角，在计算时可取 $\Phi_m=1.1$、$\alpha=0$、$\Phi_{sat}=1.15$。Φ_r 则取最大剩磁。变压器的最大剩磁与许多因素有关，现场实测也很困难，目前较为保守地可取 $\Phi_r=0.7$。据式（6.45）和式（6.46）算得 $\theta_J=108°$。

上面讨论的是正向饱和 [$\Phi_{(0)}>0$] 的情况。若 $\Phi_{(0)}<0$，则会发生反向饱和，情况与正向饱和类似，只是 $\theta=2\pi$ 时饱和最严重，励磁涌流达到最大；而在计算 θ_1 时，式（6.44）的 Φ_{sat} 前应加‘—’号，而或则取 -0.7，θ_1 的范围为 $\pi<\theta_1<2\pi$。

励磁涌流中除了基波分量外，还存在大量的非周期分量和谐波分量。由于励磁涌流是周期函数，可以展开成傅里叶级数

$$i_\mu=\frac{b_0}{2}+\sum(a_n\sin n\theta+b_n\cos n\theta) \tag{6.47}$$

$$\left.\begin{aligned} a_n &= \frac{1}{\pi}\int_0^{2\pi} i_\mu \sin n\theta \mathrm{d}\theta \\ b_n &= \frac{1}{\pi}\int_0^{2\pi} i_\mu \cos n\theta \mathrm{d}\theta \end{aligned}\right\} \tag{6.48}$$

励磁涌流中各次谐波分量的幅值可以根据傅里叶级数的系数 a_n 和 b_n 确定：非周期（直流）分量为 $I_{\mu 0}=b_0/2$，基波分量为 $I_{\mu 1}=\sqrt{a_n^2+b_n^2}$、高次谐波分量为

$$I_{\mu n}=\sqrt{a_n^2+b_n^2}，n=2，3，\cdots$$

将式（6.45）代入式（6.48），就可以计算出非周期分量和各次谐波分量。表 6.1 列出了几种间断角下的各次谐波含量。

表 6.1　不同间断角下的谐波含量

间断角	非周期分量（%）	基　波（%）	二次谐波（%）	三次谐波（%）	四次谐波（%）
$\theta_J=108°$	78.8	100	13.2	7.8	2.8
$\theta_J=150°$	69.2	100	28.8	7.5	3.5
$\theta_J=180°$	63.7	100	42.4	0.0	8.5

综合上面的分析，单相变压器励磁涌流有以下特点：

（1）在变压器空载合闸时，涌流是否产生以及涌流的大小与合闸角有关，合闸角 $\alpha=0$ 和 $\alpha=\pi$ 时励磁涌流最大。

（2）波形完全偏离时间轴的一侧，并且出现间断。涌流越大，间断角越小。

（3）含有很大成分的非周期分量，间断角越小，非周期分量越大。

（4）含有大量的高次谐波分量，而以二次谐波为主，间断角越小，二次谐波也越小。

6.4.2　三相变压器励磁涌流的特征

三相变压器空载合闸时，三相绕组都会产生励磁涌流。对于 Yd11 接线的三相变压器，引入每相差动保护的电流为两个变压器绕组电流之差，其励磁涌流也应该是两个绕组励磁涌流的差值，即 $I_{\mu\cdot A\cdot r}=I_{\mu\cdot A}-I_{\mu\cdot B}$、$I_{\mu\cdot B\cdot r}=I_{\mu\cdot B}-I_{\mu\cdot C}$、$I_{\mu\cdot C\cdot r}=I_{\mu\cdot C}-I_{\mu\cdot A}$。两个励磁涌流相减后，涌流的时域特征和频域特征都有所变化。下面结合一个算例来说明它们的特点。计算条件：$\Phi_m=1.1$，$\Phi_{sat}=1.15$；三相的剩磁 $\Phi_{r\cdot A}=0.7$，$\Phi_{r\cdot B}=\Phi_{r\cdot C}=-0.7$；A 相的合闸角 $\alpha_A=0$。由于三相电压是对称的，故 $\alpha_B=4\pi/3$，$\alpha_C=2\pi/3$。经计算 $I_{\mu\cdot A}$、$I_{\mu\cdot B}$、$I_{\mu\cdot C}$的波形如图 6.15（a）所示，$I_{\mu\cdot A\cdot r}$、$I_{\mu\cdot B\cdot r}$、$I_{\mu\cdot C\cdot r}$的波形分别如图 6.15（b）、（c）、（d）所示。在图 6.15（a）中，要注意 $I_{\mu\cdot A}$、$I_{\mu\cdot B}$、$I_{\mu\cdot C}$最大值出现的时刻：$I_{\mu\cdot A}$是正向涌流，在 $\omega t=\pi$ 时达到最

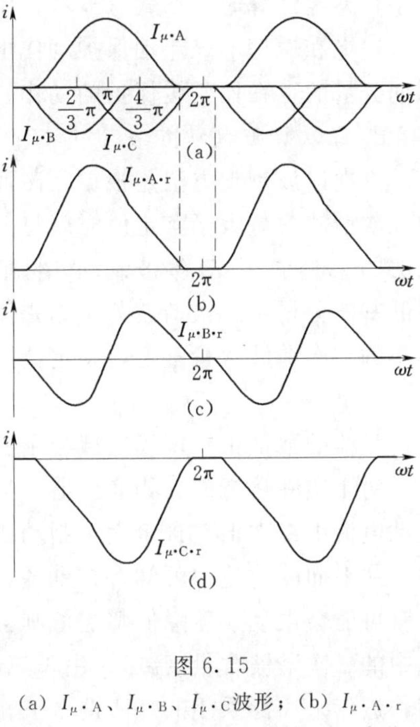

图 6.15

（a）$I_{\mu\cdot A}$、$I_{\mu\cdot B}$、$I_{\mu\cdot C}$波形；（b）$I_{\mu\cdot A\cdot r}$波形；（c）$I_{\mu\cdot B\cdot r}$波形；（d）$I_{\mu\cdot C\cdot r}$波形

大值；$I_{\mu \cdot B}$是反向涌流，故在 $\omega t=2\pi/3$（即 $\omega t+\alpha_B=2\pi$）时达到最大值；$I_{\mu \cdot C}$也是反向涌流，最大值发生在 $\omega t=4\pi/3$ 处。$I_{\mu \cdot A}$、$I_{\mu \cdot B}$、$I_{\mu \cdot C}$的间断角和二次谐波分别为 78.6°、49.6°、78.6°和 14.8%、37.6%、14.8%。

结合上面的算例，对于一般情况，三相变压器励磁涌流有以下特点：

（1）由于三相电压之间有 120°（2π/3）的相位差，因而三相励磁涌流不会相同，任何情况下空载投入变压器，至少有两相中要出现不同程度的励磁涌流。

（2）某相励磁涌流（$I_{\mu \cdot B \cdot r}$）可能不再偏离时间轴的一侧，变成了对称性涌流。其他两相仍为偏离时间轴一侧的非对称性涌流，对称性涌流的数值比较小。非对称涌流仍然含有大量的非周期分量，但对称性涌流中无非周期分量。

（3）三相励磁涌流中有一相或两相二次谐波含量比较小，但至少有一相比较大。

（4）励磁涌流的波形仍然是间断的但间断角显著减小，其中又以对称性涌流的间断角最小。但对称性涌流有另外一个特点：励磁涌流的正向最大值与反向最大值之间的相位相差 120°。这个相位差称为“波宽”，显然稳态故障电流的波宽为 180°。

6.4.3　防止励磁涌流引起误动作的方法

根据三相变压器励磁涌流的特征，目前我国通常采取以下三种方法来防止励磁涌流引起纵差动保护的误动作。

1. 采用速饱和中间变流器

励磁电流中含有大量的非周期分量，所以可以采用速饱和中间变流器来防止差动保护的误动。对于 Yd11 接线的三相变压器，常常有一相是对称性涌流，没有非周期分量，中间变流器不能饱和，只能通过差动继电器的动作电流来躲过。考虑到对称性涌流的幅值比较小，整定计算时，在式（6.27）中取 $K_\mu=1$。

速饱和原理的纵差动保护动作电流大、灵敏降低，并且在变压器内部故障时，会因非周期分量的存在而延缓保护的动作，已逐渐被淘汰。

2. 二次谐波制动方法

二次谐波制动方法是根据励磁涌流中含有大量二次谐波分量的特点，当检测到差电流中二次谐波含量大于整定值时就将差动继电器闭锁，以防止励磁涌流因其误动。采用这种方法的保护称为二次谐波制动元件的动作判据为 $I_2>K_2I_1$。其中 I_1、I_2 分别为差动电流中的基波分量和二次谐波分量的幅值；K_2 称为二次谐波制动比，按躲过各种励磁涌流下最小的二次谐波含量整定，整定范围通常为

$$K_2=15\%\sim20\% \tag{6.49}$$

具体的数值根据现场空载合闸实验或运行经验来确定。

对于实际运行的三相变压器，早先的二次谐波制动是采用按相制动的方案。若某相的差动电流中二次谐波含量大于制动比 K_2，就将该相的差动继电器闭锁，各相是相互独立的。从上面的讨论中可知，在涌流严重时，二次谐波含量会小于 15%，按式（6.49）整定有可能会误动。若降低整定值则会影响内部故障时纵差动保护的动作速度（等待短路电流中的二次谐波含量衰减）。由于三相励磁涌流中至少有一相励磁涌流二次谐波含量比较高，近年来广泛采用的是所谓“三相或门制动”的方案，由于三相差动电流中只要有一相的二次谐波含量超过制动比 K_2，就将三相差动继电器全部闭锁。采用三相或门制动方案

后，K_2 仍可按式（6.49）的范围整定。变压器内部故障时，测量电流中的暂态分量也可能存在二次谐波。若二次谐波含量超过 K_2，差动保护也将被闭锁，一直等到暂态分量衰减后才能动作。电流互感器饱和也会在二次电流中产生二次谐波。电流互感器饱和越严重，二次谐波含量越大。为了加快内部严重故障时纵差动保护的动作速度，往往再增加一组不带二次谐波制动的差动继电器，称为差动电流速断保护。差动电流速断保护按躲过大励磁涌流整定，即在式（6.27）中取 $K_\mu=4\sim8$。

二次谐波制动差动保护原理简单、灵敏度高、调试方便，在变压器纵差动保护中获得了非常广泛的应用。但在具有静止无功补偿装置等电容分量比较大的系统，故障暂态电流中有比较大的二次谐波含量，差动保护的速度会受到影响。若空载合闸前变压器已经存在故障，合闸后故障相为故障电流，非故障相为励磁涌流，采用三相或门制动的方案时，差动保护必将被闭锁。由于励磁涌流衰减很慢，保护的动作时间可能会长达数百毫秒。这是二次谐波制动差动保护的主要缺点。

3. 间断角鉴别的方法

由前面对励磁涌流的分析知，励磁涌流的波形中会出现间断角，而变压器内部故障时流入差动继电器的稳态差电流是正弦波，不会出现间断角。间断角鉴别的方法就是利用这个特征鉴别励磁涌流和故障电流，即通过检测差电流波形是否存在间断角，当间断角大于整定值时将差动保护闭锁。

间断角的整定值一般取 65°。对于 Yd11 接线的三相变压器，非对称涌流的间断角比较大，间断角闭锁元件能够可靠地动作，并有足够的裕量；而对称性涌流的间断角有可能小于 65°。进一步减小整定值并不是好的方法，因为整定值太小会影响内部故障时的灵敏度和动作速度。由于对称性涌流的波宽等于 120°，而故障电流（正弦波）的波宽为 180°，因此在间断角判据的基础上再增加一个反映波宽的辅助判据，在波宽小于 140°（有 20°的裕量）时也将差动保护闭锁。

间断角原理由于采用按相闭锁的方法，在变压器合闸于内部故障时，能够快速动作。这是比二次谐波制动（三相或门制动）方法优越的地方。对于其他内部故障，暂态高次谐波分量会使电流波形畸变（微分后畸变更加严重）。波形畸变一般不会产生“间断角”，但会影响电流的波宽。若波形畸变很严重导致波宽小于整定值（140°），则差动保护也将被暂时闭锁而造成动作延缓。显然，造成保护动作延缓的因素，二次谐波制动与间断角原理是有差异的。对于大型变压器，可以同时采用两种原理的纵差动保护，能够起到优势互补，加快内部故障的动作速度。

6.5 变压器相间短路的后备保护

变压器的主保护通常采用差动保护和瓦斯保护。除了主保护外，变压器还应装设相间短路和接地短路后备保护。后备保护的作用是为了防止由外部故障引起的变压器绕组过流，并作为相邻元件（母线或线路）保护的后备以及在可能的条件下作为变压器内部故障时主保护的后备。变压器的相间短路后备保护通常采用过电流保护、低电压启动的过电流保护、复合电压启动的过电流保护以及负序过电流保护等，也有采用阻抗保护作为后备保护的情况。

6.5.1 过电流保护

保护装置的单相原理接线如图 6.16 所示，其工作原理与线路定时限过电流保护相同。保护动作后，跳开变压器两侧的断路器。保护的启动电流按照躲过变压器可能出现的最大负荷电流来整定，即

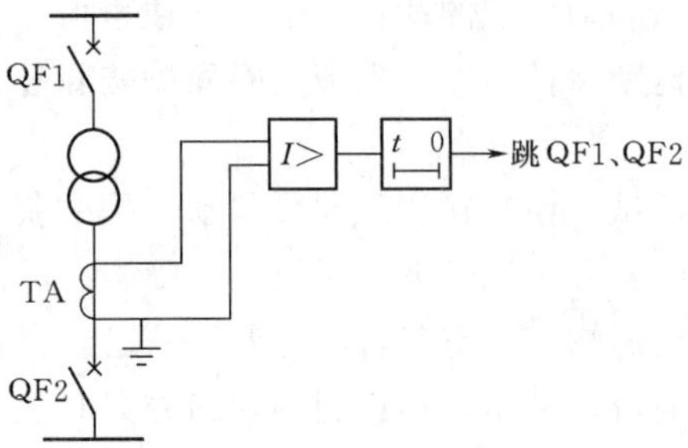

图 6.16　变压器过电流保护的单相原理接线图

$$I_{set}=\frac{K_{rel}}{K_{re}}I_{L\cdot max} \tag{6.50}$$

式中　K_{rel}——可靠系数，取 1.2～1.3；

K_{re}——返回系数，取 0.85～0.95；

$I_{L\cdot max}$——变压器可能出现的最大负荷电流。

$I_{L\cdot max}$可按以下情况考虑，并取最大值：

（1）对并列运行的变压器应考虑切除一台最大容量的变压器时，在其他变压器中出现的过负荷。当各台变压器容量相同时，计算式为

$$I_{L\cdot max}=\frac{n}{n-1}I_N \tag{6.51}$$

式中　n——并列运行变压器的可能最少台数；

I_N——每台变压器的额定电流。

（2）对降压变压器，应考虑电动机自启动时的最大电流，计算式为

$$I_{L\cdot max}=K_{ss}I'_{L\cdot max} \tag{6.52}$$

式中　$I'_{L\cdot max}$——正常工作时的最大负荷电流（一般为变压器的额定电流）；

K_{ss}——综合负荷的自启动系数，对于 110kV 的降压电所，低压 6～10kV 侧取 $K_{ss}=1.5\sim2.5$，中压 35kV 侧取 $K_{ss}=1.5\sim2$。

保护的动作时限和灵敏系数的校验，与线路保护定时限过电流保护相同。

6.5.2 低电压启动的过电流保护

过电流保护按躲过可能出现的最大负荷电流整定，启动电流比较大，对于升压变压器或容量较大的降压变压器，灵敏度往往不能满足要求。为此可以采用低电压启动的过电流保护。

该保护的原理接线如图 6.17 所示，只有在电流元件和电压元件同时动作后，才能启动时间继电器，经过预定的延时后动作于跳闸。由于电压互感器回路发生断线时，低电压继电器将误动作，因此在实际装置中还需配置电压回路断线闭锁的功能。

采用低电压继电器后，电流继电器的整定值就可以不再考虑并联运行变压器切除或电动机自启动时可能出现的最大负荷，而是按大于变压器的额定电流整定，即

$$I_{set}=\frac{K_{rel}}{K_{re}}I_N \tag{6.53}$$

低电压继电器的动作电压按以下条件整定，并取最小值。

（1）按躲过正常运行时可能出现的最低工作电压整定，计算式为

$$U_{set}=\frac{U_{L\cdot min}}{K_{rel}K_{re}} \tag{6.54}$$

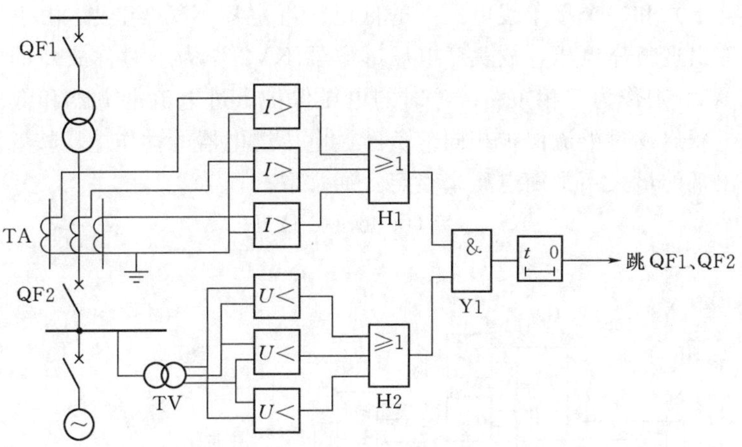

图6.17　低电压启动的过电流保护原理接线图

式中　$U_{L\cdot min}$——最低工作电压，一般取$0.9U_N$（U_N为变压器的额定电压）；

K_{rel}——可靠系数，取1.1～1.2；

K_{re}——低电压继电器的返回系数，取1.15～1.25。

（2）按躲过电动机自启动时的电压整定：

当低压继电器由变压器低压侧互感器供电时，计算式为

$$U_{set}=(0.5\sim0.6)U_N \tag{6.55}$$

当低压继电器由变压器高压侧互感器供电时，计算式为

$$U_{set}=0.7U_N \tag{6.56}$$

式（6.55）和式（6.56）是考虑异步电动机的堵转电压而定的。对于降压变压器，负荷在低压侧，电动机自启动对高压侧电压比低压侧高了一个变压器压降（标幺值）。所以高压侧取值比较高。对于发电厂的升压变压器，负荷在高压侧，电动机自启动时低压侧电压实际上更高，但仍按式（6.55）整定，原因是发电机在失磁运行时低压母线电压会比较低。关于发电机的失磁保护在发电机保护中介绍。

电流继电器灵敏度的校验方法与不带低电压启动的过电流保护相同。低电压继电器的灵敏系数按下式校验

$$K_{sen}=\frac{U_{set}}{U_{k\cdot min}} \tag{6.57}$$

式中　$U_{k\cdot min}$——灵敏度校验点发生三相金属性短路时，保护安装处感受到的最大残压。一般要求$K_{sen}\geqslant1.25$。

对于升压变压器，如果低电压继电器只接在一侧电压互感器上，另一侧故障时，往往不能满足灵敏度的要求。此时可采用两组低电压继电器分别接在变压器两侧的电压互感器上，并用触点并联的方法，以提高灵敏度。由于这种接线的保护复杂，近年来已广泛采用复合电压启动的过电流保护和负序电流保护。

6.5.3　复合电压启动的过电流保护

复合电压启动的过电流保护是低压启动电流保护的一个发展，其原理接线如图6.18所示。他将原来的三个低电压继电器改由一个负序过电压继电器KV2（电压继电器接于

负序电压滤过器上）和一个接于线电压上的低电压继电器 KV1 组成。由于发生各种不对称故障时，都能出现负序电压，故负序电压继电器 KV2 作为不对称故障的电压保护，而低电压继电器 KV1 则作为三相短路故障时的电压保护。过电流继电器和低电压继电器的整定原则与低电压启动过电流保护相同。负序过电压继电器的动作电压按躲过正常运行时的负序滤过器出现的最大不平衡电压来整定，通常取

$$U_{2\cdot set}=(0.06\sim0.12)U_N \tag{6.58}$$

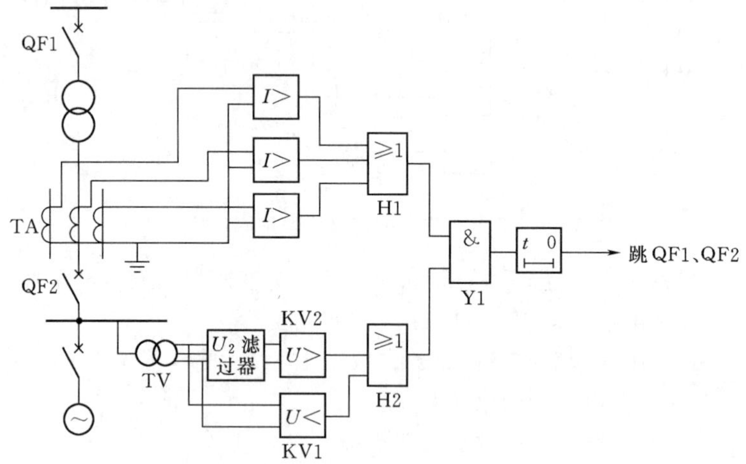

图 6.18 复合电压启动的过电流保护原理接线图

由此可见，复合电压启动过电流保护在不对称故障时电压继电器的灵敏度高，并且接线比较简单，因此应用比较广泛。

6.5.4 负序电流及单相式低电压启动的过电流保护

对于大容量的变压器和发电机组，由于额定电流很大，而相邻元件末端两相短路故障时的故障电流可能较小，因此复合电压启动的过电流保护往往不能满足作为相邻元件后备保护时对灵敏度的要求。

负序电流及单相式低电压启动的过电流保护由负序过电流元件和单相式低电压启动过电流保护构成。由负序过电流元件反应两相短路，由单相式低电压启动的过电流保护反应三相短路，此保护一般用于容量为 63MVA 及以上的升压变压器，以提高不对称故障时的灵敏度。负序过电流保护原理将在发电机保护中介绍。

6.6 变压器接地短路的后备保护

电力系统中，接地故障是最常见的故障形式。对于中性点直接接地系统的变压器，一般要求在变压器上装设接地保护，作为变压器主保护和相邻元件接地保护的后备保护。发生接地故障时，变压器中性点将出现零序电流，母线将出现零序电压，变压器的接地后备保护通常都是反映这些电气量构成的。

6.6.1 变电所单台变压器的零序电流保护

中性点直接接地运行的变压器都采用零序过电流保护作为变压器接地后备保护。零序

过电流保护通常采用两段式。零序电流保护Ⅰ段与相邻元件零序保护Ⅰ段相配合；零序电流保护Ⅱ段与相邻元件零序电流保护后备段（注意，不是Ⅱ段）相配合。与三绕组变压器相间后备保护类似，零序电流保护在配置上要考虑缩小故障影响范围的问题。根据需要，每段零序电流保护可设两个时限，并以较短的时限动作于缩小故障影响范围，以较长的时限断开变压器各侧断路器。

图 6.19 所示的是双绕组变压器零序过电流保护的原理接线和保护逻辑电路。零序过电流取自变压器中性点电流互感器的二次侧。由于是双母线运行，在另一条母线故障时，零序电流保护应跳开母联断路器 QF，使变压器能够运行，所以零序电流保护Ⅰ段和Ⅱ段均采用两个时限，短时限 t_1、t_3 跳开母联断路器 QF，长时限 t_2、t_4 跳开变压器两侧断路器。

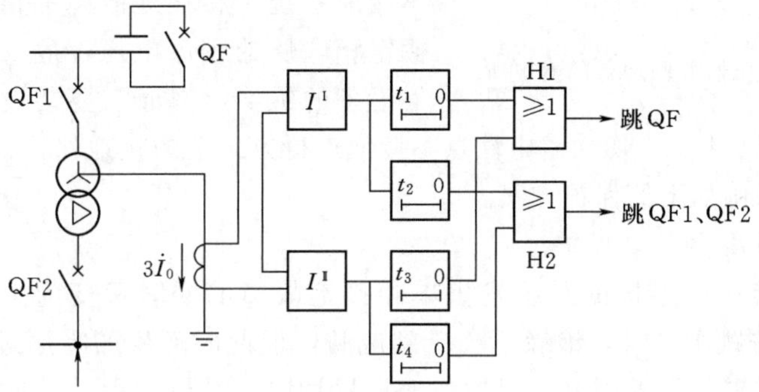

图 6.19 零序过电流保护原理接线和保护逻辑电路

零序电流保护Ⅰ段的动作电流整定计算式为

$$I_{\mathrm{set}}^{\mathrm{I}}=K_{\mathrm{rel}}K_{\mathrm{b}}I_{\mathrm{lx\cdot set}}^{\mathrm{I}} \tag{6.59}$$

式中 K_{rel}——可靠系数，取 1.2；

K_{b}——零序电流分支系数；

$I_{\mathrm{lx\cdot set}}^{\mathrm{I}}$——相邻元件零序电流Ⅰ段的动作电流。

零序电流保护Ⅰ段的短时限取 $t_1=0.5\sim1\mathrm{s}$；长延时在 $t_2=t_1+\Delta t$ 上再增加一级时限。零序电流保护Ⅱ段的动作电流也按式（6.59）整定，只是式中的电流 $I_{\mathrm{lx\cdot set}}^{\mathrm{I}}$ 应理解为相邻元件零序电流保护后备段的动作电流。动作时限 $t_3=t_3'+\Delta t$（t_3' 为相邻元件保护后备段时限）$t_4=t_3+\Delta t$。

零序电流保护Ⅰ段的灵敏系数按照变压器母线处故障校验，Ⅱ段按相邻元件末端故障校验，校验方法与线路零序电流保护相同。

对于三绕组变压器，往往有两侧的中性点直接接地运行，应该在两侧的中性点上分别装设两段式的零序电流保护。各侧的零序电流保护作为本侧相邻元件保护的后备和变压器主保护的后备。在动作电流整定时要考虑对侧接地故障的影响，灵敏度不够时可考虑装设零序电流方向元件。若不是双母线运行，各段也设两个时限，短时限动作于跳开变压器的本侧断路器，长时限动作于跳开变压器各侧断路器。若是双母线运行，也需要按照尽量减少影响范围的原则，有选择性地跳开母联断路器、变压器本侧断路器和各侧断路器。

6.6.2　多台变压器并联运行时的接地后备保护

对于多台变压器并联运行的变电所，通常采用一部分变压器中性接地运行，另一部分中性点不接地运行的方式。这样可以将接地故障电流水平限制在合理范围内，同时也使整个电力系统零序电流的大小和分布情况尽量不受运行方式变化的影响，提高系统零序电流保护的灵敏度。如图 6.20 所示，T2 和 T3 中性点接地运行，T1 中性点不接地运行。$k2$ 点发生单相接地故障时，T2 和 T3 由零序电流保护动作而被切除，T1 由于无零序电流，仍将带故障运行。此时由于接地中性点失去，变成了中性点不接地系统单相接地故障的情况，将产生接近额定相电压的零序电压，危及变压器和其他电气设备的绝缘，因而需要装设中性点不接地运行方式下的接地保护将 T1 切除。中性点不接地运行方式下的接地保护根据变压器绝缘等级的不同，分别采用如下的保护方案。

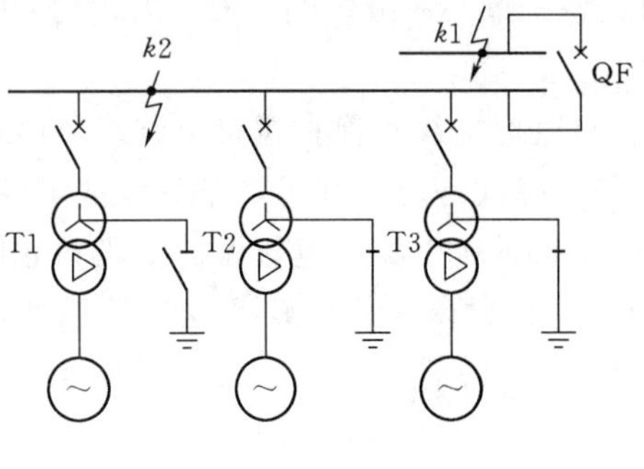

图 6.20　多台变压器并联运行的变电所

1. 全绝缘变压器的接地保护

全绝缘变压器在所连接的系统发生单相接地故障的同时又变为中性点接地（即图 6.20 中 T2、T3 先跳闸）时，绝缘不会受到威胁，但此时产生的零序过电压会危及其他电气设备的绝缘，需装设零序电压保护将变压器切除。其接地保护的原理接线如图 6.21 所示。零序电流保护作为变压器中性点接地运行时的接地保护，与图 6.19 的单台变压器接地保护完全一样。零序电压保护作为中性点不接地运行时的接地保护，零序电压取自电压互感器二次侧的开口三角形绕组。零序电压保护的动作电压要躲过在部分中性点接地电网中发生单相接地时，保护安装处可能出现的最大零序电压；同时要在发生单相接地且失去接地中性点时有足够的灵敏度。考虑两方面的因素，动作电压 $3U_0$ 一般取 $1.8U_N$。采取这样的动作电压是为了减少故障影响范围。例如图 6.20 的 $k1$ 点发生与单相接地短路时，T1 零序电压保护不会启动，在 T2 和 T3 的零序电流保护将母联断路器 QF 跳开后，各变压器仍能继续运行；而 $k2$ 点发生故障时，QF 和 T2、T3 跳开后，接地中性点失去，

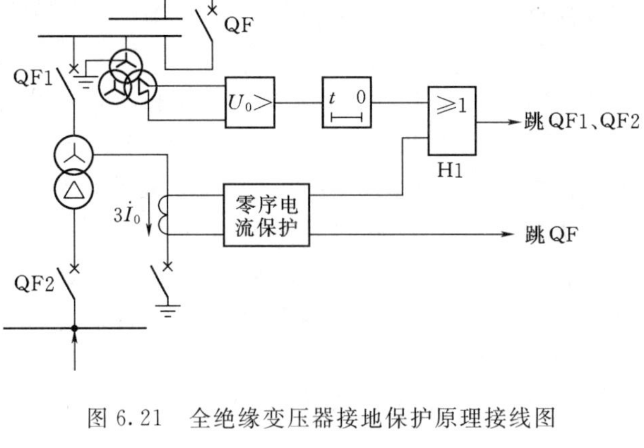

图 6.21　全绝缘变压器接地保护原理接线图

T1 的零序电压保护动作。由于零序电压保护只有在中性点失去、系统中没有零序电流的情况下才能够动作，不需要与其他元件的接地保护相配合，故动作时限只需躲过暂态电压的时间，通常取 0.3～0.5s。

2. 分级绝缘变压器接地后备保护的概念

220kV 及其以上电压等级的大型变压器，为了降低造价，高压绕组采用分级绝缘，中性点绝缘水平比较低，在单相接地故障且失去中性点接地时，其绝缘将受到破坏。为此可以在变压器中性点装设放电间隙，当间隙上的电压超过动作电压时迅速放电，形成中性点对地的短路，从而保护变压器中性点的绝缘。因放电间隙不能长时间通过电流，故在放电间隙上装设零序电流元件，在检测到间隙放电后迅速切除变压器。另外，放电间隙是一种比较粗糙的设施，气象条件、连续放电的次数都可能会出现该动作而不能动作的情况，因此还需装设零序电压元件，作为间隙不能放电时的后备，动作于切除变压器，动作电压和时限的整定方法与全绝缘变压器的零序电压保护相同。

习 题 及 思 考 题

6.1　变压器可能发生哪些故障和不正常运行状态？

6.2　区分重瓦斯保护和轻瓦斯保护。

6.3　关于变压器纵差动保护中的不平衡电流，试问：

（1）与差动电流在概念上有何区别与联系？

（2）哪些是由测量误差引起的？哪些是由变压器结构和参数引起的？

（3）哪些属于稳态不平衡电流？哪些属于暂态不平衡电流？

（4）电流互感器引起的暂态不平衡电流为什么会偏离时间轴的一侧？

（5）减小不平衡电流的措施有哪几种？

6.4　为什么具有制动特性的差动继电器能够提高灵敏度？何谓最大制动比、最小工作电流、拐点电流？

6.5　励磁涌流是怎么产生的？与哪些因素有关？

6.6　三相励磁涌流是否会出现两个对称性涌流？为什么？

6.7　变压器纵差动保护中消除励磁涌流影响的措施有哪些？它们利用了哪些特征？各自有何特点？

6.8　对比变压器过电流保护和线路过电流保护的整定原则的区别在哪里？

6.9　与低电压启动的过电流保护相比，复合电压启动的过电流保护为什么能够提高灵敏度？

6.10　零序电流保护为什么在各段中均设两个时限？

6.11　多台变压器并联运行时，全绝缘变压器和分级绝缘变压器对接地保护的要求有何区别？

第7章 发电机保护

7.1 发电机的故障、不正常运行状态及其保护方式

发电机的安全运行对保证电力系统的正常工作和电能质量起着决定性的作用，同时发电机本身也是十分贵重的电气设备。因此，针对各种不同的故障和不正常运行状态，装设性能完善的继电保护装置。

发电机的故障类型主要有定子绕组相间短路、定子一相绕组内的匝间短路、定子绕组单相接地、转子绕组一点接地或两点接地、转子励磁回路励磁电流消失等。

发电机的不正常运行状态主要有：由于外部短路引起的定子绕组过电流；由于负荷超过发电机额定容量而引起的三相对称过负荷；由于外部不对称短路或不对称负荷（如单相负荷，非全相运行等）而引起的发电机负序过电流；由于突然甩负荷而引起的定子绕组过电压；由于励磁回路故障或强励时间过长而引起的转子绕组过负荷；由于汽轮机主汽门突然关闭而引起的发电机逆功率等。

针对以上故障类型及不正常运行状态，发电机应装设以下继电保护装置。

（1）对1MW以上发电机的定子绕组及其引出线的相间短路，应装设纵差动保护。

（2）对直接连于母线的发电机定子绕组单相接地故障，当单相接地故障电流（不考虑消弧线圈的补偿作用）大于表7.1规定的允许值时，应装设有选择性的接地保护装置。

表7.1　　发电机定子绕组单相接地故障电流允许值

发电机额定电压（kV）	发电机额定容量（MW）		接地电容电流允许值（A）
6.3	<50		4
10.5	汽轮发电机	50～100	3
	水轮发电机	10～100	
13.8～15.75	汽轮发电机	125～200	2①
	水轮发电机	40～225	
18～20	300～600		1

① 对氢冷发电机为2.5。

对于发电机—变压器组，对容量在100MW以下的发电机，应装设保护区不小于定子绕组串联匝数90%的定子接地保护，对容量在100MW及以上的发电机，应装设保护区为100%的定子接地保护，保护带时限动作于信号，必要时也可以动作于切机。

(3) 对于发电机定子绕组的匝间短路，当定子绕组星形接线、每相有并联分支且中性点侧有分支引出端时，应装设横差保护；200MW及以上的发电机有条件时可装设双重化横差保护。

(4) 对于发电机外部短路引起的过电流，可采用下列保护方式：

1) 过电流保护，用于1MW及以下的小型发电机。

2) 带电流记忆的低电压过电流保护，用于自并励发电机。

3) 复合电压（包括负序电压及线电压）启动的过电流保护，一般用于1MW以上的发电机。

4) 负序过电流及单元件低电压启动过电流保护，一般用于50MW及以上的发电机。

(5) 对于由不对称负荷或外部不对称短路而引起的负序过电流，一般在50MW及以上的发电机上装设负序过电流保护。

(6) 对于由对称负序引起的发电机定子绕组过电流，应装设接于一相电流的过负荷保护。

(7) 对于水轮发电机定子绕组过电压，应装设带延时的过电压保护。

(8) 对于发电机励磁回路的一点接地故障，对1MW及以下的小型发电机可装设定期检测装置；对1MW以上的发电机应装设专用的励磁回路一点接地保护。

(9) 对于发电机励磁消失故障，在发电机不允许失磁运行时，应在自动灭磁开关断开时连锁断开发电机的断路器；对采用半导体励磁以及100MW及以上采用电机励磁的发电机，应增设直接反应发电机失磁时电气参数变化的专用失磁保护。

(10) 对于转子回路的过负荷，在100MW及以上，并且采用半导体励磁系统的发电机上，应装设转子过负荷保护。

(11) 对于汽轮发电机主汽门突然关闭而出现的发电机变电动机运行的异常运行方式，为防止损坏汽轮机，对200MW及以上的大容量汽轮发电机宜装设逆功率保护；对于燃气轮发电机，应装设逆功率保护。

(12) 对于300MW及以上的发电机，应装设过励磁保护。

(13) 其他保护：如当电力系统振荡影响机组安全运行时，在300MW机组上，宜装设失步保护；当汽轮机低频运行会造成机械振动，叶片损伤，对汽轮机危害极大时，可装设低频保护；当水冷发电机断水时，可装设断水保护等。

为了快速消除发电机内部的故障，在保护作用于发电机断路器跳闸的同时，还必须动作于自动灭磁开关，断开发电机的励磁回路，使定子绕组中不再感应出电动势，继续供给短路电流。

7.2 发电机纵差动保护

7.2.1 发电机定子绕组短路故障的特点

发电机定子绕组中性点一般不直接接地，而是通过高阻接地、消弧线圈接地或不接地，故发电机的定子绕组都设计为全绝缘。尽管如此，发电机定子绕组仍可能由于绝缘老化、或者过电压冲击、或者机械振动等原因发生单相接地和短路故障。由于发电机定子单相接地并不会引起大的短路电流，不属于严重的短路性故障。发电机内部短路故障主要是指定子的各种相间和匝间短路故障，短路故障时在发电机被短接的绕组中将会出现很大的短路电流，严重损伤发电机本体，甚至使发电机报废，危害十分严重，发电机修复的费用也非常高。因此发电机定子绕组的短路故障保护历来是发电机保护的研究重点之一。

发电机定子的短路故障形成比较复杂，大体归纳起来主要有五种情况：①发生单相接地，然后由于电弧引发故障点处相间短路；②直接发生线棒间绝缘击穿形成相间短路；③发生单相接地，然后由于电位的变化引发其他地点发生另一点的接地，从而构成两点接地短路；④发电机端部放电构成相间短路；⑤定子绕组同一相的匝间短路故障。

近年来短路故障的统计数据表明，发电机及其机端引出线的故障中相间短路是最多的，是发电机保护考虑的重点；虽然定子绕组匝间短路发生的概率相对较少，但也有发生的可能性，也需要配置保护。

7.2.2　比率制动式纵差保护

发电机纵差动保护基本原理与前面章节介绍的差动保护相同。图 7.1 中以一相为例，规定一次电流以流入发电机为正方向。当正常运行以及发生保护区外故障时，流入差动继电器的差动电流为零，继电器将不动作。当发生发电机内部故障时，流入差动继电器的差动电流将会出现较大的数值，当差动电流超过整定值时，继电器判为发生了发电机内部故障而作用于跳闸。

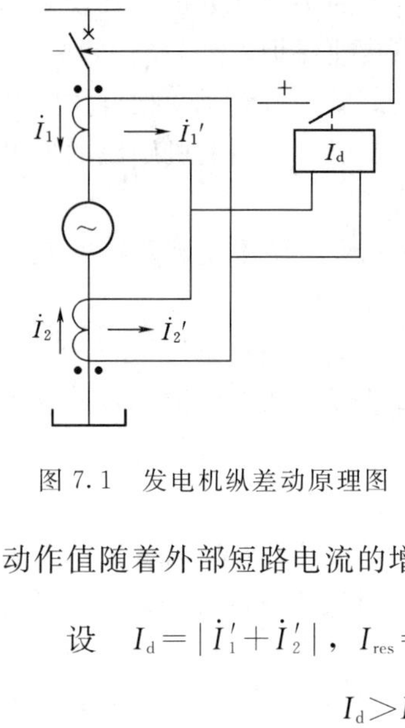

图 7.1　发电机纵差动原理图

按照传统的纵差动保护整定方法，为防止纵差动保护在外部短路时误动，继电器动作电流 I_d 应躲过最大不平衡电流 $I_{unb\cdot max}$，纵差动保护动作电流 I_{set} 将比较大，降低了保护的灵敏度，甚至有可能在发电机内部相间短路时拒动。为了解决这个问题，考虑到不平衡电流随着流过 TA 电流的增加而增加的因素，提出了比率制动式纵差动保护，使动作值随着外部短路电流的增大而自动增大。

设　$I_d=|\dot{I}_1'+\dot{I}_2'|$，$I_{res}=\left|\dfrac{\dot{I}_1'-\dot{I}_2'}{2}\right|$，比率制动式差动保护的动作方程为

$$\left.\begin{array}{ll} I_d>K(I_{res}-I_{res\cdot min})+I_{d\cdot min}, & I_{res}>I_{res\cdot min} \\ I_d>I_{d\cdot min}, & I_{res}\leqslant I_{res\cdot min} \end{array}\right\} \tag{7.1}$$

式中　I_d——差动电流或称动作电流；

I_{res}——制动电流；

$I_{res\cdot min}$——拐点电流；

$I_{d\cdot min}$——启动电流；

K——制动线斜率（即图 7.2 中斜线 BC 的斜率）。

式（7.1）对应的比率制动特性如图 7.2 所示，它在动作方程中引入了启动电流和拐点电流，制动线 BC 一般已不再经过原点，从而能够更好地拟合 TA 的误差特性，进一步提高差动保护的灵敏度。注意，以往传统保护中常使用过原点的 OC 连线的斜率表示制动

系数（记为 K_{res}），而在这里比率制动线 BC 的斜率是 $K(K=\tan\alpha)$。

根据比率制动特性曲线（见图 7.2）分析。当发电机正常运行，或区外较远的地方发生短路时，差动电流接近为零，差动保护不会误动。而在发电机内部发生短路故障时，差动电流明显增大，$\dot{I}_1$ 和 $\dot{I}_2$ 相位接近相同，减小了制动量，从而能灵敏动作。当发生发电机内部轻微故障时，虽然有负荷电流制动，但制动量比较小，保护一般也能可靠动作。

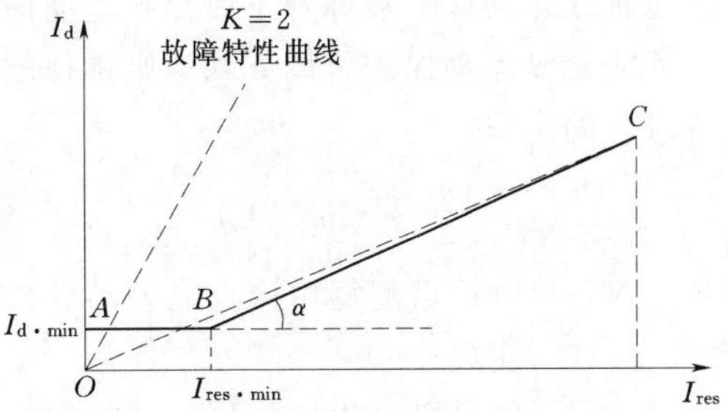

图 7.2　比率制动特性曲线

7.2.3　标积制动式纵差动保护

以电流流入发电机为正方向，令

$$I_d=|\dot{I}_1'+\dot{I}_2'| \tag{7.2}$$

$$I_{res}=\begin{cases}\sqrt{|\dot{I}_1'\dot{I}_2'\cos(180°-\theta)|}, & 当\ \cos(180°-\theta)\geqslant 0\\ \sqrt{0}, & 当\ \cos(180°-\theta)<0\end{cases} \tag{7.3}$$

标积制动式纵差动保护的动作判据为式（7.4）或式（7.1），则

$$(I_d\geqslant K_s I_{res})\cap(I_d\geqslant I_{d\cdot min}) \tag{7.4}$$

式中　K_s——标积制动系数；

　　θ——$\dot{I}_1'$ 和 $\dot{I}_2'$ 的夹角。

7.2.4　发电机纵差动保护的接线方式

本节所论适用于比率制动式纵差动保护和标积制动式纵差动保护。

1. 发电机纵差动保护的动作逻辑

由于发电机中性点为非直接接地，当发电机内部发生相间短路时，会有两相或三相的差动继电器同时动作。根据这一特点，在保护跳闸逻辑设计时可以作相应的考虑。当两相或两相以上差动继电器动作时，可判断为发电机内部发生短路故障；而仅有一相差动继电器动作时，则判为 TA 断线。为了对付发生一点在区内接地而另外一点在区外接地引起的短路故障，当有一相差动继电器动作且同时有负序电压时也判定为发电机内部短路故障。这种动作逻辑的特点是单相 TA 断线不会误动，因此可省去专用的 TA 断线闭锁环节，且保护安全可靠。

2. 发电机不完全纵差动保护接线

常规纵差动保护引入发电机定子机端和中性点的全部相电流 $\dot{I}_1$ 和 $\dot{I}_2$，在定子绕组发生同相匝间短路时两电流仍然相等，保护将不能动作。而通常大型的汽轮或水轮发电机每相定子绕组均为两个或者多个并联分支，如图 7.3 所示。若仅引入发电机的中性点侧部分分支电流 $\dot{I}_2'$ 来构成纵差动保护，选择适当的 TA 变比，也可以保证正常运行及区外故障时没有差流，而在发生发电机相间与匝间短路时均会形成差流，当超过定值时，可切除故障。这种纵差动保护被称为不完全纵差动保护。

不完全纵差动保护可按下列原则选择配置中性点 TA 的个数

$$\frac{\alpha}{2} \leqslant N \leqslant \frac{\alpha}{2}+1 \tag{7.5}$$

式中　N——中性点侧每相接入纵差动保护的分支数；

α——发电机每相的并联的分支总数。

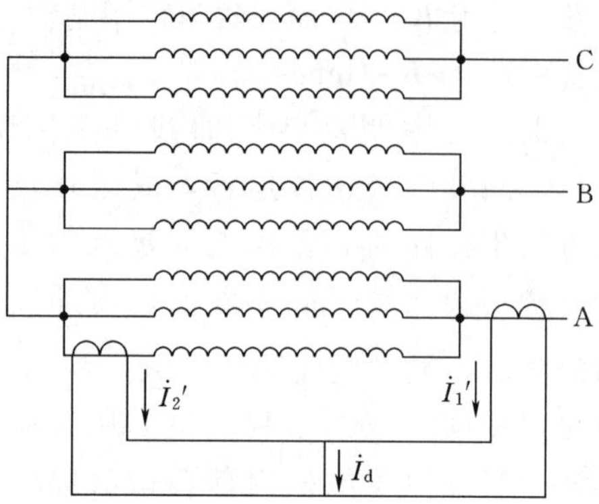

图 7.3　发电机不完全纵差动保护原理接线（以 A 相为例）

式（7.5）简单地取分支总数的一半，如果分支总数是奇数，则取一半多 1。由于存在 N 选多时相间短路灵敏度高但匝间短路灵敏度下降，N 选少时匝间短路灵敏度提高而相间短路灵敏度会下降的问题，式（7.5）选取的 N 是一种偏于安全的 TA 配置方式。对于具体一台发电机，上述 TA 的个数选取方法并不一定是最理想的，灵敏度也不一定最高，它只是不完全纵差动保护的一种简单的应用方法。

由于发电机不完全纵差动保护仅引入了中性点的部分分支电流，因此在应用时要注意以下问题。

（1）TA 的误差。发电机机端和中性点 TA 的变比不再相等，不可能使用同一型号的 TA，因此 TA 引起的不平衡电流将会增加。

（2）误差源增加。除了通常的误差以外，不完全纵差动保护还会存在一些特别的误差源，如各分支参数的一些微小差异（气隙不对称，电机振动等）引起的不平衡。

（3）整定值。相对于发电机完全纵差动保护而言，由于不完全纵差动保护的误差增加，在整定时应该考虑适当提高纵差动保护的动作门槛和比率制动系数。

（4）灵敏度。不完全纵差动保护的灵敏度与发电机中性点分支上 TA 的布置位置及 TA 的个数有密切的关系。在应用不完全纵差动保护前应考虑进行必要的发电机内部短路故障灵敏度分析与计算。

7.2.5　发电机纵差动保护整定与灵敏度

1. 纵差动保护灵敏度的定义与校验

根据规程规定，发电机纵差动保护的灵敏度是在发电机机端发生两相金属性短路情况下差动电流和动作电流的比值，要求 $K_{sen} \geqslant 1.5$。

2. 纵差动保护的整定

由图 7.2 可以看出，具有比率制动特性的纵差动保护的动作特性可由 A、B、C 三点决定。对纵差动保护的整定计算，实质上就是对 $I_{d \cdot min}$、$I_{res \cdot min}$ 及 K 的整定计算。

（1）启动电流 $I_{d \cdot min}$ 的整定。启动电流 $I_{d \cdot min}$ 的整定原则是躲过发电机额定工况下差动回路中的最大不平衡电流。在发电机额定工况下，在差动回路中产生的不平衡电流主要由纵差动保护两侧的 TA 变比误差、二次回路参数及测量误差（简称为二次误差）引起。因此启动电流为

$$I_{d \cdot min} = K_{rel}(I_{er1} + I_{er2}) \tag{7.6}$$

式中 K_{rel}——可靠系数，取1.5～2；

I_{er1}——保护两侧的TA变比误差产生的差流，取$0.06I_{gn}$（I_{gn}为发电机额定电流）；

I_{er2}——保护两侧的二次误差（包括二次回路引线差异以及纵差动保护输入通道变换系数调整不一致）产生的差流，取$0.1I_{gn}$。代入式（7.6）得$I_{d\cdot min}=(0.24\sim0.32)I_{gn}$，通常取$0.3I_{gn}$。

对于不完全纵差动保护，尚需考虑发电机每相各分支电流的差异，应适当提高$I_{d\cdot min}$的整定值。在数字保护中，由于可由软件对纵差动保护两侧输入量进行精确地平衡调整，可有效地减小上述稳态误差，因此发电机正常平稳运行时，在数字保护中引起的差电流很小，启动电流的不平衡更多的是指暂态不平衡量。

（2）拐点电流$I_{res\cdot min}$的整定。拐点电流$I_{res\cdot min}$的大小，决定保护开始产生制动作用的电流的大小。由图7.2可以看出，在启动电流$I_{d\cdot min}$及动作特性曲线的斜率K保持不变的情况下，$I_{res\cdot min}$越小，差动保护的动作区越小，而制动区增大；反之亦然。因此，拐点电流的大小直接影响差动保护的动作灵敏度。通常拐点电流整定计算式为

$$I_{res\cdot min}=(0.5\sim1.0)I_{gn} \tag{7.7}$$

（3）比率制动特性的制动系数K_{res}和制动线斜率K的整定。发电机纵差动保护比率制动特性的制动线斜率K，决定于夹角α（见图7.2）。可以看出，当拐点电流确定后，夹角α决定于C点。而特性曲线上的C点又可近似由发电机外部故障时最大短路电流$I_{k\cdot max}$与差动回路中的最大不平衡电流$I_{unb\cdot max}$确定。由此制动系数K_{res}（即OC连线的斜率）可以表示为

$$K_{res}=\frac{I_{unb\cdot max}}{I_{k\cdot max}} \tag{7.8}$$

而制动线斜率K则可表示为

$$K=\frac{I_{unb\cdot max}-I_{d\cdot min}}{I_{k\cdot max}-I_{res\cdot min}} \tag{7.9}$$

差动回路中的最大不平衡电流，除与纵差动保护用两侧TA的10%误差、二次回路参数差异及差动保护测量误差有关外，尚与纵差动保护两侧TA暂态特性有关。考虑到上述情况，外部故障时，为躲过差动回路中的最大不平衡电流，C点的纵坐标电流应取为

$$I_{d\cdot max}=K_{rel}(0.1+0.1+K_f)I_{k\cdot max} \tag{7.10}$$

式中 K_{rel}——可靠系数，取1.3～1.5；

K_f——暂态特性系数，当两侧TA变比、型号完全相同且二次回路参数相同时，$K_f\approx0$，当两侧TA变比、型号不同时，K_f可取0.05～0.1；

$I_{k\cdot max}$——最大动作电流。

将以上数据代入式（7.10）得

$$I_{d\cdot max}\approx(0.26\sim0.45)I_{k\cdot max}$$

令$I_{d\cdot max}=I_{unb\cdot max}$，代入式（7.8），可得

$$K_{res}\approx0.26\sim0.45$$

因此，对于发电机完全纵差动保护，K_{res}可取0.3；而对于不完全纵差动保护，K_{res}可取0.3～0.4。而制动线斜率K则可以根据$I_{k\cdot max}$与K_{res}推导得出。

7.3　发电机定子绕组匝间短路保护

7.3.1　发电机横差动保护

1. 发电机裂相横差动保护基本原理

在大容量发电机中，由于额定电流很大，其每相都是由两个或两个以上并联分支绕组组成的，在正常运行的时候，各绕组中的电动势相等，流过相等的负荷电流。当同相内非等电位点发生匝间短路时，各绕组中的电动势就不再相等，因而会出现因电动势差而在各绕组间产生的环流。利用这个环流，可以实现对发电机定子绕组匝间短路的保护，构成裂相横差动保护。以一个每相具有两个并联分支绕组的发电机为例，发生不同性质的同相内部短路时，裂相横差动保护的原理可由图7.4和图7.5来说明。

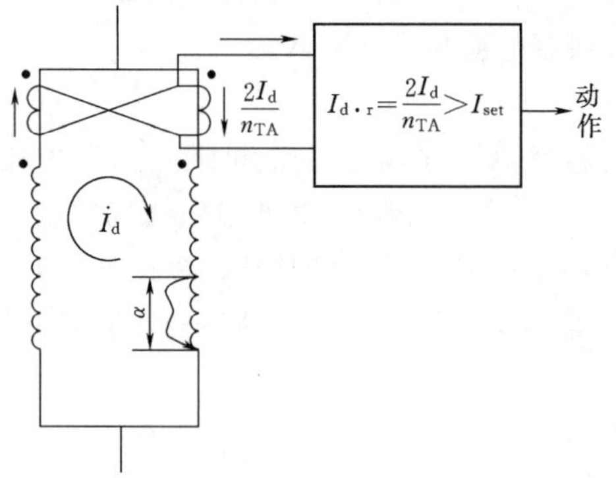

图7.4　某一绕组内部匝间短路横差动保护

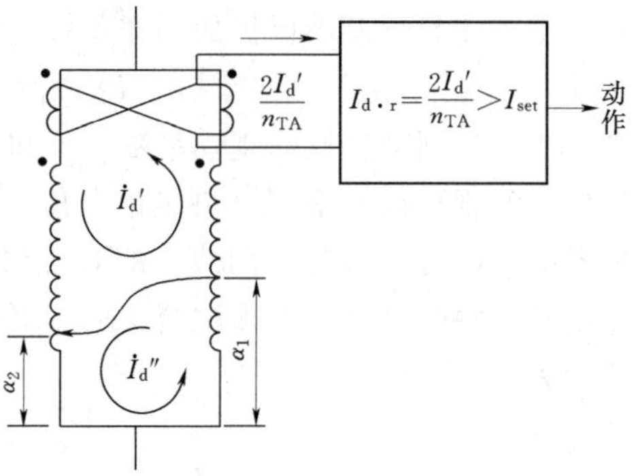

图7.5　同相不同绕组匝间短路横差动保护

（1）由图7.4所示一个分支绕组内部发生匝间短路时，两个分支绕组的电动势将不等，出现环流 I_d，这时在差动回路中将会有 $I_{d\cdot r}=\frac{2I_d}{n_{TA}}$（$n_{TA}$为TA变比），当此电流大于启动电流时，保护可靠动作。但是当短路匝数 α 较小时，环流也较小，有可能小于启动电流，所以保护有死区。

（2）由图7.5所示同相的两个并联分支绕组间发生匝间短路时，只要这两个分支绕组短路点存在电动势差，分别产生两个环流 I_d'、I_d''，此时差动电流为 $I_{d\cdot r}=\frac{2I_d'}{n_{TA}}$。

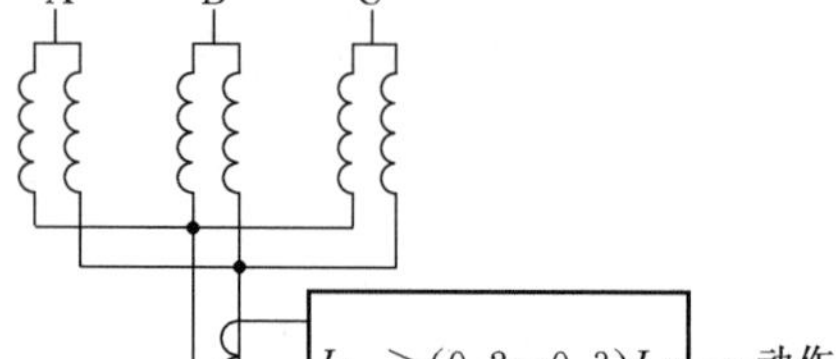

图7.6　单元件横差动保护接线原理图

2. 单元件横差动保护基本原理

单元件横差动保护适用于具有多分支的定子绕组且有两个以上中性点引出端子的发电机，能反应定子绕组匝间短路、分支线棒开焊及机内绕组相间短路。其原理如图7.6所示。

理想发电机正常时中性点连线上不会有电流产生。实际上发电机不同中性点之间存在不平衡电流，可能的原因有：

(1) 定子同相而不同分支的绕组参数不完全相同，致使两端的电动势及支路电流有差异。

(2) 发电机定子气隙磁场不完全均匀，在不同定子绕组中产生的感应电动势不同。

(3) 转子偏心，在不同的定子绕组中产生不同电动势。

(4) 存在三次谐波电流。

因此单元件横差动保护动作电流必须要克服这些不平衡量，整定式为

$$I_{set}=K_{rel}(I_{unb1}+I_{unb2}+I_{unb3}) \tag{7.11}$$

式中 I_{unb1}——额定工况下，同相不同分支绕组由于绕组之间参数的差异产生的不平衡电流，由于是三相之和，一般可取 $3\times2\%I_{gN}$；

I_{unb2}——磁场气隙不平衡产生的不平衡电流，一般可取 $5\%I_{gN}$；

I_{unb3}——转子偏心（包括正常和异常工况）产生的不平衡电流，一般可取 $10\%I_{gN}$；

K_{rel}——可靠系数，取 1.2～1.5。

将各参数带入式（7.11）中，得 $I_{set}=(0.25\sim0.31)I_{gn}$，一般可以选取经验数据 $(0.2\sim0.3)I_{gn}$。必要时应采用实测量来进行整定。

上述整定计算中没有考虑三次谐波电流的影响，而经验表明在很多情况下存在较大的三次谐波不平衡电流。因此，单元件横差动保护需要具有性能良好的三次谐波滤过器。基于此考虑，单元件横差动保护整定计算时，不再需要考虑三次谐波电流的影响。

7.3.2 纵向零序电压式定子绕组匝间短路保护

1. 纵向零序电压式定子绕组匝间短路保护基本原理

发电机定子绕组在其同一分支匝间或同相不同分支间短路故障，均会出现纵向不对称（即机端相对于中性点出现不对称）从而产生纵向零序电压，该电压由专用电压互感器（互感器一次中性点与发电机中性点通过高压电缆连接起来，而不允许接地）的开口三角形绕组两端取得。当测量保护到纵向零序电压超过定值时，保护动作。

2. 纵向零序电压的整定

不同容量不同型号的发电机，其定子绕组的结构及线棒在各定子槽内的分布不同。因此，对于不同的发电机产生匝间短路的类型以及匝间短路时的最少短路匝数也不一样，在匝间短路时可能产生的最大及最小纵向零序电压值的差异很大。发生最小短路匝数的匝间短路时，在有些机组上产生的最小零序电压可能只有 2～4V（TV 二次值），甚至更低。

在对纵向零序电压式定子绕组匝间短路保护进行整定计算时，首先应对发电机定子的结构进行研究，并估算发生最少匝数匝间短路时的最小纵向零序电压值，然后据此进行整定和灵敏度校核；同时还需要考虑躲开各种因素引起的不平衡电压。

实用中，纵向零序电压式定子绕组匝间短路保护的动作电压，整定式为

$$U_{0\cdot set}=K_{sel}U_{0\cdot max} \tag{7.12}$$

式中 $U_{0\cdot set}$——纵向零序电压式定子绕组匝间短路保护的动作电压；

K_{sel}——可靠系数，可取 1.2～1.5；

$U_{0\cdot max}$——区外不对称短路时最大不平衡电压，可由实测和外推法确定。

运行经验表明，纵向零序电压式定子绕组匝间短路保护的动作电压一般可取 2.5～3V 需要指出，该保护也需要具有性能良好的滤除三次谐波的滤波器。

3. 负序功率方向元件

为防止区外故障时匝间短路保护误动作，可增设负序功率方向元件。同样，负序功率方向元件的动作方向，应根据不同发电机的定子绕组结构来加以确定，对于定子绕组匝间短路时能产生较大负序功率的发电机（例如，定子绕组呈单星形连接的125MW汽轮发电机），负序功率方件的动作方向应指向发电机。此时，负序功率方向元件为允许式，即发电机内部故障时，方向元件动作，其触点闭合允许匝间保护动作。对灵敏度不满足要求的发电机可采用闭锁方式，即方向元件采用闭合触点，当区外发生故障时，触点打开，闭锁保护，可防止保护误动。

7.4　发电机定子绕组单相接地保护

7.4.1　发电机定子绕组单相接地时电气量的特征

由于发电机容易发生绕组线棒和定子铁芯之间绝缘的破坏，因此发生单相接地故障的比例很高，约占定子故障的70%～80%。由于大型发电机组定子绕组对地电容较大，当发电机机端附近发生接地故障时，故障点的电容电流比较大，影响发电机的安全运行，同时由于接地故障的存在，会引起接地弧光过电压，可能导致发电机其他位置绝缘的破坏，形成危害严重的相间或匝间短路故障。

当中性点不接地的发电机内部发生单相接地故障时，接地电容电流应在规定的允许值（表7.1）之内。大型发电机由于造价昂贵、结构复杂、检修困难且容量的增大使得其接地故障电流也随之增大，为了防止故障电流烧坏铁芯，大型发电机有的装设了消弧线圈，通过消弧线圈的电感电流与接地电容电流的相互抵消，把定子绕组单相接地电容电流限制在规定的允许值之内。

发电机中性点采用高阻接地方式（即中性点经配电变压器接地，配电变压器的二次侧接小电阻）的主要目的是限制发电机单相接地时的暂态过电压，防止暂态过电压破坏定子绕组绝缘，但另一方面也人为的增大了故障电流。因此采用这种接地方式的发电机定子绕组接地保护应选择尽快跳闸。

假设A相在距离定子绕组中性点 α 处发生金属性接地故障，如图7.7所示。作近似估计时机端各相对地电动势为

$$\left.\begin{aligned}\dot{U}_{AD}&=(1-\alpha)\dot{E}_{A}\\\dot{U}_{BD}&=\dot{E}_{B}-\alpha\dot{E}_{A}\\\dot{U}_{CD}&=\dot{E}_{C}-\alpha\dot{E}_{A}\end{aligned}\right\}\tag{7.13}$$

式中　α——中性点到故障点的绕组占全部绕组的百分数。

由相量图可以求得故障零序电压为

$$\dot{U}_{k0\alpha}=\frac{1}{3}(\dot{U}_{AD}+\dot{U}_{BD}+\dot{U}_{CD})=-\alpha\dot{E}_{A}\tag{7.14}$$

式（7.14）表明，零序电压将随着故障点位置的不同而改变。当 $\alpha=1$ 时，即机端接地，故障点的零序电压 $\dot{U}_{k0\alpha}$ 最大，等于额定相电压。

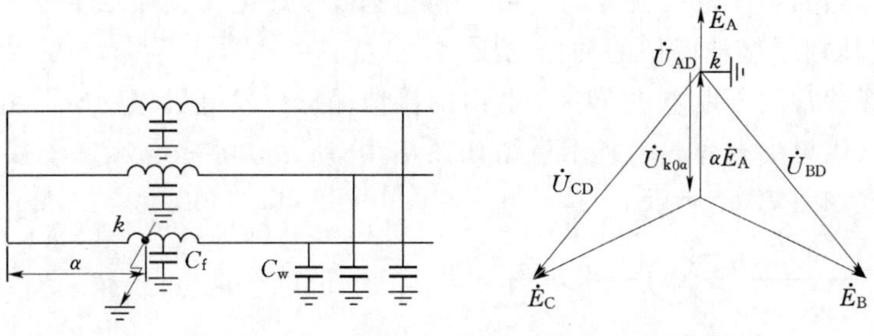

图 7.7　发电机定子绕组单相接地时的电路图和相量图

(a) 电路图；(b) 相量图

零序等效网络中（如图 7.8 所示），为发电机各相的对地电容，为发电机外部各元件对地电容，L 是代表中性点消弧线圈的电感。

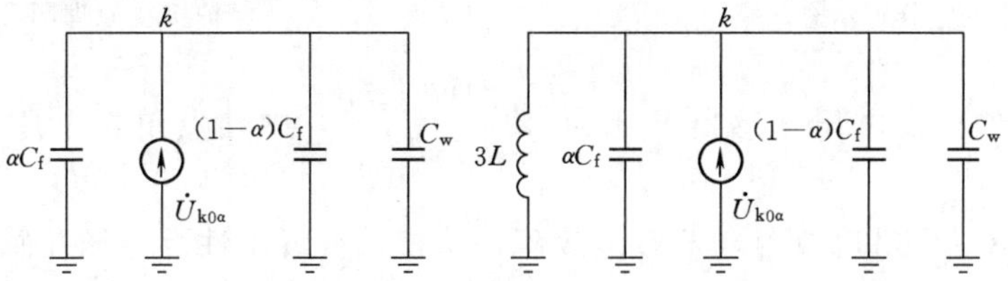

图 7.8　发电机定子绕组单相接地时的零序等效网络

(a) 中性点不接地；(b) 中性点经消弧线圈接地

当中性点不接地时，故障点的接地电流为

$$\dot{I}_{k\alpha}=-j3\omega(C_f+C_W)\alpha\dot{E}_A \tag{7.15}$$

当中性点经消弧线圈接地时，故障点的接地电流为

$$\dot{I}_{k\alpha}=j\left[\frac{1}{\omega L}-3\omega(C_f+C_W)\right]\alpha\dot{E}_A \tag{7.16}$$

由式（7.16）可知，经消弧线圈接地可以补偿故障接地的容性电流。在大型发电机—变压器组单元接线的情况下，由于总电容为定值，一般采用欠补偿运行方式，即补偿的感性电流小于接地容性电流，这样有利于减小电力变压器耦合电容传递的过电压。

当发电机电压网络的接地电容电流大于允许值时，不论该网络是否装有消弧线圈，接保护动作于跳闸；当接地电流小于允许值时，接地保护动作于信号，即可以不立即跳闸，值班人员请示调度中心，转移故障发电机的负荷，然后平稳停机进行检修。

7.4.2　利用零序电压构成的发电机定子绕组单相接地保护

根据式（7.15）可以画出零序电压 $3U_0$ 随故障点位置 α 变化的曲线图，如图 7.9 所示。越

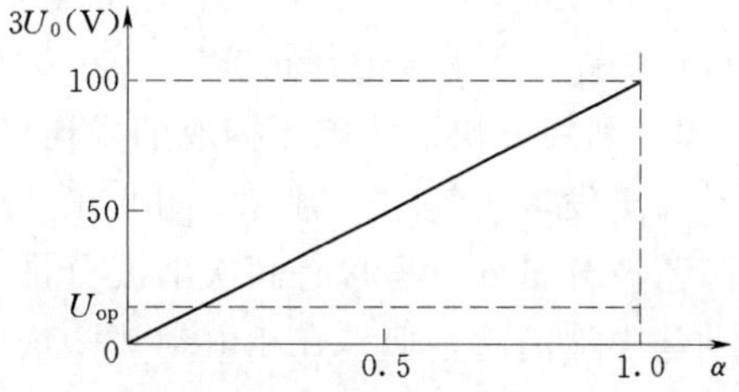

图 7.9　定子绕组单相接地时 $3U_0$ 与 α 的关系曲线

靠近机端，故障点的零序电压就越高，可以利用基波零序电压构成定子单相接地保护。图中 U_{op} 为零序电压定子接地保护的动作电压。

零序电压保护常用于发电机—变压器组的接地保护。发电机—变压器组的一次接线及相关对地电容（用集中电容表示）示意图如图 7.10 所示，零序电压定子接地保护使用的零序电压的获取如图 7.11 所示。

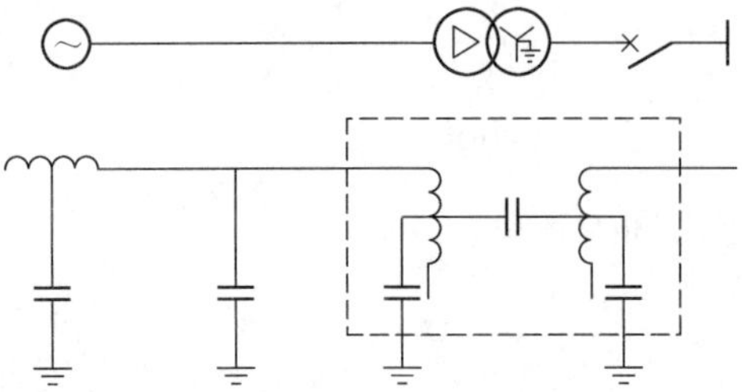

图 7.10 发电机—变压器组电压系统的对地电容分布示意图

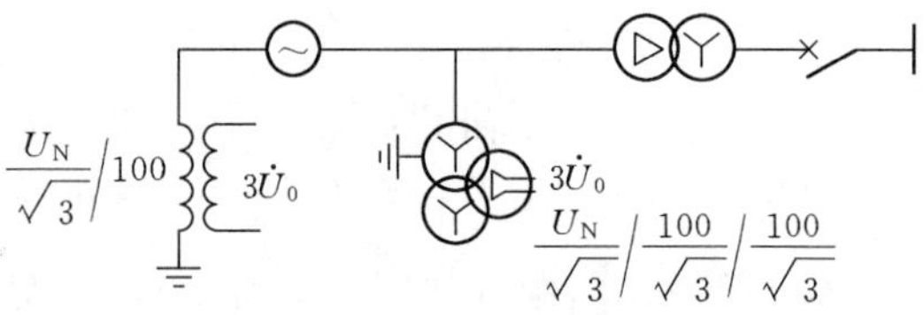

图 7.11 发电机变压器组单相接地保护接线原理图

图 7.11 中的机端电压互感器变比为 $\frac{U_N}{\sqrt{3}}\Big/\frac{100}{\sqrt{3}}\Big/\frac{100}{\sqrt{3}}$，中性点单相电压互感器变比为 $\frac{U_N}{\sqrt{3}}\Big/100$。如果机端发生金属性单相接地故障，从机端或者中性点电压互感器得到的基波零序电压二次值为 100V。距离中性点 α 处发生单相金属性接地故障时，基波零序电压二次值为 $a\times100$V。

零序电压可取自发电机机端 TV 的开口三角绕组或中性点 TV 二次侧（也可从发电机中性点接地消弧线圈或者配电变压器二次绕组取得）。当保护动作于跳闸且零序电压取自发电机机端 TV 开口三角绕组时，需要有 TV 一次侧断线的闭锁措施。

影响不平衡零序电压 $3U_0$ 的因素主要有：发电机的三次谐波电势、机端三相 TV 各相间的变比误差（主要是 TV 一次绕组对开口三角绕组之间的变比误差）、发电机电压系统中三相对地绝缘不一致及主变压器高压侧发生接地故障时由变压器高压侧传递到发电机系统的零序电压。

由于发电机正常运行时，相电压中含有三次谐波，因此，在机端电压互感器接成开口三角的一侧也有三次谐波电压输出。因此为了提高灵敏度，保护需有三次谐波滤除功能。

目前 100%定子接地保护一般由两部分组成：一部分是零序电压保护，保护定子绕组的 85%以上；另一部分需要其他原理（如三次谐波原理或叠加电源方式原理）的保护共同构成 100%定子接地保护。

7.4.3 利用三次谐波电压构成的发电机定子绕组单相接地保护

由于发电机气隙磁通密度的非正弦分布和铁磁饱和的影响，在定子绕组中感应的电动势除基波分量外，还含有高次谐波分量。其中三次谐波分量是零序性质的分量，虽然在线电动势中被消除，但是在相电动势中依然存在。

如果把发电机的对地电容等效地看作集中在发电机的中性点 N 和机端 S，且每相的电容大小都是 $0.5C_f$，并将发电机端引出线、升压变压器、厂用变压器以及电压互感器等设

备的每相对地电容 C_w 也等效在机端，并设三次谐波电动势为 E_3，那么当发电机中性点不接地时，其等值电路如图 7.12（a）所示。这时中性点及机端的三次谐波电压分别为

$$U_{N3}=\frac{C_f+2C_w}{2(C_f+C_w)}E_3 \tag{7.17}$$

$$U_{S3}=\frac{C_f}{2(C_f+C_w)}E_3 \tag{7.18}$$

机端三次谐波电压 U_{S3} 与中性点三次谐波电压 U_{N3} 之比为

$$\frac{U_{S3}}{U_{N3}}=\frac{C_f}{C_f+2C_w} \tag{7.19}$$

由式（7.19）可见，在正常运行时，发电机中性点侧的三次谐波电压 U_{N3}。总是大于发电机端的三次谐波电压 U_{S3}。当发电机孤立运行时，即发电机出线端开路，$C_w=0$ 时，$U_{N3}=U_{S3}$。

当发电机中性点经消弧线圈接地时，其等值电路如图 7.12（b）所示，假设基波电容电流被完全补偿，即

$$\omega L=\frac{1}{3\omega(C_f+C_w)} \tag{7.20}$$

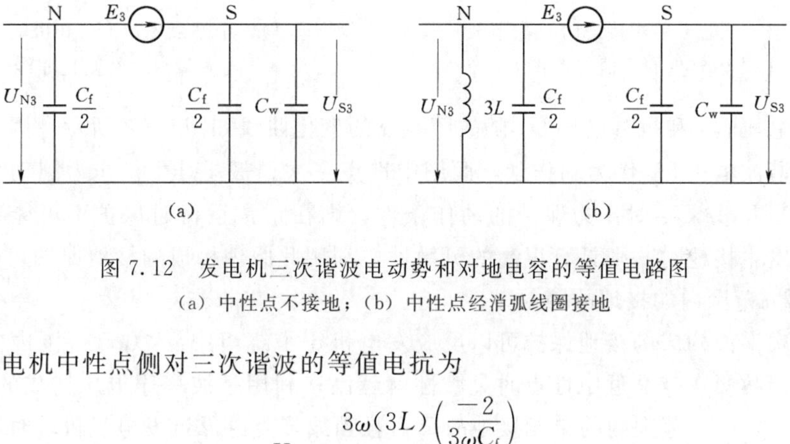

（a）　　（b）

图 7.12　发电机三次谐波电动势和对地电容的等值电路图

（a）中性点不接地；（b）中性点经消弧线圈接地

此时发电机中性点侧对三次谐波的等值电抗为

$$X_{N3}=\frac{3\omega(3L)\left(\frac{-2}{3\omega C_f}\right)}{3\omega(3L)-\frac{2}{3\omega C_f}} \tag{7.21}$$

整理后得

$$X_{N3}=-\frac{6}{\omega(7C_f-2C_w)} \tag{7.22}$$

发电机端对三次谐波的等值电抗为

$$X_{S3}=-\frac{6}{3\omega(C_f+2C_w)} \tag{7.23}$$

因此，发电机端三次谐波电压和中性点三次谐波电压之比为

$$\frac{U_{S3}}{U_{N3}}=\frac{X_{S3}}{X_{N3}}=\frac{7C_f-2C_w}{9(C_f+2C_w)} \tag{7.24}$$

式（7.24）表明，接入消弧线圈后，中性点的三次谐波电压在正常运行时比机端三次谐波电压更大。在发电机出线端开路时，即 $C_\omega=0$ 时，则

$$\frac{U_{S3}}{U_{N3}}=\frac{7}{9} \tag{7.25}$$

当发电定子绕组发生金属性单相接地时，设接地点发生在距中性点 α，其等值电路如图 7.13 所示，此时不管发电机中性点是否接有消弧线圈，总是有 $U_{N3}=\alpha E_3$ 和 $U_{S3}=(1-\alpha)E_3$，两者相比，得

$$\frac{U_{S3}}{U_{N3}}=\frac{1-\alpha}{\alpha} \tag{7.26}$$

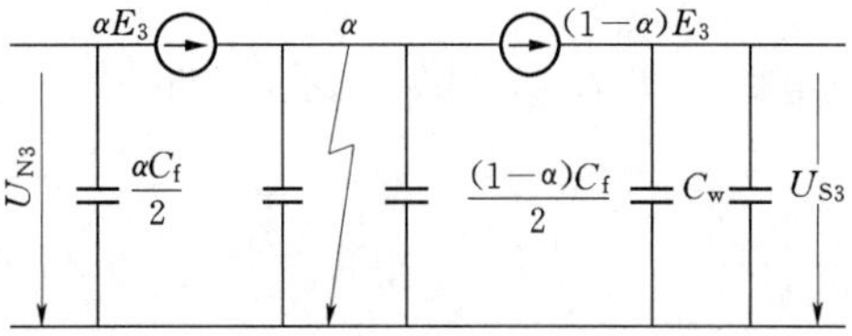

图 7.13　发电机单相接地时三次谐波电动势分布的等值电路图

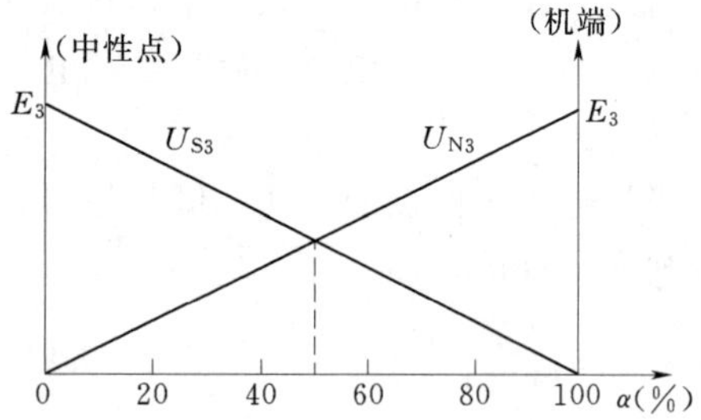

图 7.14　中性点电压 U_{N3} 和机端电压 U_{S3} 随故障点 α 的变化曲线

中性点电压 U_{N3} 和机端电压 U_{S3} 随故障点 α 的变化曲线如图 7.14 所示。因此，如果利用机端三次谐波电压 U_{S3} 作为动作量，而用中性点三次谐波电压 U_{N3} 作为制动量来构成接地保护。且当 $U_{S3}\geqslant U_{N3}$ 时作为保护的动作条件，则在正常运行时保护不可能动作，而当中性点附近发生接地时，则具有很高的灵敏性。利用此原理构成的接地保护，可以反应距中性点约 50% 范围内的接地故障。

利用三次谐波构成的接地保护可以反应发电机定子绕组中 $\alpha<0.5$ 范围内的单相接地故障，并且当故障点越靠近中性点时灵敏性就越高；利用基波零序电压构成的接地保护，则可以反应 $\alpha>0.15$ 范围内的单相接地故障，且当故障点越靠近发电机机端时，保护的灵敏性就越高。因此，利用三次谐波电压比值和基波零序电压的组合可以构成 100% 的定子绕组单相接地保护。

7.5　发电机负序电流保护

7.5.1　负序电流保护的作用

当电力系统中发生不对称短路或在正常运行情况下三相负荷不平衡时，在发电机定子绕组中将出现负序电流。此电流在发电机空气隙中建立的负序旋转磁场相对于转子为 2 倍的同步转速，因此将在转子绕组、阻尼绕组以及转子铁芯等部件上感应出 100Hz 的倍频电流该电流使得转子上电流密度很大的某些部位（如转子端部、护环内表面等），可能出现局部灼伤，甚至可能使护环受热松脱，从而导致发电机的重大事故。此外，负序气隙旋

转磁场与转子电流之间以及正序气隙旋转磁场与定子负序电流之间所产生的100Hz交变电磁转矩，将同时作用在转子大轴和定子机座上，从而引起100Hz的振动，威胁发电机安全。

负序在转子中所引起的发热量，正比于负序电流的平方与所持续的时间的乘积。在最严重的情况下，假设发电机转子为绝热体（即不向周围散热），则不使转子过热所允许的负序电流和时间的关系，可表示为

$$\int_0^t i_{2.*}^2 \mathrm{d}t = I_{2.*}^2 t = A \tag{7.27}$$

$$I_{2.*} = \sqrt{\frac{\int_0^t i_{2.*}^2 \mathrm{d}t}{t}} \tag{7.28}$$

式中 $i_{2.*}$——流经发电机的负序电流（以发电机额定电流为基准的标幺值）；

t——电流 $i_{2.*}$ 所持续的时间；

$I_{2.*}^2$——在时间 t 内 $i_{2.*}^2$ 的平均值（以发电机额定电流为基准的标幺值）；

A——与发电机型式和冷却方式有关的常数。

关于 A 的数值，应采用制造厂所提供的数据。其参考值：对于凸极式发电机或调相机可取 $A=40$；对于空气或氢气表面冷却的隐极式发电机可取 $A=30$；对于导线直接冷却的100～300MW汽轮发电机可取 $A=6\sim15$ 等。

随着发电机组容量的不断增大，它所允许的承受负序过负荷的能力也随之下降（A 值减小）。例如取600MW汽轮发电机 A 的设计值为4，其允许负序电流与持续时间的关系如图7.15中的轴线 *abcde* 所示。这对负序电流保护的性能提出了更高的要求。

针对上述情况而装设的发电机负序过电流保护实际上是对定子绕组电流不平衡而引起转子过热的一种保护，因此应作为发电机的主保护之一。

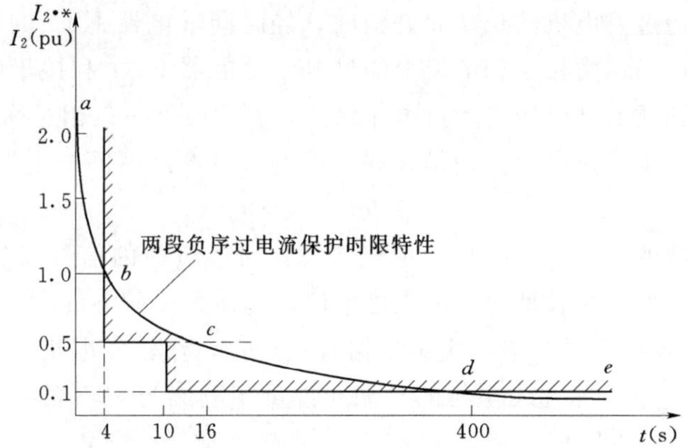

图7.15 两段定时限负序过电流保护动作特性

图7.15所示为两段定时限负序过电流保护动作特性与发电机允许负序电流曲线的配合情况。

此外，由于大容量机组的额定电流很大，而在相邻元件末端发生两相短路时的短路电流可能较小，此时采用复合电压启动的过电流保护往往不能满足作为相邻元件后备保护时

针对灵敏性的要求。在这种情况下，采用负序过电流保护作为后备保护，就可以提高不对称短路时的灵敏性。由于负序过电流保护不能反映于三相短路，因此，当用它作为后备保护时，还需要附加装一个单相式的低电压启动过电流保护，以专门反映三相短路（参见图7.16）。

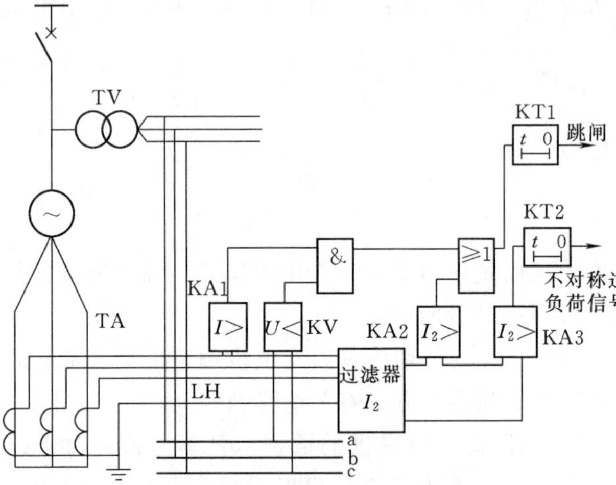

图7.16　发电机负序电流及单相式电压启动过电流保护的原理接线图

7.5.2　定时限负序过电流保护

目前对表面冷却的汽轮机发电机和水轮发电机，大都采用两段式定时限负序过电流保护，其原理接线如图7.16所示。在经过负序电流滤过器输出的回路中，接入两个电流元件KA3和KA2。其中继电器KA2具有较大的整定值，经时间继电器KT1的延时后动作于发电机跳闸，以作为防止转子过热和后备保护之用。另一继电器KA3则具有较小的整定值，当负序电流超过发电机的长期允许值时，经时间继电器KT2的延时后，发出发电机的不对称过负荷信号。由接于相电流上的过电流继电器KA1和接于线电压上的低电压继电器KV组成单相式的低电压启动过电流保护，以专门反映三相对称短路。单相式低电压启动过电流保护与负序过电流保护是并联工作的，也经过时间继电器KT1的延时后动作于跳闸。

负序过电流保护的整定值可按以下原则考虑：对过负荷的信号部分（继电器KA3），其整定值应按照躲开发电机长期允许的负序电流值和最大负荷下负序滤过器的不平衡电流（均应考虑继电器的返回系数）来确定。根据有关规定，汽轮发电机的长期允许负序电流为6%～8%的额定电流，水轮发电机的长期允许负序电流为12%的额定电流。因此，一般情况下其整定值可取为

$$I_{2\cdot set\cdot *}=0.1I_{2\cdot\infty\cdot *} \tag{7.29}$$

式中　$I_{2\cdot set\cdot *}$——负序过电流保护整定值；

$I_{2\cdot\infty\cdot *}$——长期允许的负序电流。

负序电流保护的动作时限则应保证在外部不对称短路时动作的选择性，一般采用5～10s。

对于跳闸的保护部分（继电器 KA2），其整定值应按照发电机短时间允许的负序电流，参照式（7.29）确定。在选择动作电流时，应当给出一个计算时间 t_{cal}，在这个时间内，值班人员有可能采取措施来消除产生负序电流的运行方式，一般 $t_{cal}=120s$，此时保护装置动作电流的整定值（标幺值）应为

$$I_{2\cdot set\cdot *}\leqslant\sqrt{\frac{A}{120}} \tag{7.30}$$

对表面冷却的发电机组，$A=30\sim40$，代入式（7.30）后可得

$$I_{2\cdot set\cdot *}=(0.5\sim0.6)I_{2\cdot\infty\cdot *} \tag{7.31}$$

此外，保护装置的动作电流还应与相邻元件的后备保护在灵敏系数上相配合，满足越靠近故障点灵敏系数越高的要求。如在图 7.17 所示的接线中，发电机和变压器上都有独立的负序过电流保护作为后备保护，则当高压母线上 k 点发生不对称短路时，发电机负序过电流保护的灵敏系数应较变压器的低。引入一个配合系数 K_{coop}，则发电机负序的动作电流的整定值应为

$$I_{2\cdot set\cdot *}=K_{coop}I_{2\cdot cal\cdot *} \tag{7.32}$$

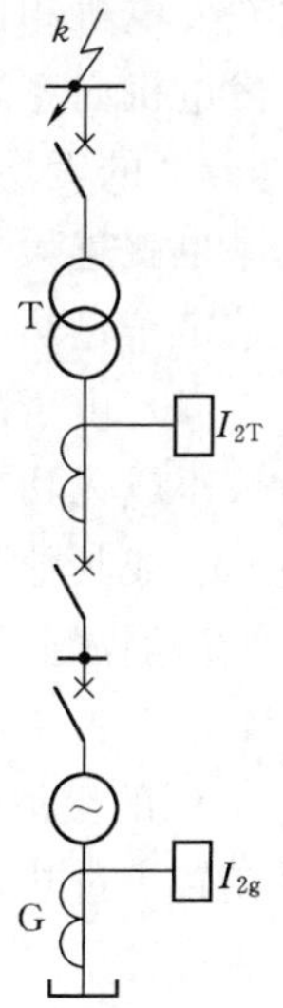

图 7.17 对灵敏系数相互配合的说明

K_{coop}——配合系数，取 1.1；

$I_{2\cdot cal\cdot *}$——在进行计算的运行方式下，发生外部故障且流过升压变压器的负序短路电流正好与其负序电流保护的启动电流相等时，流过被保护发电机的负序短路电流。

保护的动作时限仍按后备保护的原则逐级配合，一般取为 3～5s。

7.6 发电机的失磁保护

7.6.1 发电机失磁运行及后果

发电机失磁故障是指发电机的励磁突然全部消失或部分消失。引起失磁的原因有转子绕组故障、励磁机故障、自动灭磁开关误跳闸、半导体励磁系统中某些元件损坏或回路发生故障以及误操作等。各种失磁故障综合起来看，有以下几种形式：励磁绕组直接短路或经励磁电机电枢绕组闭路而引起的失磁，励磁绕组开路引起的失磁，励磁绕组经灭磁电阻短接而失磁，励磁绕组经整流器闭路（交流电源消失）失磁。

当发电机完全失去励磁时，励磁电流将逐渐衰减至零。由于发电机的感应电动势 $\dot{E}_d$ 随着励磁电流的减小而减小，因此，其电磁转矩也将小于原动机的转矩，因而引起转子加速，使发电机的功角 δ 增大：当 δ 超过超过静态稳定极限角时，发电机与系统失去同步。发电机失磁后将从电力系统中吸取感性的无功功率。在发电机超过同步转速后，转子回路中将感应出频率为 f_g-f_s（其中，f_g 为对应发电机转速的频率，f_s 为系统的频率）的电流，此电流产生异步转矩。当异步转矩与原动机转矩达到新的平衡时，即进入稳定的异步运行。

当发电机失磁进入异步运行时，将对电力系统和发电机产生以下影响：

（1）需要从电力系统中吸收很大的无功功率以建立发电机的磁场。所需无功功率的大

小，主要取决于发电机的参数（X_1、X_2、X_{ad}）以及实际运行时的转差率。汽轮发电机与水轮发电机相比，前者的同步电抗 $X_d(=X_1+X_{ad})$ 较大，所需无功功率较小。假设失磁前发电机向系统送出无功功率 Q_1，而在失磁后从系统吸收无功功率 Q_2，则系统中将出现 Q_1+Q_2 的无功功率缺额。失磁前带的有功功率越大，失磁后转差就越大，所吸收的无功功率也就越大。因此，在重负荷下失磁进入异步运行后，如不采取措施，发电机将因过电流使定子过热。

（2）由于从电力系统中吸收无功功率将引起电力系统的电压下降，如果电力系统的容量较小或无功功率储备不足，则可能使失磁发电机的机端电压、升压变压器高压侧的母线电压、或其他邻近的电压低于允许值，从而破坏了负荷与各电源间的稳定运行，甚至可能因电压崩溃而使系统瓦解。

（3）失磁后发电机的转速超过同步转速，因此，在转子及励磁回路中将产生频率为 f_g-f_s 的交流电流，即差频电流。差频电流在转子回路中产生的损耗，如果超出允许值，将使转子过热，特别是直接冷却的大型机组，其热容量的裕度相对降低，转子更易过热。而流过转子表层的差频电流，还可能能使转子本体与槽楔、护环的接触面上发生严重的局部过热。

（4）对于直接冷却的大型汽轮发电机，其平均异步转矩的最大值较小，惯性常数也相对较低，转子在纵轴和横纵方向呈现较明显的不对称，使得在重负荷下失磁后，这种发电机的转矩、有功功率要发生周期性摆动。这种情况下，将有很大的电磁转矩周期性地作用在发电机轴系上，并通过定子传到机座上，引起机组振动，直接威胁着机组的安全。

（5）低励磁或失磁运行时，定子端部漏磁增加，将使端部和边段铁芯过热。实际上，这一情况通常是限制发电机失磁异步运行能力的主要条件。

由于汽轮发电机异步功率比较大，调速器也较灵敏，因此当超速运行后，调速器立即关小汽门，使汽轮机的输出功率与发电机的异步功率很快达到平衡，在转差率小于0.5%的情况下即可稳定运行。故汽轮发电机在很小转差下异步运行一段时间，原则上是完全允许的。此时，是否需要并允许异步运行，则主要取决于电力系统的具体情况。例如，当电力系统的有功功率供应比较紧张，同时一台发电机失磁后，系统能够供给它所需要的无功功率，并能保证电力系统的电压水平时，则失磁后就应该继续运行；反之，若系统没有能力供给失磁发电机所需要的无功功率，并且系统中有功功率有足够的储备，则失磁以后就不应该继续运行。

对水轮发电机而言，考虑到：①其异步功率较小，必须在较大的转差下（一般达到1%～2%）运行，才能发出较大的功率；②由于水轮机的调速器不够灵敏，时滞较大，甚至可能在功率尚未达到平衡以前就大大超速，从而使发电机与系统解列；③其同步电抗较小，如果异步运行，则需要从电力系统吸收大量的无功功率；④其纵轴和横轴很不对称，异步运行时，机组振动较大等，因此水轮发电机一般不允许在失磁以后继续运行。

在发电机上，尤其是在大型发电机上应装设失磁保护，以便及时发现失磁故障，并采取必要的措施（如发出信号、自动减负荷、动作于跳闸等），以保证发电机和系统的安全。

7.6.2 发电机失磁后的机端测量阻抗

发电机与无限大系统并列运行等值电路和相量图如图7.18所示。图中 $\dot{E}_d$ 为发电机的同步电动势；$\dot{U}_g$ 为发电机端的相电压；$\dot{U}_S$ 为无穷大系统的相电压；$\dot{I}$ 为发电机的定子电流；X_d 为发电机的同步电抗；X_S 为发电机与系统之间的联系电抗；φ 为受端的功率因数角；δ 为$\dot{E}_d$ 和 U_S 之间的夹角（即功角）。根据电机学知识，发电机送到受端的功率 $S=P-jQ$分别为

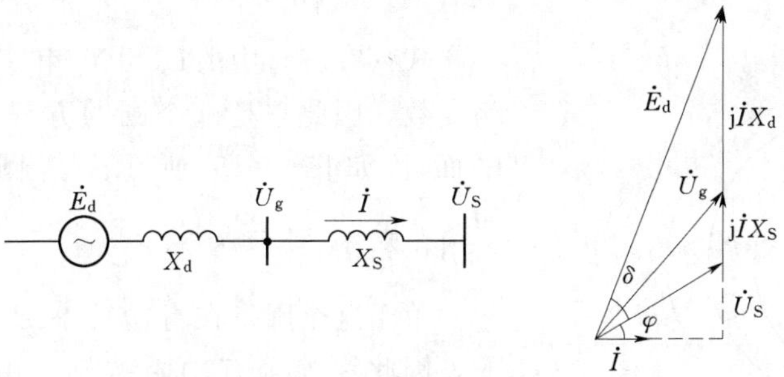

(a) (b)

图 7.18 发电机与无限大系统并列运行

(a) 等值电路；(b) 相量图

$$P=\frac{E_d U_S}{X_\Sigma}\sin\delta \tag{7.33}$$

$$Q=\frac{E_d U_S}{X_\Sigma}\cos\delta-\frac{U_S^2}{X_\Sigma} \tag{7.34}$$

受端的功率因数角为

$$\varphi=\arctan\frac{Q}{P} \tag{7.35}$$

在正常运行时，一般当 $\delta<90°$；一般当不考虑励磁调节器的影响时，$\delta=90°$为稳定运行的极限；$\delta>90°$后发电机失步。

7.6.2.1 发电机在失磁过程中的机端测量阻抗

发电机从失磁开始到进入稳态异步运行，一般可分为三个阶段。

1. 失磁后到失步前

在此阶段中，转子电流逐渐减小，发电机的电磁功率 P 开始减小，由于原动机所供给的机械功率还来不及减小，于是转子逐渐加速，使$\dot{E}_d$ 与$\dot{U}_S$ 之间的功角 δ 随之增大，P 又要回升。在这一阶段中，$\sin\delta$ 的增大与的$\dot{E}_d$ 减小相互补偿，基本上保持了电磁功率 P 不变。

无功功率 Q 将随着$\dot{E}_d$ 的减小和 δ 的增大而迅速减小，按式（7.34）计算的 Q 值将由正变为负，即发电机变为吸收感性的无功功率。

在这一阶段中，发电机端的测量阻抗为

$$Z_g=\frac{\dot{U}_g}{\dot{I}}=\frac{\dot{U}_S+j\dot{I}X_S}{\dot{I}}=\frac{\dot{U}_S\hat{\dot{U}}_S}{\dot{I}\hat{\dot{U}}_S}+jX_S=\frac{U_S^2}{S}+jX_S$$

$$=\frac{U_S^2}{2P}\times\frac{P-jQ+P+jQ}{P-jQ}+jX_S=\frac{U_S^2}{2P}\left(1+\frac{P+jQ}{P-jQ}\right)+jX_S$$

$$=\left(\frac{U_S^2}{2P}+jX_S\right)+\frac{U_S^2}{2P}e^{j2\varphi} \tag{7.36}$$

$$\varphi=\arctan\frac{Q}{P}$$

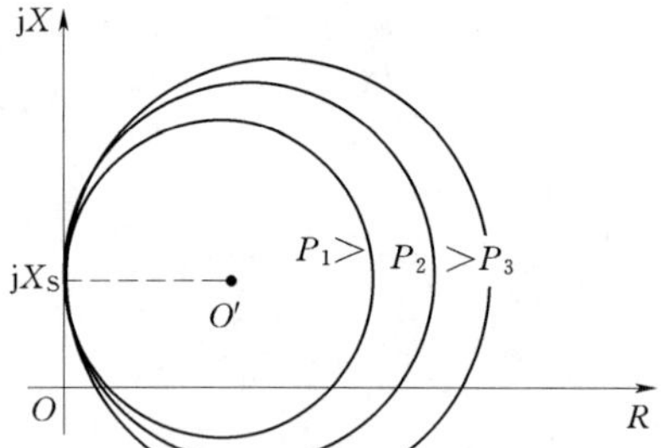

图 7.19　等有功阻抗图

式（7.36）中的U_S、X_S和P为常数，而Q和φ为变数，因此它是一个圆的方程式，表示在复阻抗平面上如图 7.19 所示。其圆心O'的坐标为$\left(\frac{U_S^2}{2P}，X_S\right)$，半径为$\frac{U_S^2}{2P}$。

由于这个圆是在有功功率P不变的条件下做出的，因此称为等有功阻抗圆。由式（7.36）可见，机端测量阻抗的轨迹与P有密切关系，对应不同的P值有不同的阻抗圆，且P越大时圆的直径越小。

发电机失磁以前，向系统送出无功功率，φ角为正，测量阻抗位于第一象限，失磁以后随着无功功率的变化，φ角由正值变为负值，因此测量阻抗也沿着圆周随之由第一象限过渡到第四象限。

2. 临界失步点

对汽轮发电机组，当时$\delta=90°$，发电机处于失去静态稳定的临界状态，故称为临界失步点。此时由式（7.34）可得输送到受端的无功功率为

$$Q=-\frac{U_S^2}{X_\Sigma} \tag{7.37}$$

式中，Q为负值，表明临界失步时，发电机自系统吸收无功功率，且为常数，故临界失步点也称为等无功点。此时机端的测量阻抗为

$$Z_g=\frac{\dot U_g}{\dot I}=\frac{U_S^2}{S}+jX_S=\frac{U_S^2}{-j2Q}\times\frac{P-jQ+(P+jQ)}{S}+jX_S$$

$$=\frac{U_S^2}{-j2Q}\times\frac{P-jQ+(P+jQ)}{S}+jX_S=\frac{U_S^2}{-j2Q}\times\left(1-\frac{P+jQ}{P-jQ}\right)+jX_S$$

$$=\frac{U_S^2}{-j2Q}\times(1-e^{j2\varphi})+jX_S$$

将式（7.37）的Q值代入并化简后可得

$$Z_g=\frac{X_d+X_S}{j2}(1-e^{j2\varphi})+jX_S=-j\frac{X_d+X_S}{2}+j\frac{X_d+X_S}{2}e^{j2\varphi}+jX_S$$

$$=-j\frac{X_d-X_S}{2}+j\frac{X_d+X_S}{2}e^{j2\varphi} \tag{7.38}$$

由式（7.37）可知，发电机在输出不同的有功功率P而临界失稳时，其无功功率Q恒为常数。因此，在式（7.39）中，φ为变数，也是一个圆的方程，如图 7.20 所示。其圆心的坐标为（0，$-\frac{X_d-X_S}{2}$），圆的半径为$\frac{X_d+X_S}{2}$。这个圆称为临界失步圆，也称为静

稳阻抗圆或等无功阻抗圆。其圆周为发电机以不同的有功功率 P 临界失稳时，机端测量阻抗的轨迹，圆内为静稳破坏区。

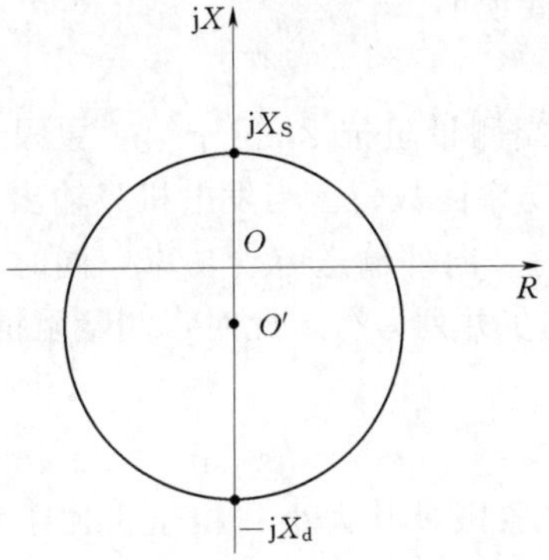

图 7.20 临界失步图

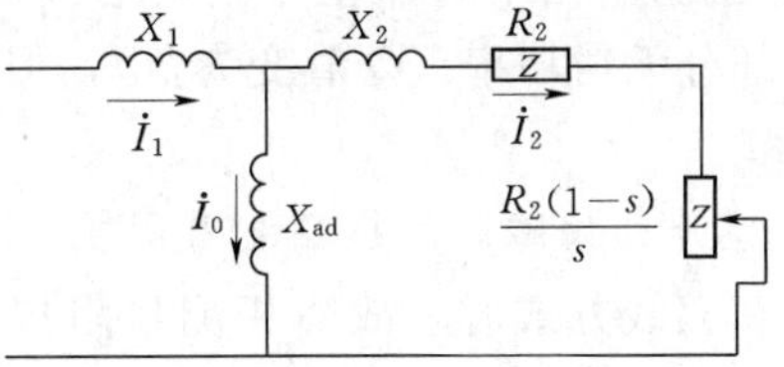

图 7.21 异步电机等效图

3. 静稳破坏后的异步运行阶段

静稳破坏后的异步运行阶段可用图 7.21 所示的等效电路来表示，此时按图 7.18 所规定的电流正方向，机端测量阻抗应为

$$Z_g=-\left[jX_1+\frac{jX_{ad}\left(\frac{R_2}{s}+jX_2\right)}{\frac{R_2}{s}+j(X_{ad}+X_2)}\right] \tag{7.39}$$

当发电机空载运行失磁时，转差 $S\approx0$，$\frac{R_2}{S}\approx\infty$，此时机端的测量阻抗为最大

$$Z_g=-jX_1-jX_{ad}=-jX_d \tag{7.40}$$

当发电机在其他运行方式下失磁时，Z_g 将随转差率增大而减小，并位于第四象限。极限情况是当 $f_g\to\infty$ 时，$s\to\infty$，$\frac{R_2}{s}$ 趋近于零，Z_g 的数值为最小。此时，有

$$Z_g=-j\left(X_1+\frac{X_2X_{ad}}{X_2+X_{ad}}\right)=-jX'_d \tag{7.41}$$

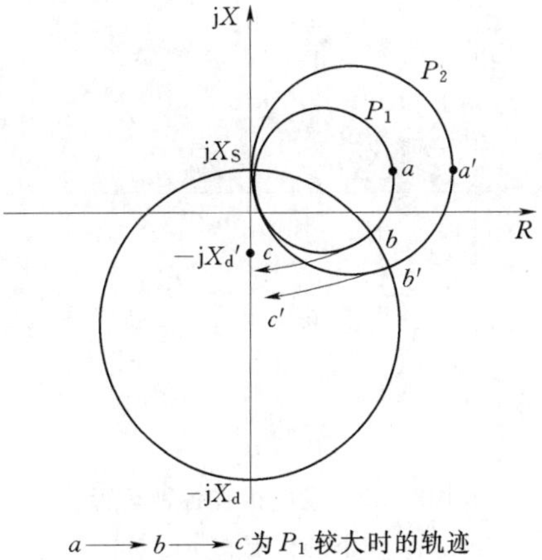

图 7.22 发电机端测量阻抗失磁后的变化轨迹

综上所述，当发电机失磁前在过激状态下运行时，其机端测量阻抗位于复数平面的第一象限（如图 7.22 中的 a 或 a' 点所示），失磁以后，测量阻抗沿等有功阻抗圆向第四象限移动。当它与静稳阻抗圆（等无功阻抗圆）相交时（b 或 b' 点），表示机组运行处于静稳定的极限。越过 b（或 b' 点）点以后，转入异步运行，最后稳定运行于（c 或 c'）点，此时平均异步功率与调节后的原动机输入功率相平衡。

7.6.2.2　发电机在其他运行方式下的机端测量阻抗

为了便于和失磁情况下的机端测量阻抗（如图 7.23 中的 Z_{g4} 所示）进行鉴别和比较，现对发电机在下列几种运行情况下的机端测量阻抗简要说明。

1. 发电机正常运行时的机端测量阻抗

当发电机向外输送有功功率和无功功率时，其机端测量阻抗 Z_g 位于第一象限，如图 7.23 中的 Z_{g1}，它与 R 轴的夹角 φ 为发电机运行时的功率因数角。当发电机只输出有功功率时，测量阻抗 Z_{g2} 位于 R 轴上。当发电机欠激运行时，向外输送有功功率，同时从电力系统吸收一部分无功功率（Q 值变为负），但仍保持同步并列运行，此时，测量阻抗 Z_{g3} 位于第四象限。

2. 发电机外部故障时的机端测量阻抗

当采用 0°接线方式时，故障相测量阻抗位于第一象限，其大小和相位正比于短路点到保护安装地点之间的阻抗 Z_k，如图 7.23 中的 Z_{g5}。

3. 发电机与系统间发生振荡时的机端测量阻抗

根据图 7.24 的等值电路和振荡对保护影响的分析，当假定机端母线为无限大母线，即认为 $E_d \approx U_S$ 时，振荡中心位于$\frac{1}{2}X_\Sigma$处。当 $X_S \approx 0$ 时，振荡中心即位于$\frac{1}{2}X'_d$，此时机端测量阻抗的轨迹沿直线$\overline{OO'}$变化，如图 7.24 所示。当 $\delta = 180°$时，测量阻抗的最小值 $Z_g = -\mathrm{j}\,\frac{1}{2}X'_d$。

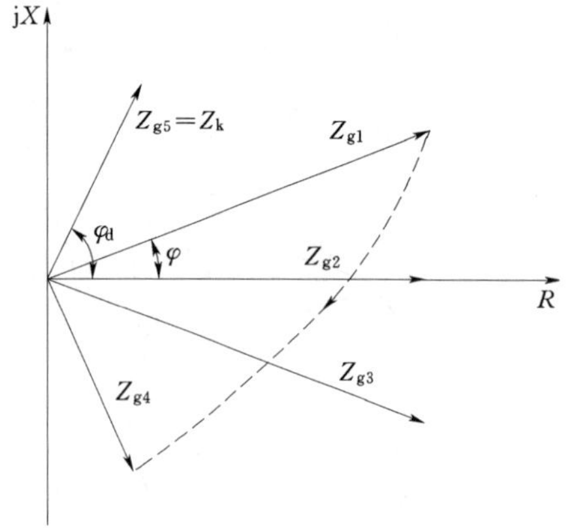

图 7.23　发电机在各种运行状况下的机端测量阻抗

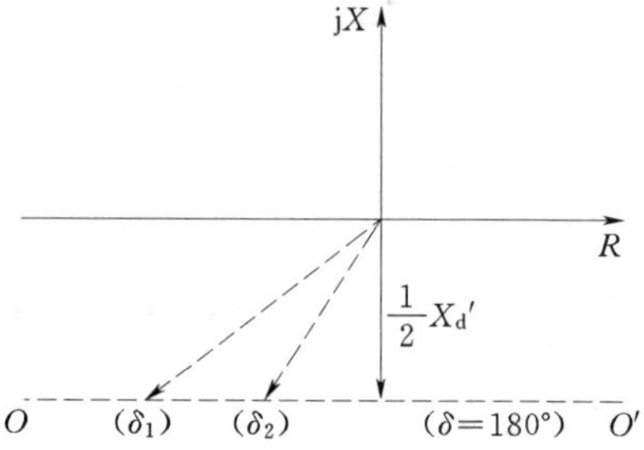

图 7.24　系统振荡时机端测量

4. 发电机自同步并列时的机端测量阻抗

在发电机接近于额定转速，不加励磁而投入断路器的瞬间，与发电机空载运行时发生失磁的情况实质上是一样的。但由于自同步并列的方式是在断路器投入后立即给发电机加上励磁，因此，发电机无励磁运行的时间极短。对此情况，应该采取措施防止失磁保护的误动作。

7.6.3　失磁保护转子判据

由各种原因引起的发电机失磁，其转子励磁绕组电压 u_f 都会出现降低，降低的幅度随失磁方式而不同。失磁保护的转子判据，便是根据失磁后 u_f 初期下降（以至到负）的特点来判别失磁故障。转子判据有两种整定方式。

1. 整定值固定的转子判据

由转子欠电压继电器来实现，可整定为

$$u_{fset}=0.8u_{f0} \tag{7.42}$$

式中 u_{f0}——发电机空载励磁电压。

整定值固定的方式，在发电机输出有功功率较大的情况下发生部分失磁时，测量阻抗可能已越过静稳边界，但 u_f 仍大于动作值，以致按此转子判据整定的保护仍未动作。因此，目前趋向于采用按当前有功负荷下静稳边界所对应的励磁电压整定。

2. 整定值随有功功率改变的转子判据

发电机在某一有功负荷 P 时失磁，其达到静稳边界所对应的励磁电压 u_f 也是某一定值。转子欠电压继电器即按此值整定，当 P 改变时，整定值跟随改变。

隐极发电机经电抗 X_S 连接到无穷大电源母线，该母线电压为 U_S，在该母线处送出的有功功率 P_S，亦即发电机有功功率为 $P=\frac{E_qU_S}{X_{d\Sigma}}\sin\varphi$，其中 $X_{d\Sigma}=X_d+X_S$。失磁后，u_f 下降，i_f 衰减，E_q 随之衰减。在静稳极限处，$\delta=90°$，此时 $E_{q\cdot\lim}=\frac{PX_{d\Sigma}}{U_S}$（下标 lim 代表极限之意）。以标幺值表示时，$U_S=1$，与 $E_{q\cdot\lim}$ 对应的静稳极限励磁电压 $u_{f\cdot\lim}=E_{q\cdot\lim}$，故

$$u_{f\cdot\lim}=PX_{d\Sigma} \tag{7.43}$$

绘成曲线如图 7.25 所示。图中同时画出了隐极机和凸极机静稳极限励磁电压 $u_{f\cdot\lim}$ 随着 P 的变化的曲线，其中 P_T 为凸极机功率。

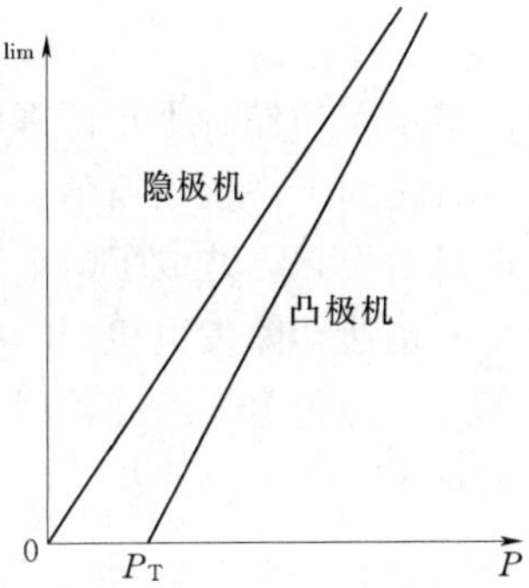

图 7.25 极限励磁电压与有功功率的关系曲线

7.6.4 失磁保护的构成方式

大型发电机失磁后，当电力系统或发电机本身的安全运行遭到威胁时，应将故障的发电机切除，以防止故障的扩大。完整的失磁保护通常由发电机机端测量阻抗判据、转子低电压判据、变压器高压侧低电压判据、定子过电流判据构成。发电机失磁保护构成的逻辑图如图 7.26 所示。

通常取机端阻抗判据作为失磁保护的主判据。一般情况下阻抗整定边界为静稳边界圆，故也称为静稳边界判据，但也可以为其他形状。当定子静稳判据和转子低电压判据同时满足时，判定发电机已失磁失稳，经与门“Y3”和延时 t_1 后出口切除发电机。若因某种原因造成失磁时转子低电压判据拒动，定子静稳判据也可单独出口切除发电机，此时为了单个元件动作的可靠性，增加了延时 t_4 才出口。

转子低电压判据满足时发失磁信号，并输出切换励磁命令。此判据可以预测发电机是否因失磁而失去稳定，从而在发电机尚未失去稳定之前及早地采取措施（如切换励磁等），防止事故的扩大。转子低电压判据满足并且静稳边界判据满足，则经与门“Y3”电路也将迅速发出失稳信号。此信号表明发电机由失磁导致失去了静稳，将进入异步运行。

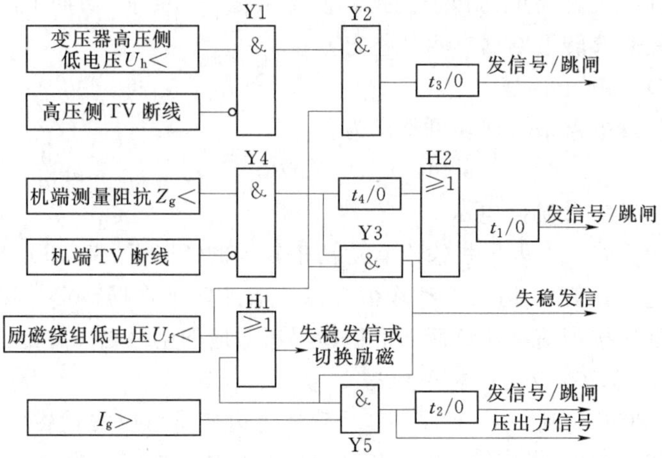

图7.26 发电机失磁保护的逻辑图

汽轮机在失磁时一般可允许异步运行一段时间，此期间由定子过电流判据进行监测。若定子电流大于1.05倍的额定电流，表明平均异步功率超过0.5倍的额定功率，发出压出力命令，压低发电机的出力后，允许汽轮机继续稳定异步运行一段时间。稳定异步运行一般允许2～15min（t_2），经过t_2之后再发跳闸命令。这样，在t_1期间运行人员可有足够的时间去排除故障，以图重新恢复励磁，避免跳闸，这对安全运行具有很大意义。如果出力在t_2内不能压下来，而过电流判据又一直满足，则发跳闸命令以保证发电机本身的安全。

对于无功储备不足的系统，当发电机失磁后，有可能在发电机失去静稳之前，高压侧电压就达到了系统崩溃值。所以转子低电压判据满足并且高压侧低电压判据满足时，说明发电机的失磁已造成了对电力系统安全运行的威胁，经与门“Y2”和短延时t_3发出跳闸命令，迅速切除发电机。

为了防止电压互感器回路断线时造成失磁保护误动作，变压器高、低压侧均有TV断线闭锁元件。

7.7 发电机励磁回路接地保护

发电机励磁回路（包括转子绕组）绝缘破坏会引起转子绕组匝间短路和励磁回路一点接地故障以及两点接地故障。发电机励磁回路一点故障很常见，而两点接地故障也时有发生。励磁回路一点接地故障，对发电机并未造成危害，如果发生两点接地故障，则将严重威胁发电机的安全。

当发电机励磁回路发生两点接地故障时，由于故障点流过相当大的故障电流而烧伤转子本体，由于部分绕组被短接，励磁电流增加，可能因过热而烧伤励磁绕组，同时，部分绕组被短接后，使得气隙磁通失去平衡，从而引起振动，特别是多极发电机会引起严重的振动，甚至会造成灾难性的后果。此外，汽轮发电机励磁回路两点接地，还可能使轴系和汽轮机磁化。因此，应该避免励磁回路的两点接地故障。

7.7.1 发电机励磁回路一点接地保护

1. 直流电桥式发电机励磁回路一点接地保护

利用电桥原理构成的一点接地保护原理如图 7.27（a）所示。图中，励磁绕组 LE 对地绝缘电阻为分布参数，此分布电阻用位于励磁绕组中点的集中电阻 R_y 表示。励磁绕组电阻构成电桥的两臂，将外接电阻 R_1 和 R_2 构成电桥的另外两臂。在 R_1 和 R_2 的连接点 a 与地之间，接入继电器 K，相当于把继电器 K 与绝缘电阻 R_y 串联后接于电桥的对角线上。在正常情况下，调节电阻 R_1 和 R_2，使流过继电器 KA 的不平衡电流最小，并使继电器的动作电流大于这一不平衡电流。

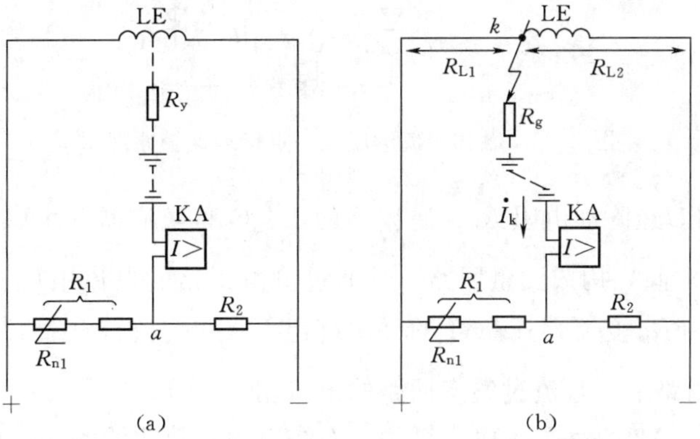

图 7.27 电桥式一点姐接地保护原理图

（a）正常情况；（b）k 点经过渡电阻 R_g 一点接地

当励磁绕组的某一点 k 经过渡电阻 R_g 接地后，电桥失去平衡。此时，流过继电器 KA 的电流由故障点 k 的位置和过渡电阻 R_g 的大小决定。当流过电流大于继电器 KA 的动作电流时，继电器动作，如图 7.27（b）所示。

当励磁绕组的正端或负端发生接地故障时，这种保护装置的灵敏度很高。然而，当故障点在励磁绕组中点附近时，即使发生金属性接地，保护装置也不能动作，因而存在死区。

为消除电桥式一点接地保护的缺陷，通常在电桥的 R_1 臂上串连一非线性电阻 R_{n1}，如图 7.27（b）所示。因为是非线性电阻，当电压升高时，电流非线性地增加，电阻 R_{n1} 下降；反之，则 R_{n1} 上升。这样一来，随着励磁电压的变化，非线性电阻时刻改变电桥的平衡条件，在某一电压下的死区，在另一电压下变为动作区，从而减小了拒动的几率。

2. 叠加交流电压式发电机励磁回路一点接地保护

利用导纳继电器的叠加交流电压式一点接地保护原理如图 7.28 所示。图中，TAA1 和 TAA2 是中间变流器，与整流器 U1 和 U2 组成两个电气量绝对值的电压形成回路；电阻 R_m 和 R_n 是整定电阻；L、C 组成 50Hz 带通滤波器，其中电容 C 还起着隔离直流的作用；R_b 是附加电阻；励磁回路的对地分布电导和电容以集中参数 $g_y=\dfrac{1}{R_y}$ 和 $b_y=\omega C_y=\dfrac{1}{X_y}$ 来表示，其中，R_y 是励磁回路对地绝缘电阻，C_y 是对地电容，X_y 则是相应的对地容抗。

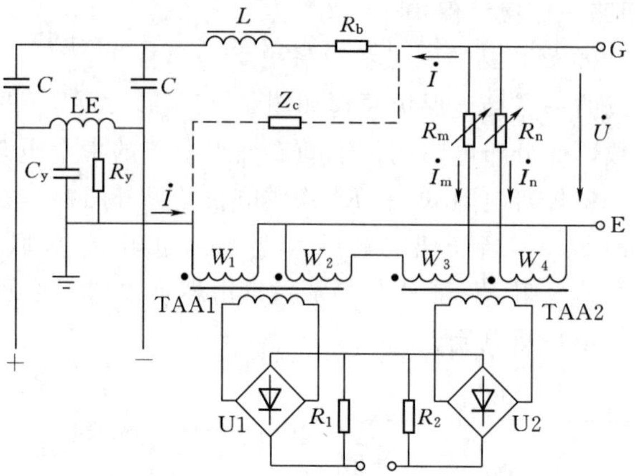

图 7.28　叠加交流电压式一点接地保护原理图

50Hz 交流电压$\dot{U}$经附加电阻 R_b、滤波器的 L、C 和变流器 TAA1 的一次绕组 W_1 叠加到励磁绕组与地之间，构成测量回路，且通过测量回路的电流用$\dot{I}$表示。同时交流电压加到整定电阻 R_m 和 R_n 变流器 TAA1 的一次绕组 W_2 和变流器 TAA2 的一次绕组 W_3 和 W_4 所构成的整定回路上，且流过整定回路的电流用$\dot{I}_m$ 和$\dot{I}_n$ 表示。

设 TAA1 和 TAA2 的每个一次绕组对二次绕组的匝数比均为 n，并将漏抗略去不计，W_2 和 W_3、W_4 的有效电阻归入 R_m 和 R_n 之中，规定保护装置的动作条件为

$$\left|\frac{1}{n}(\dot{I}-\dot{I}_m)\right| \leqslant \left|\frac{1}{n}(\dot{I}_n-\dot{I}_m)\right| \tag{7.44}$$

用导纳表示的上述动作条件为

$$|Y-g_m| \leqslant |g_n-g_m| \tag{7.45}$$

而动作的边界条件为

$$|Y-g_m| = |g_n-g_m| \tag{7.46}$$

式（7.46）中的 Y 是图 7.28 中 G、E 两端的测量导纳。此导纳随着励磁绕组的对地电纳 g_y 和对地电容 C_y 而变化。随着 g_y 和对地电容 C_y 的变化，测量导纳 Y 的轨迹是一个圆，圆心 $Y_{c\cdot set}=g_m$、半径 $Y_{r\cdot set}=g_n-g_m$。也就是说，保护装置的动作边界在导纳平面上是一个圆，圆心在 g 轴上 $Y_{r\cdot set}=g_m$ 处，半径为 $Y_{r\cdot set}=g_n-g_m$。

$Y_{c\cdot set}$和 $Y_{r\cdot set}$称为整定导纳，由 $Y_{c\cdot set}$和 $Y_{r\cdot set}$决定的圆，称为整定圆，如图 7.29 所示，圆内是动作区。在正常情况下，测量导纳 Y 的末端在圆外；当发生接地故障后，对地电纳变大，若 Y 的末端进入圆内，保护动作。

叠加交流电压式一点接地保护的等效电路如图 7.30 所示。图中阻抗 Z_b 为由 G、E 两点看到的除 C_y、R_y 外的电流$\dot{I}$回路的所有阻抗，而且 Z_b 是常数。

设法使 Z_b 为纯电阻 R_b，即 G、E 两点间测量回路中，除励磁绕组对地电容 C_y 及 R_y 外，其综合阻抗为纯阻性，亦即图 7.28 中的 L 和 C 对于 50Hz 而言应该完全补偿，当 $R_y=R_{y\cdot set}$时，对地测量导纳的临界动作轨迹为一圆，圆心为

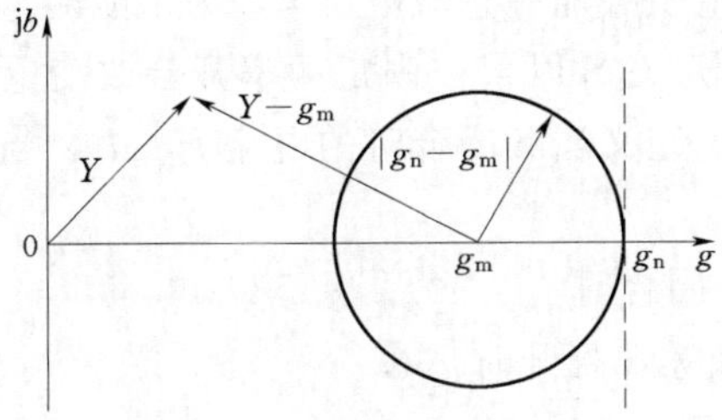

图 7.29　叠加交流电压一点接地保护的整定图

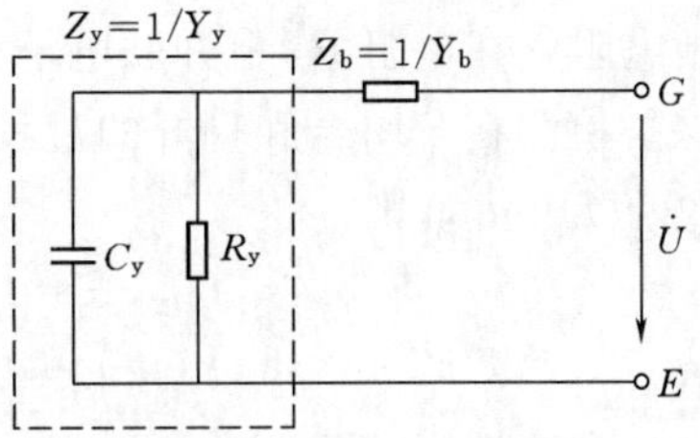

图 7.30　叠加交流电压一点接地保护的等效电路

$$Y_C=\frac{1}{R_b}-\frac{R_{y\cdot set}}{2(R_b^2+R_bR_{y\cdot set})}\tag{7.47}$$

半径为

$$Y_r=\frac{R_{y\cdot set}}{2(R_b^2+R_bR_{y\cdot set})}\tag{7.48}$$

其中，R_b 是保护装置参数，是可调的已知数，只要选定励磁回路接地保护的整定值 $R_{y\cdot set}$，就可根据 Y_c 和 Y_r 作出对应的对地测量导纳圆。因为这种导纳圆是对某一个不变的电导$\frac{1}{R_{y\cdot set}}$而言的，所以为等电导圆，如图 7.31 所示的实线图，其中间的整实线圆为 $R_{y\cdot set}=2\text{k}\Omega$ 的整定圆。

如果图 7.31 中对应 $R_{y\cdot set}=2\text{k}\Omega$ 的等电导圆与图 7.29 的整定圆重合，则当励磁绕组对地绝缘下降到 $R_{y\cdot set}=2\text{k}\Omega$ 时，励磁回路一点接地保护动作，并且与励磁绕组对地电容 C_y 无关。这里，继电器回路的 Z_b 必须为纯电阻 R_b 时，此励磁回路一点接地保护才能达到这样的理想动作特性。

3. 切换采样式发电机励磁回路一点接地保护

切换采样式一点接地保护的原理图如图 7.32 所示。图中，U_f' 为定子负端点到故障点的绕组电压，R_g 为过渡电阻，E 为叠加电压，R_1、R_2 为负载电阻。

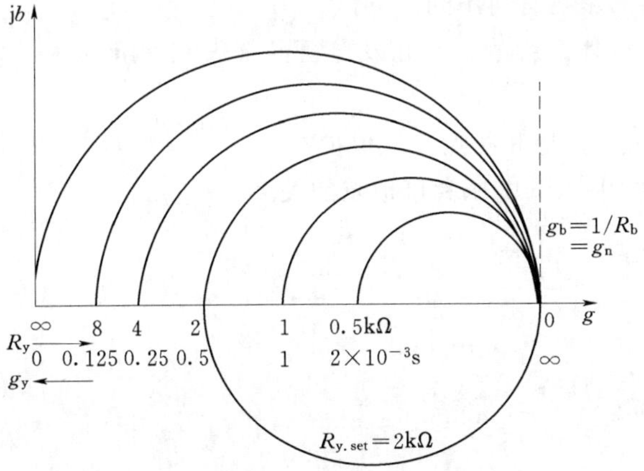

图 7.31　等电导圆和整定圆

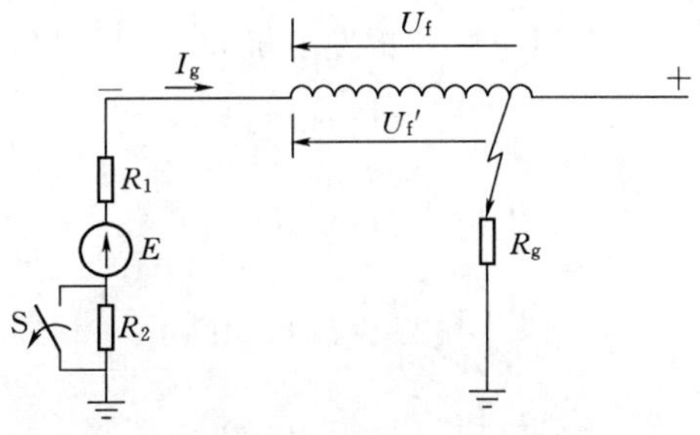

图 7.32　切换采样式励磁回路一点接地保护

如图 7.32 所示，在转子的负极经 R_1、R_2 两电阻叠加一直流电压 E，为了能测量转子的接地电阻，在电阻 R_2 上并联电子开关 S，电子开关 S 以某一固定频率开合改变电路参数，保护检测在 S 闭合和打开的过程中的电流 I_g。定义当 S 闭合时的电流 $I_g=I_c$，当 S 打开时电流 $I_g=I_o$，则

$$\left.\begin{aligned} U_f+E&=I_c(R_1+R_g),S\text{ 闭合时} \\ U_f+E&=I_o(R_2+R_1+R_g),S\text{ 打开时} \end{aligned}\right\} \tag{7.49}$$

由式（7.49）消去 E 可得

$$R_g=\frac{R_1I_o-R_1I_c+R_2I_o}{I_c-I_o} \tag{7.50}$$

这种切换采样式转子一点接地保护灵敏度不因故障点位置的变化而变化，不受分布电容的影响，同时在启、停机时也能够实施保护。

7.7.2　反应发电机定子电压二次谐波分量的励磁回路两点接地保护

这种发电机转子两点接地及匝间短路保护基于反映发电机定子电压二次谐波分量的原理。当发电机转子绕组两点接地或匝间短路时，气隙磁通分布的对称性遭到破坏，出现偶次谐波，发电机定子绕组每相感应电动势也就出现了偶次谐波分量。因此利用定子电压的二次谐波分量，就可以实现转子两点接地及匝间短路保护。

习 题 及 思 考 题

7.1　简述发电机保护的配置。

7.2　写出发电机标积制动和比率制动差动原理的表达式。

7.3　发电机的完全差动保护为何不反应匝间短路故障，变压器差动保护能反应吗？

7.4　试分析不完全纵差动保护的特点，中性点分支的选取原则。

7.5　简述发电机纵差动保护和横差动保护特点。

7.6　简述发电机定子单相接地保护重要性。

7.7　大容量发电机为什么要采用 100％定子接地保护？

7.8　简述负序电流对发电机和变压器的影响有何不同。

7.9　发电机失磁对系统和发电机本身有什么影响？汽轮发电机允许失磁后继续运行的条件是什么？

7.10　发电机励磁回路为什么要装设一点接地和两点接地保护？

7.11　试分析发电机 $3U_0$ 定子接地保护中 $3U_0$ 电压和接地点的关系？

第8章　母　线　保　护

8.1　母线故障和装设母线保护基本原则

发电厂和变电所的母线是电力系统中的一个重要组成元件，当母线上发生故障时，将使连接在故障母线上的所有元件在修复故障母线期间，或转换到另一组无故障的母线上运行以前被迫停电。此外，在电力系统中枢纽变电所的母线上故障时，还可能引起系统稳定的破坏，造成严重的后果。

母线上发生的短路故障可能是各种类型的接地和相间短路故障。母线短路故障类型的比例与输电线路不同。在输电线路的短路故障中，单相接地故障约占故障总数的80%以上。而在母线故障中，大部分故障是由绝缘子对地放电所引起的，母线故障开始阶段大多表现为单相接地故障，而随着短路电弧的移动，故障往往发展为两相或三相接地短路。

一般来说，不采用专门的母线保护，而利用供电元件的保护装置就可以把母线故障切除。例如：

（1）如图8.1所示的发电厂采用单母线接线，若接于母线的线路对侧没有电源，此时母线上的故障就可以利用发电机的过电流保护使发电机的断路器跳闸予以切除。

（2）如图8.2所示的降压变电所，其低压侧的母线正常时分开运行，若接于低压侧母线上的线路为馈电线路，则低压母线上的故障就可以由相应变压器的过电流保护使变压器断路器跳闸予以切除。

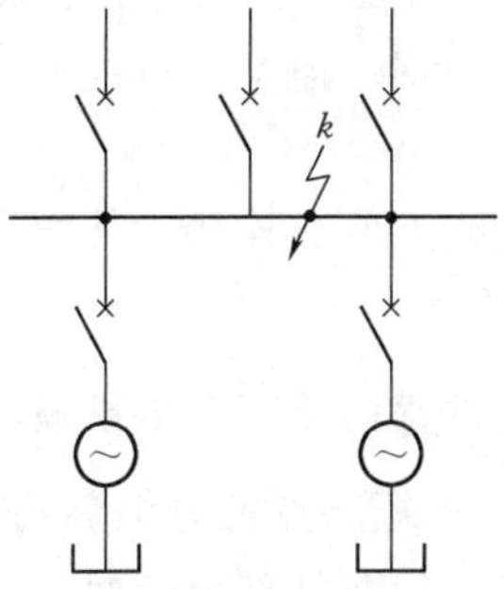

图8.1　利用发电机的过电流保护切除母线故障

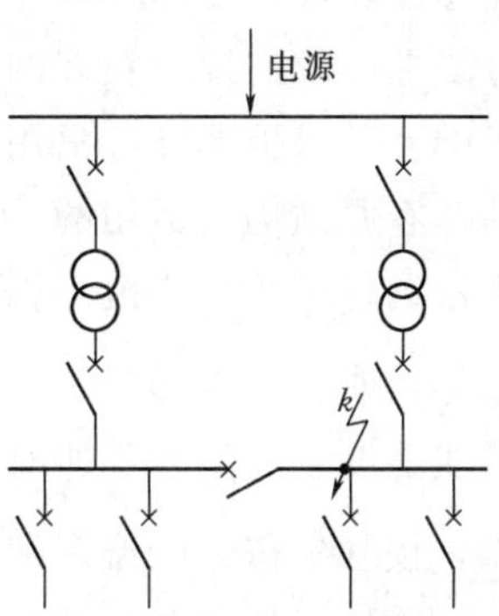

图8.2　利用变压器的过电流保护切除低压母线故障

（3）如图8.3所示的双侧电源网络（或环形网络），当变电所B母线上k点短路时，则可以由保护1、4的第Ⅱ段动作予以切除等。

当利用供电元件的保护装置切除母线故障时，故障切除的时间一般较长。此外，当双母线同时运行或母线为分段单母线时，上述保护不能保证有选择性地切除故障母线；当超高压枢纽变电站和大型发电厂母线为分段单母线时，上述保护不能保证有选择性地切除故障母线。超高压枢纽变电所和大型发电厂的母线联系着各个地区系统和各台大型发电机组，母线发生短路直接破坏了各部分系统之间或各台机组之间的同步运行，严重影响电力系统的安全供电。虽然母线短路几率比输电线短路低得多，但一旦发生，后果特别严重。因此对那些威胁电力系统稳定运行、使发电厂厂用电及重要负荷的供电电压低于允许值（一般为额定电压的60%）的母线故障，必须装设有选择性的快速母线保护。

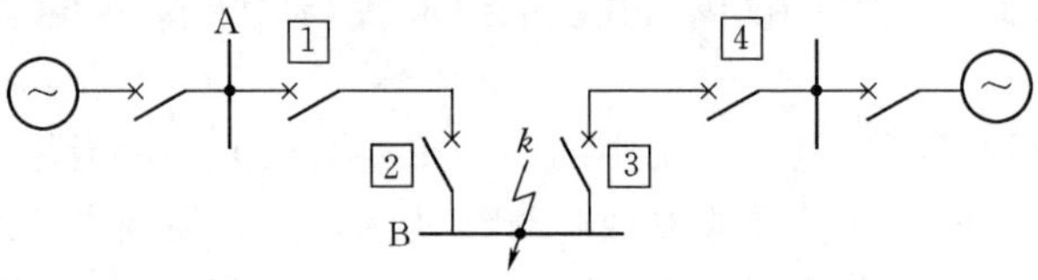

图8.3 在双侧电源网络上，利用电源侧的保护切除母线故障

因此，在下列情况下应装设专门的母线保护。

（1）在110kV及以上的双母线和分段单母线上，为保证有选择性地切除任一组（或段）母线上发生的故障，而另一组（或段）无故障的母线仍能继续运行，应装设专用的母线保护。

（2）110kV及以上的单母线，重要发电厂的35kV母线或高压侧为110kV及以上的重要降压变电所的35kV母线，按照装设全线速动保护的要求必须快速切除母线上的故障时，应装设专用的母线保护。

8.2 母线差动保护基本原理

为满足速动性和选择性的要求，母线保护都是按差动原理构成的。实现母线差动保护必须考虑在母线上一般连接着较多的电气元件（如线路、变压器、发电机等）。因此，就不能像发电机的差动保护那样，只用简单的接线加以实现。但不管母线上元件有多少，实现差动保护的基本原则仍是适用的，即：

（1）在正常运行以及母线范围以外故障时，在母线上所有连接元件中，流入的电流或流出的电流相等，或表示为$\sum \dot{I}_{pi}=0$。

（2）当母线上发生故障时，所有与母线连接的元件都向故障点供给短路电流或流出残留的负荷电流，按基尔霍夫电流定律，$\sum \dot{I}_{pi}=\dot{I}_k$（$\dot{I}_k$为短路点的总电流）。

（3）从每个连接元件中电流的相位来看，在正常运行及外部故障时，至少有一个元件中的电流相位和其余元件中的电流相位是相反的。具体说来，就是电流流入的元件和电流流出的元件中电流的相位相反。而当母线故障时，除电流等于零的元件以外，其他元件中的电流是接近同相位的。

根据原则（1）和原则（2）可构成电流差动保护，根据原则（3）可构成电流比相式差动保护。

8.2.1 完全电流母线差动保护

图 8.4 所示完全电流母线差动保护的原理接线图中，在母线的所有连接元件上装设具有相同变比和特性的电流互感器，$\dot{I}_{p1}$，$\dot{I}_{p2}$，…，$\dot{I}_{pn}$为一次侧电流，$\dot{I}_{s1}$，$\dot{I}_{s2}$，…，$\dot{I}_{sn}$为二次侧电流。因为在一次侧电流总和为零时，母线保护用电流互感器（TA）必须具有相同的变比 n_{TA}，才能保证二次侧的电流总和也为零。所有$\dot{I}_{KA}$的二次侧同极性端连接一起，接至差动继电器中。这样，继电器中的电流$\dot{I}_{KA}$即为各个母线连接元件二次侧电流的相量和。

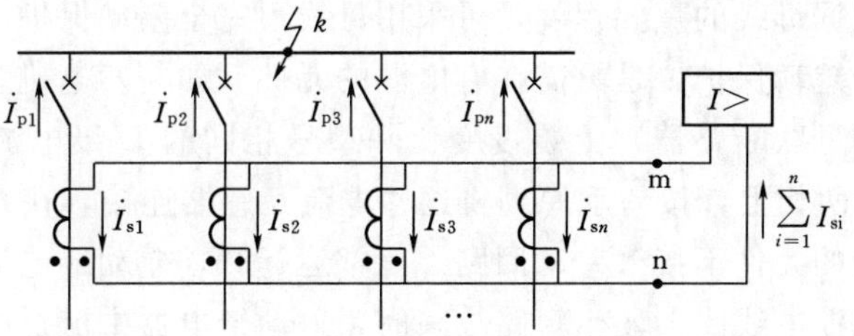

图 8.4 完全电流母线差动保护的原理接线图

实际上由于 TA 有误差，因此在母线正常运行及外部故障时，继电器中有不平衡电流$\dot{I}_{ubp}$出现，而当母线上（如图 8.4 中 k 点所示为）故障时，则所有与电源连接的元件都向 k 点供给短路电流，于是流入继电器电流为

$$\dot{I}_{KA}=\sum_{i=1}^{n}\dot{I}_{si}=\frac{1}{n_{TA}}\sum_{i=1}^{n}\dot{I}_{Pi}=\frac{1}{n_{TA}}\dot{I}_{K} \tag{8.1}$$

$\dot{I}_{K}$即为故障点的全部短路电流，此电流足够使差动继电器动作而驱动出口继电器，而使所有连接元件的断路器跳闸。差动继电器的启动电流应按如下条件考虑，并选择其中较大的一个。

（1）躲开外部故障时所产生的最大不平衡电流，当所有电流互感器均按 10%误差曲线选择，且差动继电器采用具有速饱和铁芯的继电器时，其动作电流 $I_{r\cdot set}$ 计算式为

$$I_{r\cdot set}=K_{rel}I_{unb\cdot max}=\frac{K_{rel}\times 0.1I_{K\cdot max}}{n_{TA}} \tag{8.2}$$

式中 K_{rel}——可靠系数，取为 1.3；

$I_{K\cdot max}$——在母线范围外任一连接元件上短路时，流过差动保护 TA 一次侧的最大短路电流；

n_{TA}——母线保护用 TA 的变比。

（2）由于母线差动保护电流回路中连接的元件较多，接线复杂，因此，TA 二次回路断线的几率比较大。为了防止在正常运行情况下任一 TA 二次回路断线引起保护装置误动作，动作电流应大于任一连接元件中最大的负荷电流 $I_{L\cdot max}$，即

$$I_{r\cdot set}=\frac{K_{rel}I_{L\cdot max}}{n_{TA}} \tag{8.3}$$

当保护范围内部故障时，应采用下式校验灵敏系数

$$K_{sen}=\frac{I_{k\cdot min}}{I_{r\cdot set}n_{TA}} \tag{8.4}$$

式中 $I_{k\cdot min}$——在母线上发生故障的最小短路电流门槛值，其值一般应不低于2。

完全电流差动保护方式原理比较简单，通常适用于单母线或双母线经常只有一组母线运行的情况。

8.2.2 母线不完全差动保护

母线完全差动保护要求连接于母线上的全部元件都装设电流互感器，这对于出线很多的6～66kV母线，实现起来比较困难。一是因为设备费用贵，二是保护接线复杂。为了解决上述问题，可根据母线的重要程度，可采用母线不完全差动保护。

所谓母线不完全差动保护，是只需在有电源的元件（如与发电机、变压器相连接的元件以及分段断路器和母联断路器）上装设变比和型号相同的D级电流互感器、且电流互感器只装设在A、C两相上，按差动原理将这些电流互感器连接，在差动回路中接入差动继电器。而只带负荷的元件不接入差动回路。正常运行时，差动继电器中流过的是各馈电线路负荷电流之和，馈电线路上发生短路故障时，差动继电器中流过的是短路电流。

母线不完全差动保护一般由差动电流速断和差动过电流保护组成。差动电流速断保护为瞬时动作的保护，其差动继电器的动作电流 $I^{\mathrm{I}}_{r\cdot set}$ 应躲过在馈电线路电抗器后发生短路故障时，流过差动继电器的最大电流，即

$$I^{\mathrm{I}}_{r\cdot set}=\frac{K_{rel}}{n_{TA}}(I_{k\cdot max}+I_{Loa\cdot max}) \tag{8.5}$$

式中 K_{rel}——可靠系数，取1.2；

$I_{k\cdot max}$——馈电线路电抗器后发生短路故障时的最大短路电流；

$I_{Loa\cdot max}$——除故障线路外各馈电线路负荷电流之和的最大值。

差动过电流保护为延时动作的保护，作为电流速断的后备保护，其动作电流 $I^{\mathrm{II}}_{r\cdot set}$ 应按躲过母线上的最大负荷电路整定，即

$$I^{\mathrm{II}}_{r\cdot set}=\frac{K_{rel}K_{ss}}{K_{re}n_{TA}}I_{Loa\cdot max} \tag{8.6}$$

式中 K_{rel}——可靠系数，取1.3；

K_{ss}——自启动系数，取2～3；

K_{re}——差动继电器的返回系数，取0.85；

$I_{Loa\cdot max}$——各馈电线路负荷电流之和的最大值。

差动过电流保护的动作时限应比馈电线路过电流保护的最大动作时限长一个时限级差 Δt。

差动电流速断保护的灵敏系数校验，按母线上短路时流过保护的最小短路电流进行校验，要求灵敏系数不小于1.5，过电流保护的灵敏系数校验，按引出线末端短路时流过保护的最小短路电流进行校验，要求灵敏系数不小于1.2。

实际上，母线不完全差动保护相当于接于所有电源支路电路之和的电流速断保护，但比简单的电流速断保护具有更高的灵敏度。由于它动作迅速、灵敏度高，而且接线比母线完全差动保护简单经济，因此在6～10kV发电厂及变电站的母线上得到了广泛的应用。

8.2.3 高阻抗母线差动保护

在母线发生外部短路时，一般情况下，非故障支路电流不很大，它们的 TA 不易饱和，是故障支路电流及各电源支路电流之和，可能非常大，它的 TA 就可能深度饱和，相应励磁阻抗必然很小，极限情况近似为零。这时虽然一次电流很大，但其几乎全部流入励磁支路，二次侧电流近似为零。这时差动继电器中将流过很大的不平衡电流，前面介绍的完全电流母线差动保护将误动作。

为避免上述情况下母线保护的误动，可将图 8.4 中的电流差动继电器改用内阻很高的电压继电器，其阻抗值很大，一般约为 2.5～7.5kΩ。高阻抗母线差动保护的原理接线如图 8.5 所示。

假设母线上连接有 n 条支路（如图 8.5 所示），第 n 条支路为故障支路，母线外部短路的等值回路如图 8.6 所示。图中虚线框内为故障支路 TA 的等效回路，Z_{μ} 为励磁阻抗，$Z_{\sigma1}$ 和 $Z_{\sigma2}$ 分别为 TA 一次和二次绕组漏抗，r 为故障支路 TA 至电压继电器二次回路的阻抗值（二次回路连线阻抗值），r_u 为电压差动继电器的内阻。

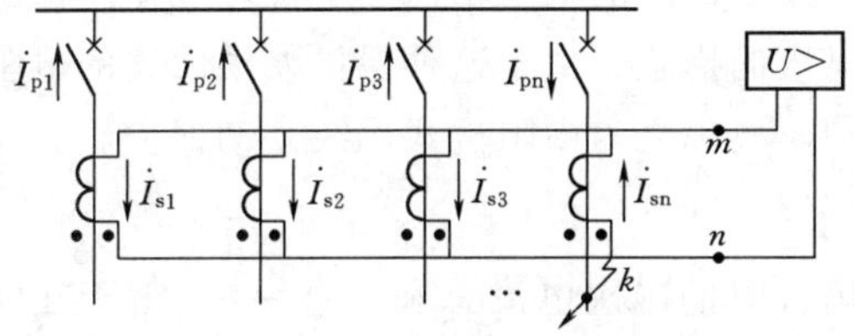

图 8.5 高阻抗母线差动保护原理接线图

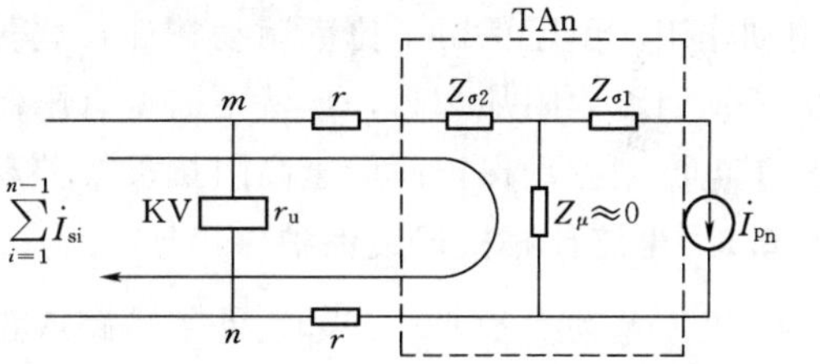

图 8.6 母线外部短路时高阻抗母线差动保护等值电路

在外部短路时，若电流互感器无误差，则非故障支路二次侧电流之和与故障支路二次侧电流大小相等，方向相反，此时差动继电器（不论是电流型还是电压型）中电流为零，非故障支路二次侧电流都流入故障支路 TA 的二次绕组。外部短路最严重的情况是故障支路的 TA 出现深度饱和的情况，其励磁绕组 Z_{μ} 近似为零，一次电流全部流入励磁支路。由于电压差动继电器 KV 的内阻 r_u 很高，非故障支路二次侧电流都流入故障支路 TA 的二次绕组，差动继电器中电流仍然很小，不会动作。在内部短路时所有引出线电流都是流入母线的，所有支路的二次侧电流都流向电压继电器。由于其内阻很高，电压继电器端出现高电压，于是电压继电器动作。

高阻抗母线差动保护的优点是保护的接线简单、选择性好、灵敏度高，在一定程度上可防止母线发生短路并且 TA 饱和时母线保护的误动作。但高阻抗母线差动保护要求各个支路 TA 的变比相同，TA 二次侧电阻和漏抗要小。TA 的二次侧要尽可能在配电装置处就地并联，以减少二次回路连线的电阻。因而此种母线保护一般只适用于单母线。此外，由于二次回路阻抗较大，在区内故障产生大故障电流情况下，TA 二次侧可能出现相当高的电压，因此必须对二次侧电流回路的电缆和其他部件加强绝缘水平的措施。

8.2.4 中阻抗母线差动保护

将比率制动的电流型差动保护应用于母线，动作判据可为最大值制动，即

$$\left|\sum_{i=1}^{n}\dot{I}_{\mathrm{i}}\right|-K_{\mathrm{res}}\{|\dot{I}_{\mathrm{i}}|\}_{\max}\geqslant I_{\mathrm{set0}},\quad i=1,2,3,\cdots,n \tag{8.7}$$

或动作判据为模值和制动，即

$$\left|\sum_{i=1}^{n}\dot{I}_{\mathrm{i}}\right|-K_{\mathrm{res}}\sum_{i=1}^{n}|\dot{I}_{\mathrm{i}}|\geqslant I_{\mathrm{set0}},\quad i=1,2,3,\cdots,n \tag{8.8}$$

式中 K_{res}——制动系数；

$\dot{I}_{\mathrm{i}}$——母线各连接元件 TA 二次电流值；

$\{|\dot{I}_{\mathrm{i}}|\}_{\max}$——$|\dot{I}_{\mathrm{i}}|$ 中的最大值；

I_{set0}——动作电流门槛值。

当母线外部短路而使故障支路的 TA 严重饱和时，该 TA 二次侧电流接近于零，使式（8.7）和式（8.8）中失去一个最大的制动电流。为了弥补这一缺陷，可在差动回路中适当增加电阻，如图 8.6 所示，即使得因第 n 条故障支路的 TA 严重饱和而使流向继电器的二次电流 $\dot{I}_{\mathrm{sn}}=0$，该 TA 的二次回路（$Z_{\sigma 2}$ 回路）仍流过电流，此电流从其他支路流入，起制动作用。由于保留了比率制动特性，这种保护差动回路的电阻不像高阻抗母线差动保护的差动回路内阻那么高，也就不需要有限制高电压的措施。由于这种保护差动回路的电阻高于电流型差动保护而低于高阻抗母线差动保护，故称之为中阻抗式母线差动保护。

8.2.5 电流比相式母线保护

电流差动保护要求在母线外部短路或正常运行时的二次电流总和 $\sum\dot{I}_{\mathrm{si}}=0$。由于在实际运行中特性总是存在差异，差电流中不平衡电流较大，这必然会影响电流差动保护的灵敏度。

电流比相式母线保护的基本原理是根据母线在内部故障和外部故障时各连接元件电流相位的变化来实现的。当母线发生短路时，各有源支路的电流相位几乎是一致的；当外部发生短路时，非故障有源支路的电流流入母线，故障支路电流则流出母线，两者相位相反，利用这种相位关系来构成电流比相式母线保护。

8.2.6 元件固定连接的双母线电流差动保护

双母线是发电厂和变电所中广泛采用的一种母线方式。在发电厂及重要变电所的高压母线上，一般都采用双母线同时运行（母线联络断路器经常投入），而每组母线上连接一部分（大约 1/2）供电和受电元件的方式。这样，当任一组母线上发生故障，可只短时影响到一半的负荷供电，而另一组母线上的连接元件仍可继续运行，这就大大提高了运行的可靠性。为此，要求母线保护具有选择故障母线的能力。一般情况下，双母线同时运行时，每组母线上连接的供电元件和受电元件的连接方式较为固定，因此有可能装设元件固定连接的双母线电流差动保护。

元件固定连接的双母线电流差动保护主要由三组差动保护。如图 8.7 所示（图中各隔离开关处在某一运行方式下），第一组由 TA1、TA2、TA5 和差动继电器 KD1（Ⅰ母分差动）组成，用以选择Ⅰ母线上的故障。第二组由 TA3、TA4、TA6 和差动继电器 KD2（Ⅱ母分差动）组成，用以选择Ⅱ母线电流差动保护上的故障。第三组实际上是由 TA1、TA2、TA3、TA4 和差动继电器 KD3 组成的一个完全电流差动（总差动）保护。当任一组母线上发生故障时，它都会动作；而当母线外部故障时，它不会动作；在正常运行方式下，它作为整个保护的启动元件；当固定连接方式破坏并保护范围外部故障时，可防止保护的非选择性动作。

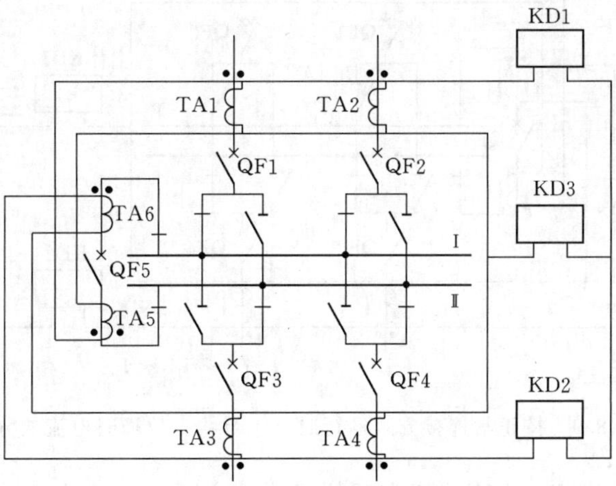

图 8.7　元件固定连接的双母线原理接线图

如图 8.8 所示，当正常运行及母线外部故障（k 点）时，流经继电器 KD1、KD2 和 KD3 的电流均为不平衡电流，保护装置已从定值上躲开，不会误动作。

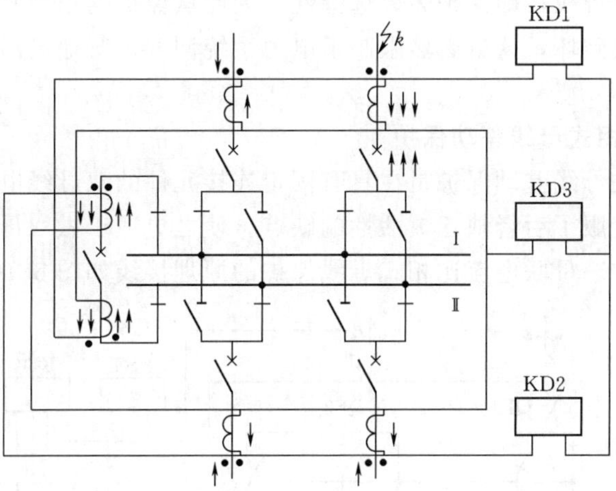

图 8.8　按正常连接方式运行时，保护范围外部故障时电流的分布

如图 8.9 所示，当Ⅰ母线上（k 点）短路时，由电流的分布情况可见，继电器 KD1 和 KD3 中流入全部故障电流，而继电器 KD2 中为不平衡电流，于是 KD1 和 KD3 启动。KD3 动作后使母联断路器 QF5 跳闸。KD1 动作后即可使断路器 QF1 和 QF2 跳闸，并发出相应的信号。这样就把发生故障的Ⅰ母线从电力系统中切除，而没有故障的Ⅱ母线上某点短路时，只有 KD2 和 KD3 动作，最后由断路器 QF3、QF4 和 QF5 跳闸切除故障。

在固定连接方式破坏时，保护装置的动作情况将发生变化。例如当连接支路 1 自母线Ⅰ切换到母线Ⅱ上工作时由于差动保护的二次回路不能随着切换。因此，按原有接线工作

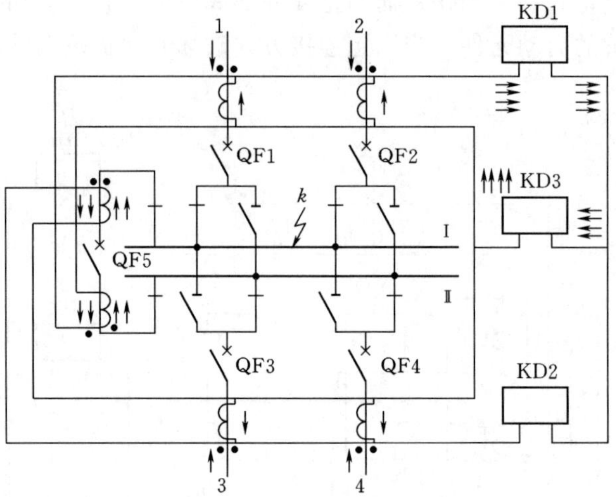

图 8.9 按正常连接方式运行时，Ⅰ母线上故障时电流的分布

的Ⅰ、Ⅱ两母线的差动保护都不能正常反映母线上实际连接元件的$\sum \dot{I}$值，因而在 KD1 和 KD2 中将出现差电流。在这种情况下保护的动作将无法选择在哪一组母线上发生了故障。

综上所述，当双母线按照固定连接方式运行时，保护装置可以有选择性地只切除发生故障的一组母线，而另一组母线可以继续运行；当固定连接方式破坏时，任一母线上的故障都将导致切除两组母线，即保护失去选择性。因此从保护的角度看，希望尽量保证固定接线的运行方式不被破坏，这就必然限制了电力系统调度运行地灵活性。这是此种保护的主要缺点。

8.2.7 母联电流比相式母线差动保护

母联电流比相式母线差动保护是在具有固定连接元件的双母线电流差动保护的基础上的改进，它基本上克服了后者缺乏灵活性的缺点，使之更适于做双母线连接元件运行方式常常改变的母线保护。母联电流比相式母线保护的原理接线如图 8.10 所示。

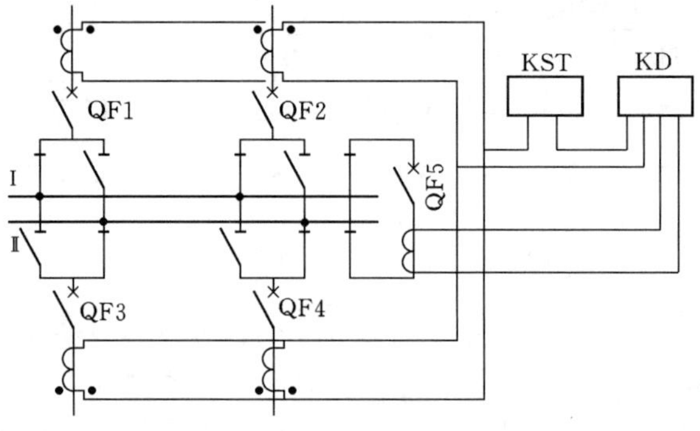

图 8.10 母联电流比相式母线差动保护原理接线图

此母线保护包括一个启动元件 KST 和一个选择元件 KD。启动元件接在除母联断路器外所有连接元件的二次侧电流之和回路中，它的作用是区分两组母线的内部和外部短路故障。只有在母线发生短路时，启动元件动作后整组母线保护才得以启动。

选择元件KD是一个电流相位比较继电器。它的一个线圈接入除母联断路器之外其他连接元件的二次侧电流之和，另一个线圈则接在母联断路器的电流互感器二次侧。它利用比较母联断路器中电流和总差动电流的相位选择出故障母线，这是因为当Ⅰ母线上故障时，流过母联断路器的短路电流是由母线Ⅱ流向母线Ⅰ，而当Ⅱ母线上故障时，流过母联断路器的短路电流是由母线Ⅰ流向母线Ⅱ。在这两种故障情况下，母联断路器电流相位变化了180°，而总差动电流是反应母线故障的总电流，其相位是不变的。因此利用这两个电流的相位比较，就可以选择故障母线，并切除选择出的故障母线上的全部断路器。所以当母线上故障时，不管母线上的元件如何连接，只要母联断路器中有电流流过，选择元件KD就能正确动作，因此对母线上的连接元件就无需提出固定连接的要求。这是母联电流比相式母线差动保护的主要优点，该保护用于连接元件切换较多的场合十分有利。

8.3 断路器失灵保护

在110kV及以上电压等级的发电厂和变电所中，当输电线路、变压器或母线发生短路，在保护装置动作于切除故障时，可能伴随故障元件的断路器拒动，即发生了断路器失灵故障。产生断路器失灵故障的原因是多方面的，如断路器跳闸线圈断线，断路器的操动机构失灵等。高压电网的断路器和保护装置，都应具有一定的后备作用，以便在断路器或保护装置失灵时，仍能有效切除故障。相邻元件的远后备保护方案是最简单合理的后备方式，既是保护拒动的后备，又是断路器拒动的后备。但是在高压电网中，由于各电源的助增作用实现上述后备方式往往有较大困难（灵敏度不够），而且由于动作时间较长，容易造成事故的范围扩大，甚至引起系统失稳而瓦解。鉴于此，电网中枢地区重要的220kV及以上主干线路，系统稳定要求必须装设全线速动保护时，通常可装设两套独立的全线速动主保护（即保护的双重化）以防止保护装置的拒动，对于断路器的拒动，则专门装设断路器失灵保护。

1. 装设断路器失灵保护的条件

由于断路器失灵保护是在系统故障的同时断路器失灵的双重故障情况下的保护，因此允许适当降低对它的要求，即仅要最终能切除故障即可。装设断路器是失灵保护的条件：

（1）相邻元件保护的远后备保护灵敏度不够时应装设断路器失灵保护。对分相操作的断路器，允许只按单相接地故障来校验其灵敏度。

（2）根据变电所的重要性和装设失灵保护作用的大小来决定装设断路器失灵保护。例如多母线运行的220kV及以上变电所，当失灵保护能缩小断路器拒动引起的停电范围时，就应装设失灵保护。

2. 对断路器失灵保护的要求

（1）失灵保护的误动和母线保护误动一样，影响范围很广，必须有较高的可靠性。

（2）失灵保护首先动作于母联断路器和分段断路器，此后相邻元件保护已能以相继动作切除故障时，失灵保护仅动作于母联断路器和分段断路器。

（3）在保证不误动的前提下，应以较短延时、有选择性地切除有关断路器。

（4）失灵保护的故障鉴别元件和跳闸闭锁元件，应对断路器所在线路或设备末端故障有足够灵敏度。

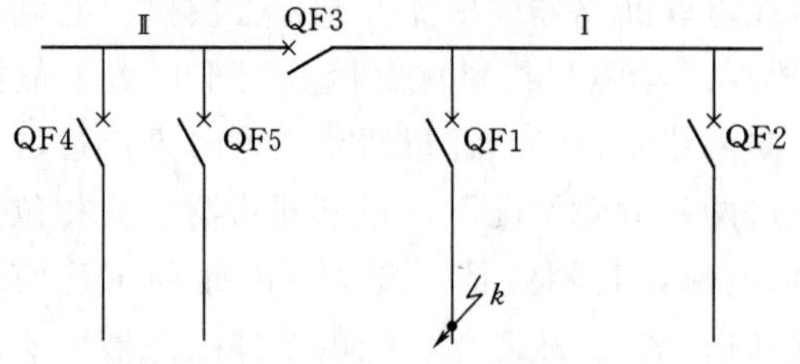

图 8.11 母线接线形式

实现图 8.11 母线断路器失灵保护的基本原理框图可利用图 8.12 予以说明。所有连接至一组（或一段）母线上的元件的保护装置，当其出口继电器动作于跳开自身断路器的同时，也启动失灵保护中的公用时间继电器，此时时间继电器的延时应大于故障元件的断路器跳闸时间及保护装置返回时间之和。因此，并不妨碍正常的切除故障。如果故障线路的断路器（如 QF1）拒动，则时间继电器动作，启动失灵保护的出口继电器，使连接至该组（段）母线上所有其他有电源的断路器（如 QF2、QF3）跳闸，从而切除了 k 点的故障，起到了 QF1 拒动时的后备作用。

为提高失灵保护不误动的可靠性，首先对于失灵保护的启动，还需另一条件组成“与”门，此另一条件通常为检测各相电流，电流持续存在，说明断路器失灵，故障尚未清除，电流元件的定值，如能满足灵敏度要求，应尽可能整定大于负荷电流。为提高出口回路的可靠性，应再装设低压元件和（或）零序过压元件或负序过压元件，后者控制的中间继电器触点与出口中间继电器触点串联构成失灵保护的跳闸回路。延时分为两级，较短一级（延时Ⅰ段）跳母联断路器和分段断路器；较长一级（延时Ⅱ段）跳所有有电源的出线断路器。图 8.12 给出了断路器失灵保护的逻辑图。

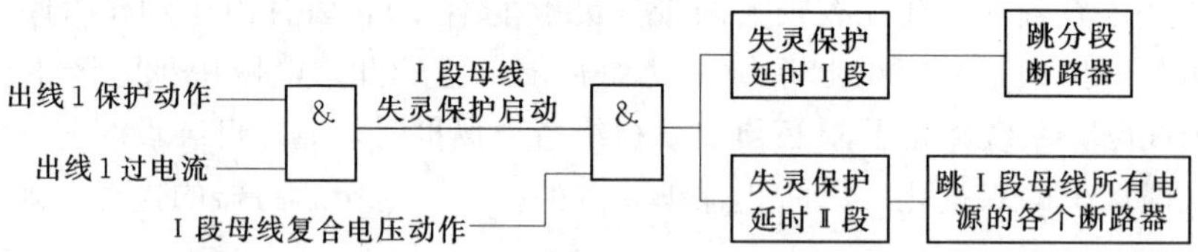

图 8.12 断路器失灵保护逻辑图（以Ⅰ段母线为例）

由于断路器失灵保护和母线保护动作后都要跳开母线上所有电源的各个断路器，因此两者的出口跳闸回路可以公用，许多情况下它们组装在同一保护屏上。

习 题 及 思 考 题

8.1 在哪些情况下应装设专门的母线保护？

8.2 何谓母线完全电流差动保护？何谓母线不完全电流差动保护？

8.3 分别简述高阻抗母线差动保护和中阻抗母线差动保护的工作原理。

8.4 分别简述电流比相式母线保护和母联电流比相式母线差动保护的工作原理。

8.5 简述运行方式改变对双母线接线方式母线差动保护的影响。

8.6 何谓断路器失灵保护。

8.7 装设断路器失灵保护的条件是什么？对断路器失灵保护的要求有哪些？

第9章 数字式继电保护基础

9.1 概 述

9.1.1 数字式继电保护的基本概念

数字式继电保护是指基于可编程数字电路技术和实时数字信号处理技术实现的电力系统继电保护。在电力系统继电保护的学术界和工程技术界，数字式继电保护又常被称作计算机型继电保护、微型计算机型继电保护、微处理器型继电保护，或简称为微机保护（这也是目前国内最常见的一种简称）。

9.1.2 继电保护装置的类型

继电保护装置按其实现技术可分为机电型、整流型、晶体管型、集成电路型保护装置以及数字式保护装置等五大类型。这种关于各类保护装置的排序恰好反映了历史发展过程，历史最长的是机电型保护装置，历史最短的和最先进的是数字式保护装置。其中前四种类型的保护装置的共同点是通过模拟电路直接对输入模拟电量或者模拟信号进行处理，因而被统称为模拟式保护装置。数字式保护区别于模拟式保护的本质特征在于它是建立在数字技术基础上：在数字式保护装置中，各种类型的输入信号（通常包括模拟量、开关量、脉冲量等类型的信号）首先将被转化为数字信号，然后通过对这些数字信号的处理来实现继电保护功能。数字式保护装置不仅能实现其他类型保护装置难以实现的复杂的原理、提高继电保护的性能，而且能提供诸如简化调试及整定、自身工作状态监视、事故记录及分析等高级辅助功能，还可以完成电力自动化要求的各种智能化测量、控制、通信及管理等任务，同时也具有优良的性价比。这些特点使得数字式保护具有无可比拟的技术和经济优势，从它诞生之日起很快就得到迅速的发展和普遍的应用。目前尽管上述五类保护装置在电力系统中都有使用，但数字式保护装置已在电力系统中占据主导地位，代表了现代继电保护发展的方向。

9.1.3 数字式保护装置的构成

一台完整的数字式保护装置主要由硬件和软件两部分构成。硬件指模拟和数字电子电路，硬件提供软件运行的平台，并且提供数字式保护装置与外部系统的电气联系；软件指计算机程序，由它按照保护原理和功能的要求对硬件进行控制，有序地完成数据采集、外部信息交换、数字运算和逻辑判断、动作指令执行等各项操作。所有模拟式保护装置完全依赖硬件电路来实现保护原理和功能。而数字式保护装置则需要硬件和软件的配合才能实现保护原理和功能，缺一不可。甚至从某种角度上说，软件才真正代表了数字式保护装置的内涵和特点。为同一套硬件配上不同的软件，就能构成不同特性的或者不同功能的保护装置。正是这一优点使数字式保护装置具有超越模拟式保护装置的灵活性、开放性和适应性。

9.1.4　数字式继电保护发展的历史回顾

在 20 世纪 70 年代初、中期，计算机技术出现了重大突破，随着其价格的大幅度下降和可靠性的提高，开始了数字式继电保护的研究热潮。20 世纪 70 年代中、后期，国外已有少数样机在电力系统中试运行，数字式继电保护逐渐趋于实用。国内对数字式继电保护的研究从 20 世纪 70 年代后半期开始，1984 年底第一套微机距离保护样机经试运行后通过电力部门的科研鉴定。目前，在我国不同原理、不同机型的数字式线路和主设备保护异彩纷呈，各具特色，为电力系统提供了一批新一代性能优良、功能齐全、工作可靠的继电保护装置。无人值班的变电站内，数字式继电保护装置与变电站监控系统已形成一个网络，保护装置可以通过微机监控系统的通信网络，将其运行状态、动作情况、信号等传送给集控站和调度所，值班员可以在远方投切保护装置、查看保护状态、修改保护定值。随着对数字式继电保护的不断深入研究，在保护软件算法等方面也取得了很多新的理论成果。

9.1.5　数字式继电保护装置的特点

1. 维护调试方便

通常情况下模拟式继电保护装置的调试工作量很大，尤其是一些复杂原理的保护。例如超压线路的高频距离保护装置，投运之前的调试时间常常需要一周甚至更长。而数字式继电保护装置对硬件和软件都具有自诊断功能，一旦发现异常就会发出报警信息。通常只要装置上电后，保护自检通过，没有报警，即可认为装置的硬件是完好的。所以对数字式保护装置而言除了输入和修改定值及检查外部接线外几乎不用调试，从而大大减轻了运行维护的工作量。

2. 可靠性高

数字式继电保护具有在线自检功能。自检的内容既包括装置的硬件，也包括程序软件。由此可避免由于装置硬件的异常引起的保护误动作或电力系统故障时保护的拒动。在保护软件的编程可以实现常规保护很难办到的自动纠错，即自动识别和排除干扰，防止由于采样信号受到干扰而造成保护不正确动作。因此数字式继电保护可靠性很高。

3. 易于获得附加功能

数字式继电保护装置通常配有通信接口。如果连接打印机或者其他显示设备，即可在系统发生故障后提供多种信息。例如，保护各部分的动作顺序和动作时间记录、故障类型和相别及故障前后电压和电流的录波数据等，并可将保护动作信息上传至故障录波信息系统，实现调度的实时检测及对保护动作情况的分析。对于线路保护，还可实现故障点的测距。

4. 灵活性大

目前，国内中低压变电站内各种一次设备的保护装置在硬件设计时，尽可能采用同样的设计方案。而超高压电力系统保护装置若采用多 CPU 实现多种保护功能时，每块 CPU 模块的硬件设计也倾向于尽量相同。由于保护的原理主要由软件决定，因此，只要改变软件就可以改变保护的特性和功能，从而可灵活地适应电力系统发展对保护要求的变化，也减少了现场的维护工作量。

5. 保护性能得到很好改善

由于微处理器的使用，使模拟式继电保护中存在的很多技术问题，可找到新的解决方法。人工智能技术或复杂的数学算法可以在数字式保护中得以实现。例如，接地距离保护承受过渡电阻能力的改善、距离保护如何区分振荡和短路、变压器差动保护如何识别励磁涌流和内部故障、母线保护如何检测电流互感器饱和等问题都已提出了许多新的原理和解决方法。这些新方法只有用数字式保护才能实现。

6. 经济性好

微处理器和集成电路芯片的性能不断提高而价格一直在下降，而电磁型继电器的价格在同一时期内却不断上升。而且，数字式保护装置是一个可编程序的装置，它可基于通用硬件实现多种保护功能，使硬件种类大大减少。这样，在经济性方面也优于模拟式继电保护。

9.2　数字式保护装置硬件原理

数字式保护装置的硬件系统原理框图如图 9.1 所示。由图 9.1 可见，数字式保护装置的硬件以数字核心部件为中心，围绕着数字核心部件的是各种外围接口部件，下面介绍各部件的功用和特点。各部件的功用需要在软件的支持下才能实现。

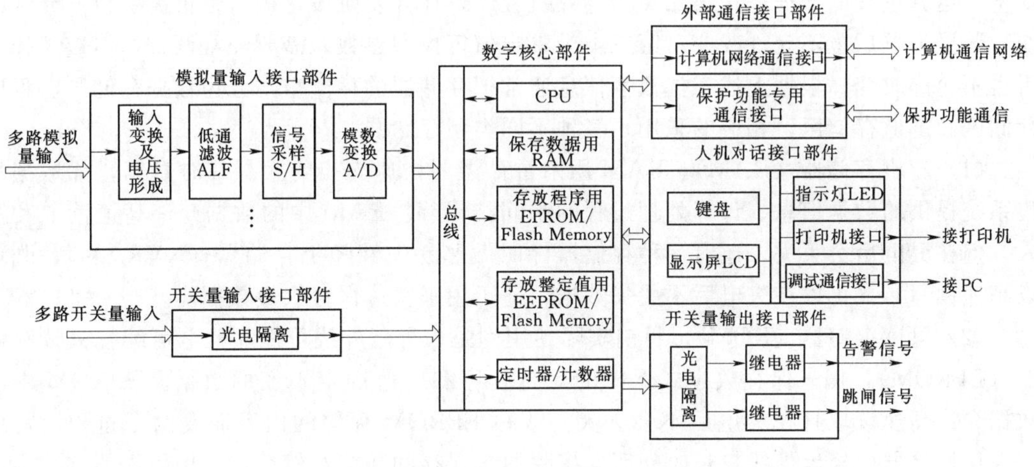

图 9.1　数字式保护装置的硬件系统原理框图

9.2.1　数字核心部件

数字式保护装置的数字核心部件实质是一台特别设计的专用微型计算机，一般由中央处理器（CPU）、存储器、定时器/计数器及控制电路等部分组成，并通过数据总线、地址总线、控制总线连成一个系统，实现数据交换和操作控制。继电保护程序在数字核心部件内运行，完成信号处理任务，指挥各种外围接口部件运转，从而实现继电保护的原理和各项功能。

1. CPU

CPU 是数字核心部件以及整个数字保护装置的指挥中枢，计算机程序的运行依赖于

CPU 来实现。因此，CPU 在很大程度上决定了数字保护装置的技术水平。CPU 的主要技术指标包括字长（用二进制位数表示）、指令的丰富性、运行速度（用典型指令执行时间表示）等。当前应用于数字式保护装置的 CPU 主要有以下几种类型。

（1）单片微处理器，其特点是将 CPU 与定时器/计数器及某些输入/输出接口器件集成在一起，特别适于构成紧凑的测量、控制及保护装置，如 Intel 公司的 8031 系列及其兼容产品（字长 8 位）、8096 以及 80C196（字长 16 位）等。目前多采用 16 位单片微处理器构成中、低压或中、小型电力设备的数字式保护装置。

（2）通用微处理器，如 Intel 公司的 80×86 系列、Motorola 公司的 MC863××系列等。其中 32 位 CPU 具有很高的性能，适用于各种复杂的数字式保护装置。

（3）数字信号处理器（DSP），其主要特点是高运算速度、高可靠性、低功耗以及可由硬件完成某些数字信号处理算法并包含相关指令等，目前已在各类数字保护装置中得到广泛使用。尤其是可支持浮点运算的 32 位 DSP 具有极高的信息处理能力，特别适合构成高性能的数字式保护装置。

2. 存储器

存储器用来保存程序和数据，它的存储容量和访问速度（读取时间）也会影响整个数字式保护装置的性能。在数字式保护装置中数字信息大致可分为三类。第一类为经常变化的数据，要求能在 CPU 和存储器之间进行高速数据交换（读写），如实时采样值、控制变量、运算过程的数据等；第二类为计算机程序，在开发阶段定稿后不再需要也不允许改变，装置失电后也不允许改变；第三类为整定值等控制参数，需要经常调整，但装置掉电后也不允许改变。根据上述三类数字信息通常把存储器的存储空间分为数据存储区、程序存储区和定值存储区，相应的采用了三种不同类型存储器：

（1）随机存储器（RAM）。RAM 用来暂存需要快速交换的大量临时数据，如数据采集系统提供的数据信息、计算处理过程的中间结果等。RAM 中的数据允许高速读取和写入，但在失电后会丢失。还有一种存储器件叫做非易失性随机存储器（NVRAM），既可以高速读写，又可以在失电后不丢失数据，适于用来快速保存大量数据。

（2）只读存储器（ROM）。目前实际使用的是一种紫外线可擦除且电可编程只读存储器（EPROM），用来保存数字式保护的运行程序和一些固定不变的数据。EPROM 中的数据允许高速读取且在失电后不会丢失。改写 EPROM 存储的内容需要两个过程：首先在专用擦除器内经紫外线较长时间照射擦除原来保存的数据，然后在专用写入器（称为编程器）写入新数据，因此 EPROM 的内容不能在数字保护装置中直接改写，但保存数据的可靠性较高。

（3）可擦除且可编程只读存储器（EEPROM），用来保存在使用中有时需要改写的那些控制参数，如继电保护的整定值等。EEPROM 中保存的数据允许高速读取且在失电后不会丢失，同时无需专用设备就可以在使用中在线改写，对于修改整定值比较方便。但也正是因为改写方便，EEPROM 保存数据的可靠性不如 EPROM，因而不宜用来保存程序；另外 EEPROM 写入数据的速度很慢，也不能用它来代替 RAM。目前使用的 EEPROM 有两种接口形式：一种是并行数据总线；另一种是串行数据总线。后者的数据操作需要按特定编码格式逐位进行（类似于串行通信），读写速度较前一种相对较慢，但数据保存的可靠性较高。因此目前人们更倾向于采用串行EEPROM来保存定值，并通过在数字式保护装置上电或复位后将串行EEPROM中的定值调入RAM存储区来满足继电保护运行中高速使用定值的要求。

目前还广泛使用快闪存储器（Flash Memory，也称为快擦写存储器），它的数据读写和存储器特点与并行EEPROM类似（即快读慢写、掉电后不丢失数据），但存储容量更大且可靠性更高，在数字式保护装置中不仅可以用来保存整定值，还可以用来保存大量的故障记录数据（便于事后故障分析），也可被用来保存程序。目前，不少CPU（如常用的DSP）中已内置了Flash Memory器件，主要用来保存程序，从而可省去外部程序存储器。

3. 定时器/计数器

定时器/计数器在数字式保护中也是十分重要的器件，它除了为延时动作的保护提供精确计时外，还可以用来提供定时采样触发信号、形成中断控制等。目前，很多CPU中已将定时器/计数器集成在其内部。

4. 控制电路

数字核心部件的控制电路包括地址译码器、地址锁存器、数据缓冲器、晶体振荡器及时钟发生器、中断控制器等，它的作用是保证整个数字电路的有效连接和协调工作。早期这些控制电路由分离的逻辑器件相互连接构成，而现在已广泛采用了大规模可编程逻辑器（如CPLD和FPGA等器件），大大简化了印制板的连线，提高了数字核心部件的可靠性。

9.2.2 模拟量输入（AI）接口部件

继电保护的基本输入电量是模拟性质的电信号。一次系统的模拟电量可分为交流电量（包括交流电压和交流电流）、直流电量（包括直流电压和直流电流）以及各种非电量。它们经过各种电力传感器（如电压互感器TV或电流互感器TA等）转变为二次信号，再由引线端子进入数字式保护装置。这些由电力传感器输入的模拟信号还要正确地变换成离散化的数字量。这个过程就是通常所说的数据采集，因此模拟信号接口部件也称为模拟量采集部件或数据采集系统，简称为AI接口。

AI接口往往包括多路不同性质的模拟量输入通道，如不同相别的电压和电流、零序电压和电流以及直流电压和电流等，具体情况取决于数字式保护装置的功能要求，但一般要求AI接口得到的多路数字信号之间保持在时间上的同时性（对于交流信号相当于保持各通道之间原有相位关系不变）和同性质的通道之间变换比例一致（如三相电压之间或者三相电流之间的幅值变换比相同）。另外，要求AI接口在可能的输入信号最大变换范围内应能保持良好的线性度和变换精度。

以交流信号输入（取自于TV、TA的二次侧）为例，典型的交流AI接口按信号流程（即信号传递顺序）主要包括以下各部分：输入变换及电压形成回路、前置模拟低通滤波器（ALF）、采样保持（S/H）电路，见图9.1。AI接口是数字式保护装置的关键部件之一，不仅要求它能完成数据采集任务，还要求遵循数字化处理的基本原理并达到技术要求。

（1）输入变换及电压形成回路完成输入信号的标度变换与隔离。交流信号输入变换由输入变换器来实现，接受来自电力互感器二次侧的电压、电流信号。其作用是通过装置内的输入变压器、交流器将二次电压、电流进一步变小，以适应弱电电子元件的要求；同时使二次回路与保护装置内部电路之间实现电气隔离与电磁屏蔽，以保障保护装置内部弱电元件的安全，减少来自高压设备对弱电元件的干扰。交流电压变换可直接采用电压变换器，如图 9.2（a）所示。而对于交流电流，由于通常使用的弱电元件为电压输入型器件，因此还需要将电流信号转化为电压信号。这个转换过程称为电压形成。电压形成的方式与数字式保护装置所采用的电流变换器的形式有关，常用的有以下两种方式：

第一种为采用电流变换器。其工作原理与电流互感器完全相同。此时电压形成的常用方法是在电流变换器副方接入一个低阻值电阻，副方输出电流流过电阻便产生与副方电流同相位、正比例的输出电压，如图 9.2（b）所示。

第二种为采用电抗变换器。这种方式可一次完成电流标度变换和电压形成，如图 9.2（c）所示。电抗变换器是一种铁芯带气隙的特殊电流变换器，它的原方输入电流而副方输出电压，理想状态下其输出电压与原方电流的微分成正比。电抗变换器的这种特点可使其副方的输出电压较少受原方电流中衰减直流分量的影响，但对原方电流中的高次谐波有放大作用。就多数基于基波和某次谐波信号的保护而言，前一个特点有利而后一个特点则不利，使用中应加以注意。

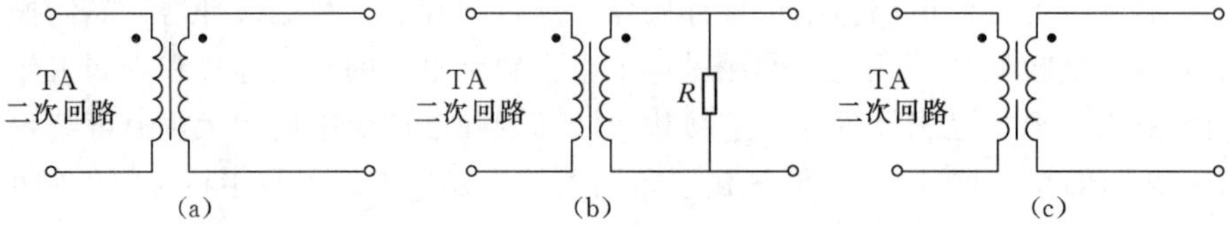

图 9.2　输入变换及电压形成回路的原理图

（a）电压输入变换；（b）采用电流变换器的电压形成；（c）采用电抗变换器的电压形成

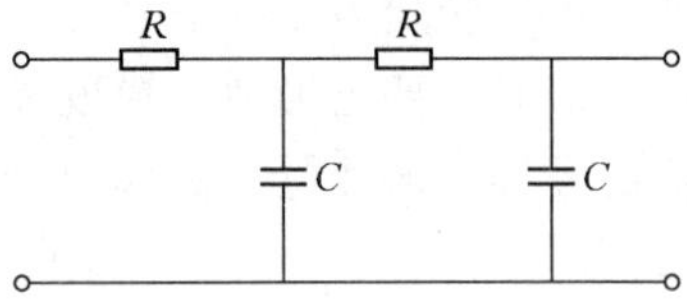

图 9.3　简单的 RC 型无源滤波电路

（2）前置模拟低通滤波器（ALF）是一种简单的滤波器，每一路 AI 通道都需要配置。ALF 的作用仅仅是为了抑制输入信号中对保护无用的较高频率的成分，以便采样时易于满足采样定理的要求。ALF 可采用简单的有源或无源低通滤波电路。常用的二阶 RC 型无源滤波电路如图 9.3 所示。

输入变换、电压形成及模拟低通滤波三部分电路合起来通常又被称为信号调理回路。上面介绍了交流信号的信号调理回路，至于直流信号的信号调理回路的原理与作用和交流信号的基本相似，主要差别在于输入变换器不同，目前常用的输入变换器有隔离放大器（光电型或逆变型）或基于霍尔效应的传感器等。

（3）采样保持（S/H）电路完成对输入模拟信号的采样。所谓采样保持，指在某时刻获取输入模拟信号在该时刻的瞬时值，并维持适当时间不变，以便模数变换回路将其转化为数字量。如果按固定的时间间隔重复地进行这种采样操作，就可将时间上连续变化的模拟信号转换为时间上离散的模拟信号序列。

（4）模数变换（A/D）电路实现模拟量到数字量的变换，也就是将由 S/H 电路采集并保持的输入模拟信号的瞬时值变换为相应的数字值。

9.2.3　开关量输入（DI）接口部件

这里开关量泛指那些反映“是”或“非”两种状态的逻辑变量，如断路器的“合闸”

或“分闸”状态、开关或继电器触点的“通”或“断”状态、控制信号的“有”或“无”状态等。继电保护装置常常需要确知相关开关量状态才能正确动作，外部设备一般通过其辅助继电器触点的“闭合”与“断开”来提供开关量状态信号。由于开关量状态正好对应二进制数字“1”或“0”，所以开关量可作为数字量读入。因此，开关量输入接口简称为DI（Digital Input）接口。DI接口作用是为开关量提供输入通道，并在数字保护装置内外部之间实现电气隔离，以保证内部弱电电子电路的安全和减少外部干扰。

一种典型的DI接口电路如图9.4所示（仅绘出一路），它使用光电耦合器件实现电气隔离。光电耦合器器件内部由发光二极管和光敏晶体管组成。目前常用的光耦合器件为电流型，当外部继电器触点闭合时，电流经限流电阻R流过发光二极管使其发光，光敏晶体管受光照射而导通，其输出端呈现低电平“0”；反之，当外部继电器触点断开时，无电流流过发光二极管，光敏晶体管无光照射而截止，其输出端呈现高电平“1”。该“0”、“1”状态可作为数字量由CPU直接读入，也可控制中断控制器向CPU发出中断请求。

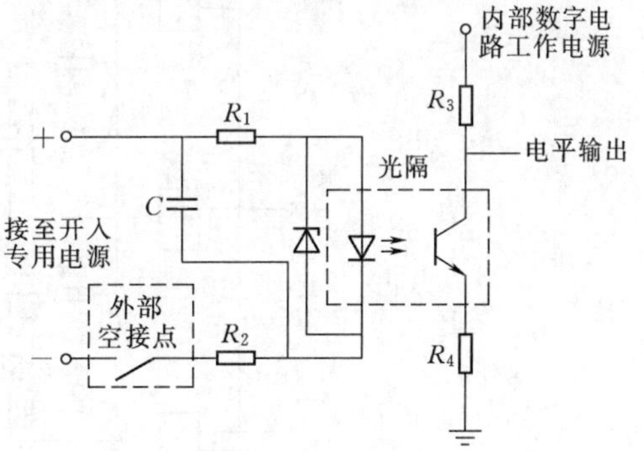

图9.4 采用光耦合器件的开关量输入接口电路

9.2.4 开关输出量（DO）接口部件

数字保护装置通过开关量输出“0”或“1”状态来控制执行回路（如告警信号或跳闸回路继电器触点的“通”或“断”），因此开关量输出接口简称为DO（Digital Output）接口。DO接口的作用是为正确地发出开关量操作命令提供输出通道，并在数字式保护装置内外部之间实现电气隔离，以保证内部弱电子电路的安全和减少外部干扰。

一种典型的使用光电耦合器件的DO接口电路如图9.5所示（仅绘出一路），其工作原理可参见DI接口说明。继电器线圈两端并联的二极管称为续流二极管。它在CPU输出由“0”变为“1”，光敏晶体管突然由“导通”变为“截止”时，为继电器线圈释放储存的能量提供电流通路，这样一方面加快继电器的返回，另一方面避免电流突变产生较高的反向电压而引起相关元件的损坏和产生强烈的干扰信号。需要注意的问题是在重要的开关量输出回路（如跳闸回路中），需要对跳闸出口继电器的电源回路采取控制措施，同时对光隔导通回路采用异或逻辑控制，其示意图如图9.6所示。这样做的主要是为了防止因强烈干扰甚至元件损坏在输出回路出现不正常状态改变时，以及因保护装置上点（合上电源）或工作电源不正常通断在输出回路出现不确定状态时，导致保护装置发生误动作。

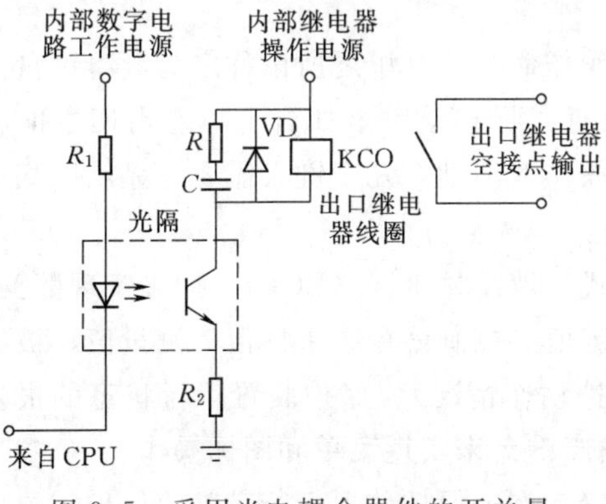

图9.5 采用光电耦合器件的开关量输出及继电器控制电路

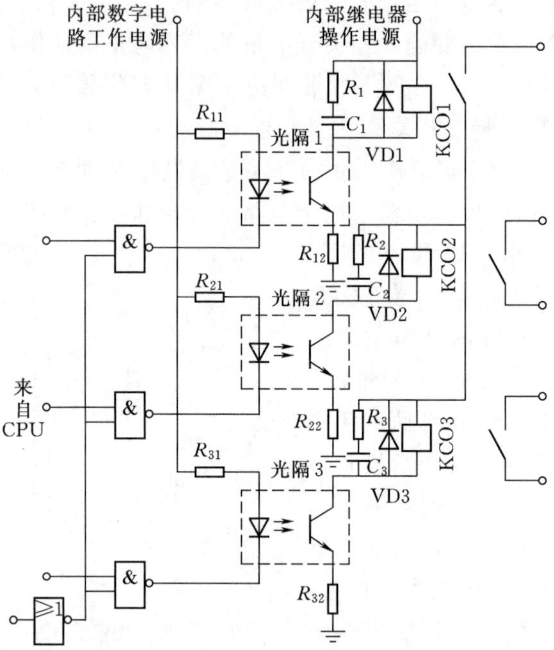

图 9.6　具有电源控制和异或逻辑的跳闸出口继电器输出回路

9.2.5　人机对话接口（MMI）部件

人机对话接口简称为 MMI（Man-Machine Interface），其作用是建立起数字保护装置与使用者之间的信息联系，以便对保护装置进行人工操作、调试和得到反馈信息。继电保护的操作主要包括整定值和控制命令的输入等；而反馈信息主要包括被保护的一次设备是否发生故障、何种性质的故障、保护装置是否已发生动作以及保护装置本身是否正常运行等。所有模拟式保护装置的人机联系手段有限，一般只能通过切换开关或电位器进行整定值调整，通过指示灯和信号继电器来反映保护动作情况，通过外接仪表来了解电子电路工作是否正常（只能在装置退出运行后才能进行）。而数字式保护装置采用智能化人机界面使人机信息交换功能大为丰富、操作更为方便。数字保护装置的 MMI 部件通常包括以下几部分。

（1）紧凑键盘。主要用来修改整定值和输入操作命令。这里之所以称之为紧凑键盘是指其控制电路简捷且键的数量很少，例如通常只有光标移动键（如含上下左右四方向移动）、数值增减键（增值和减值）、操作确认键、操作取消键等几个键，需要与显示屏相配合来完成对保护装置的各种操作任务。

（2）显示屏。通常采用小型图形化（或点阵式）液晶显示屏（LCD），用来实现数据、曲线、图形及汉字的显示，显示内容通常包括整定值、控制命令、采样值、测量值、被保护设备故障报告（含故障发生的时间、性质、保护动作情况）、保护装置运行状态的报告等。目前数字式保护装置通常都能通过 LCD 和紧凑键盘来实现菜单和图标操作。

（3）指示灯。可对一些重要事件，如保护装置动作、保护装置运行正常、保护装置故障等提供明显的监视信号。目前指示灯通常采用发光二极管（LED）。

（4）按钮。用来完成对某些特定功能的直接控制，如数字保护装置的系统复位按钮、信号复归按钮等。

（5）打印机接口。用来连接打印机形成纸质文字报告。早期重要的数字保护装置通常都配有打印机，目前已基本上取消了打印机，改由将相关信息经通信传送给电站自动化系统统一打印。

（6）调试通信接口。用来在对数字保护装置进行现场调试时与通用计算机（如笔记本电脑）相连，实现视窗化和图形化的高级自动调试功能。

9.2.6　外部通信接口（CI）部件

外部通信接口简称为 CI（Communication Interface），其作用是提供与计算机通信网络以及远程通信网的信息通道。CI 可分为两大类：一类 CI 为实现特殊保护功能的专用通信接口，如前面介绍的输电线路纵联保护，它要求位于输电线路两端的保护交换信息和相互配合，共同完成保护功能，这是需要为不同类型的纵联保护提供载波、微波或光纤等通信接口；另一类 CI 为通用计算机网络接口，可与电站计算机局域网以及电力系统远程通信网相连，实现更高一级的信息管理和控制功能，如信息交互、数据共享、远方操作及远方维护等。

9.2.7　工作电源

数字式保护装置除了上述各部件外，还需要工作电源。由于电源必须保证对所有源器件安全、稳定、优质、可靠地供电并满足它们的特殊要求，故电源部件是最重要的部件之一。目前通常采用开关式逆变电源组件。

需要指出，一台完整的数字式保护装置硬件系统要比图 9.1 所示内容丰富和复杂得多，要求考虑很多工业应用中的技术问题和系统设计问题，主要包括装置结构设计、工作电源选择、各项硬件功能如何在插件上分配，抗干扰（又称为 EMC，即电磁兼容）技术和装置自身故障诊断（简称自检或自诊断）等可靠性措施。

另外，现代数字式保护装置内部通常采用分层多计算机系统模式，其特点是由多个独立并行的下层 CPU 子系统（插件）分担保护功能；由一个上层 CPU 管理系统（插件）通过内部通信网对各个下层 CPU 子系统进行管理和数据交换，同时担负对外部通信网络接口、人机对话接口的控制。这种结构可有效提高数字保护装置的处理能力、可靠性以及硬件模块化、标准化水平。

9.3　数字式保护的数据采集

数字式保护的基本特征是由软件对数字信号进行计算和逻辑处理来实现继电保护的原理，而所依据的电力系统的主要电量却是模拟性质的信号。因此，首先需要通过数字信号采集系统将连续的模拟信号转变为离散的数字信号（由上述模拟量输入接口通过 CPU 控制实现），这个过程称为离散化。离散化过程包含了两个子过程：第一步为采样过程，通过采样保持器（S/H）对时间进行离散化，即把时间连续的信号变为时间离散的信号，或者说在一个个等时间间隔的瞬时点上抽取信号的瞬时值；第二步为模数变换过程，通过模数变换器（A/D）对采样信号幅度进行离散化，即把时间上已离散而数值上仍连续的瞬时值变换为数字量。

9.3.1　采样过程描述及采样定理

设输入模拟信号为 $x_A(t)$，现在以确定的时间间隔 T_S 对其连续采样，得到一组代表在 $x_A(t)$ 各采样点瞬时值的采样值序列 $x(n)$，可表为

$$x(n)=x_A(nT_S),\quad n=1,2,3,\cdots \tag{9.1}$$

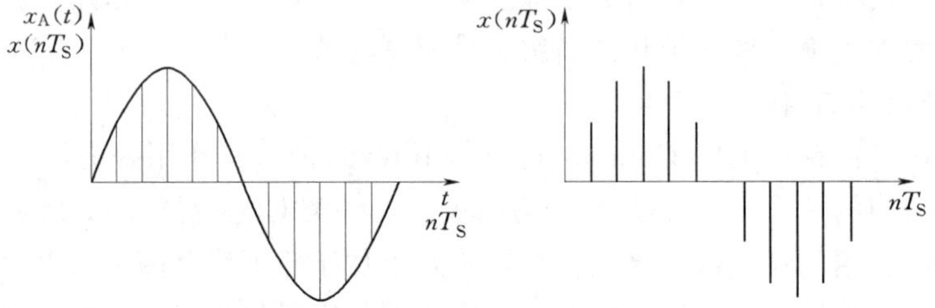

图 9.7　采样过程示意图

采样过程如图 9.7 所示。例如，设输入模拟信号 $x_A(t)=X_m\sin(\omega t+\varphi)$，则有 $x(n)=X_m\sin(\omega nt+\varphi)$。这里 n 只能为整数，这意味着 $x(n)$ 只在采样点上有值，而在采样点以外没有定义，不能认为这些位置上其值为零。换言之，$x(n)$ 是以行为变量，以 T_S 为时间间隔的一组采样序列。

上述确定的相邻采样值之间的间隔时间 T_S 称为采样周期。采样周期 T_S 的倒数称为采样率（简称采样率），记为 f_S，即

$$f_S=\frac{1}{T_S} \tag{9.2}$$

采样率反映了采样速度。在电力系统的实际应用中，习惯用采样率 f_S 相对于基波频率的倍数（记为 N）来表示采样速率，称为每基频周期采样点数，或简称为 N 点采样。设基频频率为 f_1、基频周期为 T_1，则有

$$N=\frac{f_S}{f_S}=\frac{T_1}{T_S} \tag{9.3}$$

由直观的经验，若输入模拟信号的频率较高而采样率很低，采样数据便无法正确地描述原始波形，也就是说，合适的采样率与输入信号的频率有关。研究表明，无论原始输入信号的频率成分多复杂，保证采样后不丢失其中信息的充分必要条件，或者说由采样值能完整、正确和唯一地恢复输入连续信号的充分必要条件是，采样率 f_S 应大于输入信号 f_{max} 的 2 倍，即

$$f_S>2f_{max} \tag{9.4}$$

这就是著名的采样定理。

满足采样定理的必要性可以用图 9.8 加以说明。图 9.8（a）所示为当 $f_S<2f_{max}$ 时引起错误的情况：原高频信号如实线所示，由于采样率太低，由采样值观察，将会误认为输入信号为虚线所示的低频信号。图 9.8（b）所示为当 $f_S=2f_{max}$ 时引起错误的情况：对于实线所示的信号一周波可以得到两个采样值，但由这两个采样值还可以得到另一同频率但不同幅值和相位的信号（虚线所示），实际上由这两个采样值可以得到无数个同频率但不

同幅值和相位的信号，这表明当 $f_S=2f_{max}$ 时，由采样值无法唯一地确定输入信号。

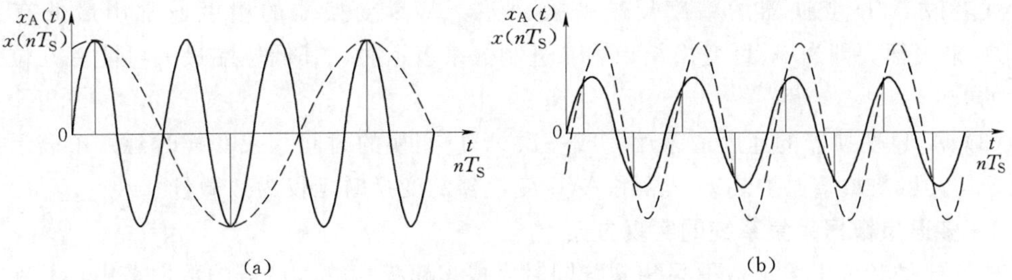

图 9.8　说明采样定理必要性的示意图

(a) $f_S<2f_{max}$ 引起的错误；(b) $f_S=2f_{max}$ 引起的错误

实际应用中，确定采样率还需考虑以下问题：

(1) 电力系统的故障信号中可能包含很高的频率成分，但多数保护原理只需要使用基波和较低次的高次谐波成分，为了不对数字式保护的硬件系统提出过高的要求，可以对输入信号先进行模拟低通滤波，降低其最高频率，从而可选取较低的采样频率。前面介绍的前置模拟低通滤波器（ALF）就是为此目的而设置的。

(2) 实用采样频率通常按保护原理所用信号频率的 4～10 倍来选择。例如常用采样率为 $f_S=600\text{Hz}(N=12)$、$f_S=800\text{Hz}(N=16)$、$f_S=1000\text{Hz}(N=20)$ 及 $f_S=1200\text{Hz}(N=24)$）等。这样选择的主要原因是为了保证计算精度，同时也考虑了数字滤波的性能要求。另外，由于简单的前置模拟低通滤波器难于达到很低的截止频率和理想的高频截断特性，因而也就限制了采样频率不能太低。

9.3.2　模数变换过程及技术指标

模数变换（A/D 变换）的基本原理简单地说是用一个微小的标准单位电压（即 A/D 的分辨率）来度量一个无限精度的待测量的电压值（即瞬时采样值），从而得到它所对应的一个有限精度的数字值（即待测量的电压值可以被标准单位电压分为多少份）。显然，选定的标准单位电压越小，A/D 变换的分辨率越高，得到的数字量就能越精确地刻画瞬时采样值；但无论多小，总会有误差，该误差被称为量化误差。这也说明了 A/D 的分辨率越高，量化误差越小。

A/D 变换器的主要技术指标是分辨率、精度和变换速度。

(1) 分辨率是反映 A/D 对输入电压信号微小变化的区分能力的一种度量。A/D 变换器分辨率的计算公式为

$$r_{A/D}=\frac{U_{A/D\cdot n}}{2B_{A/D}} \tag{9.5}$$

式中　$r_{A/D}$——A/D 变换器的分辨率（用最小可分辨电压表示），V；

$U_{A/D\cdot n}$——A/D 变换器额定满量程电压，即最大允许的输入信号电压，V；

$B_{A/D}$——A/D 变换器最大可输出数字量对应的二进制位数。

由于 A/D 转换器的分辨率与其输出数据的位数直接相关，通常又用 A/D 变换器的二进制位数 $B_{A/D}$ 来表示。在数字式保护装置中多使用 12 位、14 位或 16 位分辨率的 A/D 变换器。

(2) A/D 变换器的精度是指 A/D 变换的结果与实际输入的接近程度，也就是准确度，或者说 A/D 变换器的精度反映变换误差。A/D 变换器的精度通常用最低有效位（LSB）来表征，即当 A/D 变换结果用二进制数来表示时，其低位端最大可能有几位是不准确的。

(3) A/D 变换器的速度通常用完成一次 A/D 变换的时间（或变换时延）来表示，记为 $\Delta T_{A/D}$。目前数字保护装置中常用 A/D 变换器的变换时延仅为数微秒。

9.3.3　多通道数据采集系统的实现方案

数字保护装置中要求数据采集系统同时完成多路模拟输入信号的数据采集，并保证这多路数字采样序列在每一时刻采样值的同时性。目前数字保护装置中广泛实用的数据采集系统由多路采样保持器（S/H）、多路转换器（MPX）及模数变换器（A/D）组成，原理示意图如图 9.9 所示。

为实现多路模拟信号的同时采样，每一路模拟通道对应一路采样保持器，并由 CPU 通过逻辑控制电路对它们进行同时操作。平时，采样保持器处于“跟随状态”，其输出随输入信号电压变化；到达采样时刻，CPU 发出指令，使采样保持器进入“采样保持”状态，捕捉当前时刻输入信号电压的瞬时值并记忆保持，以保证在 A/D 变换期间电压值恒定不变。待所有通道都完成 A/D 变换之后，CPU 又将控制各路采样保持器恢复到“跟随状态”，为下一次转换做好准备。以后不断依此循环，形成数字采样序列。

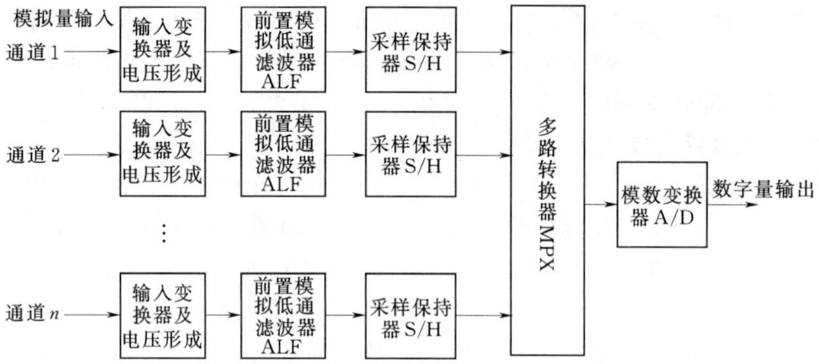

图 9.9　基于采样保持器和 A/D 变换器的多路数据采集系统原理示意图

多路转换器（MPX）是一种多信号输入、单信号输出的电子切换开关器件，可由 CPU 通过编码控制将多通道输入信号（由 S/H 送来）依次与其输出端连通，而其输出端与模数变换器的输入端相连，在 CPU 的控制下逐一将各通道的采样值变换成数字量，并读入内存。利用多路转换器可以只用一路 A/D 变换器实现所有通道的模数变换，大大简化电路和降低成本，当然，同时也对 A/D 变换器的变换速度提出了较高的要求。因此，在此方案中，A/D 变换器通常采用逐次逼近型 A/D 变换器。

采样保持器、多路转换器以及逐次逼近型 A/D 变换器既有各自独立的集成电路芯片，也有组合在一起的集成电路芯片，需要根据具体设计指标来选择。

在目前国内生产的数字式保护装置中，还有一种基于电压频率变换器（VFC）和计数器的多路数据采集系统方案，请参考相关文献。

9.4 数字式保护的数字滤波

数字式保护通过对采样序列的数字运算和时序逻辑处理来实现继电保护的原理和功能。数字运算主要包括数字滤波、基本特征量的计算（如幅值、相位、阻抗、功率等）和保护动作方程的运算三项内容。

目前，大多数数字式继电保护是以故障信号中的基频分量或某种整次谐波分量为基础构成。而在实际故障情况下，输入的电流、电压信号中，除了保护所需的有用成分外，还包含有许多无效的“噪声”分量，如衰减直流分量和各种高频分量等。为了消除噪声分量的影响，有两种基本途径：一是首先采用数字滤波器对输入信号采样序列进行滤波，然后再使用算法对滤波后的有效信号进行运算处理；二是设计算法时使其本身具有良好的滤波性能，直接对输入信号采样序列进行运算处理。但一般情况下这两种基本途径或多或少都需要用到数字滤波器。

数字滤波器的特点是不以计算电气量特征参数为目的，而是通过对采样序列的数字运算得到一个新的序列（通常仍称为采样序列），在这个新的采样序列中已滤除了不需要的频率成分，只保留了需要的频率成分。为什么通过运算可以实现数字滤波呢？下面先用简单的例子加以说明。

设有一个第 k 次谐波的原始正弦输入信号 $x_{\mathrm{k}}(t)=U_{\mathrm{mk}}\sin(\omega_{\mathrm{k}}t+\alpha)$，选择采样率为每基频周期 N 点采样，经采样可得 $x_{\mathrm{k}}(n)=x_{\mathrm{k}}(nT_{\mathrm{S}})$，其周期可表为 $T_{\mathrm{k}}=T_1/k=(N/k)T_{\mathrm{S}}$，波形如图 9.10（a）所示。通过微机的存储记忆可将上述信号延迟。当延迟时间为 $T_{\mathrm{k}}/2$（即半周期）时，得到半周期延迟信号 $x_{\mathrm{k}}\left(t-\frac{T_{\mathrm{k}}}{2}\right)=x_{\mathrm{k}}\left[\left(n-\frac{N}{2k}\right)T_{\mathrm{S}}\right]$，波形如图 9.10（b）所示；当延迟时间为 T_{S}（即整周期）时，得到整周期延迟信号 $x_{\mathrm{k}}(t-T_{\mathrm{k}})=x_{\mathrm{k}}[(n-N/k)\times T_{\mathrm{S}}]$，波形如图 9.10（c）所示。如果需要滤除此第 k 次谐波，可将图 9.10（a）、（b）波形相加或者波形图 9.10（a）、（c）波形相减，则有

$$x_{\mathrm{k}}(t)+x_{\mathrm{k}}\left(t-\frac{T_{\mathrm{k}}}{2}\right)=x_{\mathrm{k}}(nT_{\mathrm{S}})+x_{\mathrm{k}}\left[\left(n-\frac{N}{2k}\right)T_{\mathrm{S}}\right]=0$$

或

$$x_{\mathrm{k}}(t)-x_{\mathrm{k}}(t-T_{\mathrm{k}})=x_{\mathrm{k}}(nT_{\mathrm{S}})+x_{\mathrm{k}}[(n-N/k)T_{\mathrm{S}}]=0$$

即通过上述运算消除了第 k 次谐波（实际上也消除了第 k 次谐波的整倍数谐波），而其他信号，只要其频率不为 $x_{\mathrm{k}}(t)$频率的整倍数的信号，都将不同程度地得到保留。反之，如果在上两式中交换加、减号［即取图 9.10（a）、（b）波形相减或者图 9.10（a）、（c）波形相加］，可使第 k 次谐波得到增强，并且相对于其他频率的信号增强最大。由此可见，通过对采样序列采样信号的适当延时与运算相配合可实现滤波。当然，实际应用的数字滤波器的运算过程要比上例复杂，以获得优良的滤波特性。

一般的，线性数字滤波器的运算过程可用常系数线性差分方程表述为

$$y(n)=\sum_{i=0}^{K}a_i x(n-i)+\sum_{i=1}^{K}b_i y(n-i) \tag{9.6}$$

式中 $x(n)$、$y(n)$——滤波器的输入值采样序列和输出值采样序列；

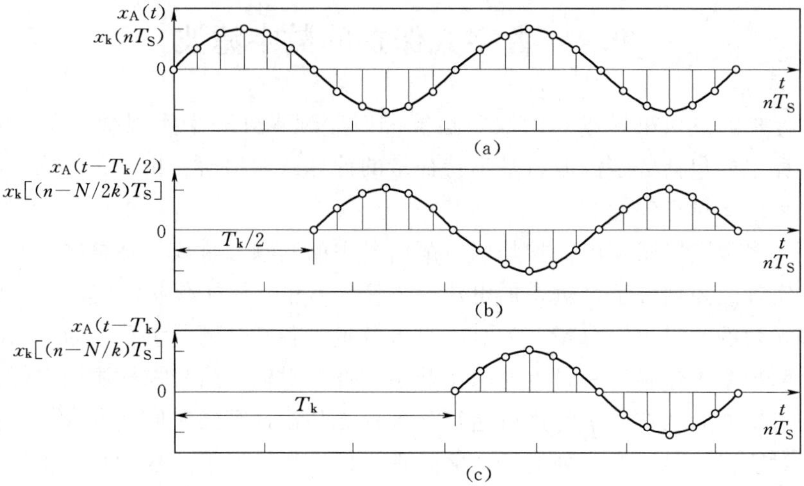

图 9.10　数字滤波基本原理示意图

(a) $x_k(t)=x_k(nT_S)$；(b) $x_k\left(t-\frac{T_k}{2}\right)=x_k\left[\left(n-\frac{N}{2k}\right)T_S\right]$；(c) $x_k(t-T_k)=x_k\left[\left(n-\frac{N}{k}\right)T_S\right]$

a_i、b_i——滤波器的系数，简称滤波系数。

通过选择滤波系数 a_i 和 b_i，可控制数字滤波器的滤波特性。在式（9.6）中，若系数 b_i 全部为 0 时，称之为有限冲激响应（FIR）数字滤波器，此时，当前的输出 $y(n)$只是过去和当前的输入值 $x(n-i)$的函数，而与过去的输出值 $y(n-i)$无关。若系数 b_i 不全为 0，即过去的输出对现在的输出也有直接影响，称之为无限冲激响应（IIR）数字滤波器。与模拟滤波器对比，FIR 和 IIR 数字滤波器可以理解为前者没有输出信号对输入的反馈，而后者则有输出信号对输入的反馈。

数字滤波器的滤波特性用频率响应特性来表征，包括幅频特性和相频特性。幅频特性反映经过数字滤波后，输入和输出信号的幅值随频率的变化情况；而相频特性则反映输入和输出信号的相位移随频率的变化情况。获得数字滤波器的频率响应特性需要使用数学工具 Z 变换。

设离散序列 $x(n)$的 Z 变换为 $Z[x(n)]=X(z)$，这里 $z=e^{sT_S}$，$s=\delta+j\omega$。对离散系统的差分方程式（9.6）进行 Z 变换，有

$$Y(z)=\sum_{i=0}^{K}a_iX(z)z^{-i}+\sum_{i=0}^{K}b_iY(z)z^{-i} \tag{9.7}$$

定义该离散系统的转移函数为 $H(z)=\dfrac{Y(z)}{X(z)}$，则有

$$H(z)=\frac{Y(z)}{X(z)}=\frac{\sum_{i=0}^{K}a_iz^{-i}}{1-\sum_{i=0}^{K}b_iz^{-i}} \tag{9.8}$$

注意 $H(z)=|H(z)|e^{j\varphi_H(z)}$，$Y(z)=|Y(z)|e^{j\varphi_Y(z)}$，$X(z)=|X(z)|e^{j\varphi_X(z)}$ 均为复数，因此，式（9.8）还可表示为

$$H(z)=|H(z)|e^{j\varphi_H(z)}=\frac{Y(z)}{X(z)}=\frac{|Y(z)|e^{j\varphi_Y(z)}}{|X(z)|e^{j\varphi_X(z)}}=\frac{|Y(z)|}{|X(z)|}e^{j[\varphi_Y(z)-j\varphi_X(z)]} \tag{9.9}$$

若在式（9.9）中取 $z=e^{j\omega T_S}$ 代入，即获得该系统的频域响应特性，记为 $H(\omega)$。于是得到幅频和相频特性响应分别为

$$|H(\omega)|=\left|\frac{Y(\omega)}{Z(\omega)}\right| \tag{9.10}$$

$$\varphi_H(\omega)=\varphi_Y(\omega)-\varphi_X(\omega) \tag{9.11}$$

在数字保护中，只要各通道模拟信号采用同样的数字滤波器，无论相频特性响应如何，都不会改变各信号的相对相位关系，从而不会影响相位判别。因此，通常主要关心幅频特性响应，因为它真正反映了对不同频率信号的增益（即对有用信号的增强和对无用信号的衰减程度）。

对于 FIR 型数字滤波器，其差分方程为

$$y(n)=\sum_{i=0}^{k}a_i x(n-i) \tag{9.12}$$

这意味着当前滤波输出与当前及前 k 个输入数据有关。更确切地说，需等待 $k+1$ 个输入数据之后滤波器才可能得到第一个滤波输出数据，也就是说，滤波输出采样序列相对于输入采样序列出现了时间上的延迟，k 越大则时延越长。定义 FIR 型数字滤波器的响应时延 τ 为

$$\tau=KT_S \tag{9.13}$$

由于 T_S 为常数，因而在实用中广泛采用数字滤波器产生一个输出数据所需要等待的输入数据的个数来表示时延，称为数据窗，记为 W_d（为整数）。显然有

$$\left.\begin{aligned}W_d&=K+1\\ \tau&=(W_d-1)T_S\end{aligned}\right\} \tag{9.14}$$

时延和数据窗反映数字滤波器对输入信号的响应速度，是非常重要的技术指标。

FIR 型数字滤波器的优点是由于采用有限个输入信号的采样值进行滤波计算，不存在信号反馈，因而滤波器没有不稳定问题，也不会因计算过程中舍入误差的累积造成滤波特性逐步恶化。此外，由于滤波器的数据窗明确，便于确定它的滤波时延，易于在滤波特性与滤波时延之间进行协调。而 IIR 数字滤波器利用了反馈信号，易于获得较理想的滤波特性，但存在滤波系统稳定性问题，在设计和应用中需特别注意。目前在实用的数字保护装置中采用 FIR 数字滤波器较多。

9.5 数字式保护的算法

数字式保护的算法不同于数字滤波，算法的目的是从数字滤波器的输出采样序列或直接从输入采样序列中求取电气信号的特征参数，并且进而实现保护动作判据或动作方程。在数字式保护中算法可分为两大类：一类是特征量算法，用来计算保护所需的各种电气量的特征参数，如交流电流和电压的幅值及相位、功率、阻抗、序分量等；另一类是保护动作判据或动作方程的算法，与具体的保护功能密切相关，并需要利用特征量算法的结果。

最后还需要完成各种逻辑处理及时序配合的计算和处理，才能最终实现故障判定。

9.5.1　正弦信号的特征量算法

正弦信号的特征量算法是指基于正弦函数模型的特征量算法，即假设提供给算法的电流、电压采样数据为纯正弦函数序列。以电压为例，正弦信号可表示为

$$u(t)=U_m\sin(\omega t+\alpha) \tag{9.15}$$

式中　U_m、α——正弦电压的幅值、相位。

设周期为 T，每周期采样数 N 为常整数，则有 $\omega T_S=2\pi f\dfrac{2\pi}{N}$。正弦信号的采样序列可表示为

$$u(n)=U_m\sin(\omega T_S n+\alpha)=U_m\sin\left(\frac{2\pi}{N}n+\alpha\right) \tag{9.16}$$

在实际故障情况下，输入交流信号中并不是正弦信号。因此，采用基于正弦函数模型的算法，必须与数字滤波器配合使用，即式（9.16）给出的信号是经过数字滤波后的正弦采样值序列。

1. 正弦信号幅值的直接算法

（1）半周绝对值积分算法。对于连续函数 $u(t)=U_m\sin(\omega t+\alpha)$，设在半周期 $T/2$ 内对其绝对值的积分值记为 S，则

$$\begin{aligned} S &= \int_0^{T/2} |\,u(t)\,|\,\mathrm{d}t = \int_0^{T/2} |\,U_m\sin(\omega t+\alpha)\,|\,\mathrm{d}t \\ &= \frac{U_m}{\omega}\left[\int_\alpha^\pi \sin(\omega t)\,\mathrm{d}\omega t + \int_0^\alpha \sin(\omega t)\,\mathrm{d}\omega t\right] = \frac{2U_m}{\omega} \end{aligned} \tag{9.17}$$

所以得到 $U_m=\dfrac{\omega}{2}S=\dfrac{\omega}{2}\displaystyle\int_0^{T/2}|\,u(t)\,|\,\mathrm{d}t$ 。

上式离散化后，可求得幅值的估值 $\overline{U}_m$ 为

$$\overline{U}_m=\frac{\omega}{2}\sum_{i=0}^{N/2-1}[\,|\,u(iT_S)T_S\,|\,]=\frac{\pi}{N}\sum_{i=0}^{N/2-1}|\,u(i)\,| \tag{9.18}$$

式（9.18）采用离散积分代替连续积分（即通过采样值求和，用分块矩形面积之和代替连续积分之面积），所以也带来计算误差，并且此误差同样也受初相 α 和采样点数 N 的影响。由于积分运算对高频噪声有较强的抑制能力，因此半周绝对值积分算法具有一定的抗干扰和抑制高次谐波能力。该算法的时延为半个周波。

（2）采样值积算法。进一步考虑用尽量短的数据窗来计算正弦函数的幅值。一个正弦函数可以由三个基本特征量，即幅值 U_m（以电压为例）、初相 α、频率 $\omega=2\pi f$（对于基波 $\omega=2\pi f_1$）完全刻画，或者说确定一个正弦函数需要求取上述三个未知数。为了求解这三个未知数，需要建立三个独立方程，我们可以利用三个不同时刻的采样值来得到这三个方程。设 $u(n)$、$u(n+K)$、$u(n+2K)$分别为在采样时刻 t_n、t_{n+K}、t_{n+2K}时的电压采样值，可得到下列方程组

$$\begin{aligned} u(n)&=U_m\sin(\omega t_n+\alpha) \\ u(n+K)&=U_m\sin(\omega t_{n+K}+\alpha)=U_m\sin(\omega t_n+\omega K T_S+\alpha) \end{aligned} \tag{9.19}$$

$$u(n+2K)=U_m\sin(\omega t_{n+2K}+\alpha)=U_m\sin(\omega t_n+\omega\times KT_S+\alpha)$$

求解上述方程组，便可确定正弦函数的三个基本特征量。这说明只需要三个采样值就能求得包括幅值 U_m 在内的正弦函数的全部特征量。如果假定正弦函数频率已知（在电力系统继电保护很多情况下这个假定是合适的，这时可选择 N 为常整数），正弦函数的待求特征量减为两个，即上述方程组的方程个数可减至两个，这时只需要两个不同时刻的采样值就能求得幅值和相位。由于式（9.19）为超越方程，直接求取需要用到三角函数，数字计算的计算量较大，往往不能满足继电保护快速实时计算的要求，因此常常根据实际需要使用的特征量来构造简化算法，尽量避免三角函数或反三角函数的运算。例如，对于幅值的计算就可以通过采样值之间的乘积运算来实现，称为采样值积算法。

2. 正弦信号复相量的算法

电气工程中，正弦信号通常采用复相量表示，继电保护中也常常利用复相量来构成动作判据。下面讨论由正弦信号采样值序列直接计算其复相量的算法。

正弦信号对应的复相量可以表示为模值及相角，或者表示为实部及虚部，计算式为

$$\dot{U}=Ue^{j\alpha}=U_m\cos\alpha+jU_m\sin\alpha=U_R+jU_I \tag{9.20}$$

式中 U_R、U_I——复相量$\dot{U}_m$ 的实部、虚部，$U_R=U_m\cos\alpha$，$U_I=U_m\sin\alpha$。

这个复相量是一个旋转相量，通常规定为逆时针旋转为正方向，并且正弦信号（以及其采样值序列）可视为该旋转相量在直角复平面的实轴或者虚轴上的投影。

$$\begin{aligned}u(t)&=U_m\sin(\omega t+\alpha)\\&=U_m\cos\alpha\sin\omega t+U_m\sin\alpha\cos\omega t\\&=U_R\sin\omega t+U_I\cos\omega t\end{aligned} \tag{9.21}$$

其离散采样序列可表示为

$$u(n)=U_R\sin\left(\frac{2\pi}{N}n\right)+U_I\cos\left(\frac{2\pi}{N}n\right) \tag{9.22}$$

式（9.22）中当分别取 $n=0$ 和 $n=N/4$ 时，复相量的实部和虚部表达式为

$$U_R=u\left(\frac{N}{4}\right)=U_m\cos(\alpha) \tag{9.23}$$

$$u(n)=U_I=u(0)=U_m\sin(\alpha)$$

进一步讨论快速算法。设在 $n=0$ 和 $n=K$ 得到两个采样值，可由式（9.21）列出方程组

$$u(0)=U_m\sin(\alpha)=U_I$$

$$u(K)=U_R\sin\left(K\frac{2\pi}{N}\right)+u(0)\cos\left(K\frac{2\pi}{N}\right) \tag{9.24}$$

由式（9.24）可以导出

$$U_R=\frac{u(K)-u(0)\cos\left(K\dfrac{2\pi}{N}\right)}{\sin\left(K\dfrac{2\pi}{N}\right)} \tag{9.25}$$

$$U_I=u(0)$$

式（9.25）取 $n=N/4$，即为式（9.23），此时计算量最小；为获得最短时延，可取 $K=1$。实际上，复相量的实部与虚部决定于初相，而初相又决定于计算始点，前面在推导复相量的实部与虚部的算法时假定计算始点为 0（即对应于 0 时刻初相值），对于一般地将作为计算始点的情况（即对应于 n 时刻初相值），式（9.25）可改为

$$\left.\begin{aligned} U_R &= \frac{u(n+K)-u(n)\cos\left(K\dfrac{2\pi}{N}\right)}{\sin\left(K\dfrac{2\pi}{N}\right)} \\ U_I &= u(n) \end{aligned}\right\} \tag{9.26}$$

随着 n 的增加（时间后移），式（9.26）计算的实、虚部是变化的，即复相量的初相是变化的，并总是对应于 n 时刻的初相，反映出相量逆时针旋转，每移动一个采样点引起的初相相位增量为 $K\dfrac{2\pi}{N}$。这就是将 n 作为计算始点对应于 n 时刻初相值的含义，或者说用式（9.26）计算的实、虚部总是反映当前时刻旋转相量的初相。

3. 功率的算法

根据复功率的定义，视在功率与有功功率和无功功率的关系可表示为

$$S=P+jQ=UI\cos\theta+jUI\sin\theta \tag{9.27}$$

而视在功率与前面定义的电压相量 $\dot{U}_m=U_R+jU_I$ 与电流相量 $\dot{I}_m=I_R+jI_I$ 的关系可表示为

$$\begin{aligned} S &= \dot{U}\hat{I}=\frac{1}{2}\dot{U}_m\hat{I}_m=\frac{1}{2}(U_R+jU_I)\times(I_R-jI_I) \\ &= \frac{1}{2}(U_RI_R+U_II_I)+j\frac{1}{2}(U_II_R-U_RI_I) \end{aligned} \tag{9.28}$$

式中　$\hat{I}_m$——$\dot{I}_m$ 的共轭相量，即 $\hat{I}_m=I_R-jI_I$。

比较式（9.25）和式（9.26），可得到

$$\left.\begin{aligned} P &= UI\cos\theta=\frac{1}{2}(U_RI_R+U_II_I) \\ Q &= UI\sin\theta=\frac{1}{2}(U_II_R-U_RI_I) \end{aligned}\right\} \tag{9.29}$$

在基于纯正弦基波信号的条件下，只要将式（9.25）或式（9.26）的计算结果代入式（9.27）即可得基波功率算法。例如，将式（9.25）直接代入式（9.27），经化简可得基于正弦信号两采样值的基波功率算法为

$$\left.\begin{aligned} P &= UI\cos\theta=\frac{u(0)i(0)+u(K)i(K)-[u(0)i(K)+u(K)i(0)]\cos\left(K\dfrac{2\pi}{N}\right)}{2\sin^2\left(K\dfrac{2\pi}{N}\right)} \\ Q &= UI\sin\theta=\frac{u(0)i(K)-u(K)i(0)}{2\sin\left(K\dfrac{2\pi}{N}\right)} \end{aligned}\right\} \tag{9.30}$$

同理，在式（9.30）中若取 $K=1$，计算时延最短；若取 $K=N/4$，则可使得计算量最小。

9.5.2 非正弦信号的特征量算法

系统发生故障时，输入信号并非纯正弦信号，其中除了含有基波分量外，还含有各种整次谐波、非整次谐波和衰减直流分量。前面讨论的是基于纯正弦信号模型的算法，它们通常需要与数字滤波器配合使用。在数字保护装置中，还有一类算法是基于非正弦交流信号模型构造的，本身具有良好的滤波特性，可以从故障信号中直接计算基波及某次谐波的特征量。依据对非正弦交流信号不同的假设模型和不同的滤波理论，有多种不同的此类算法，如傅氏算法。最小二乘算法。卡尔曼最佳滤波算法等。这里只介绍应用最为普遍的全周傅氏算法。

全周傅氏算法的基本思想源于傅里叶级数。假设输入信号为周期函数，即输入信号中除基频分量外，还包含直流分量和各种整次谐波分量。仍以电压为例，此时输入信号可表示为

$$
\begin{aligned}
u(t) &= U_{m0} + \sum_{k=1}^{M} U_{mk}\sin(k\omega_1 t + \varphi_k) \\
&= U_{m0} + \sum_{k=1}^{M}[U_{mk}\cos\phi\sin(k\omega_1 t) + U_{mk}\sin\varphi_k\cos(k\omega_1 t)] \\
&= U_{m0} + \sum_{k=1}^{M}[U_{Rk}\sin(k\omega_1 t) + U_{Ik}\cos(k\omega_1 t)]
\end{aligned}
\tag{9.31}
$$

式中 ω_1——基频角频率；

M——信号中所含的最高次谐波的次数；

k——谐波次数，表示第 k 次谐波；

U_{mk}、φ_k——第 k 次谐波分量的幅值和相位；

U_{Rk}——第 k 次谐波分量的实部，$U_{Rk}=U_m\cos\varphi_k$；

U_{Ik}——第 k 次谐波分量的虚部，$U_{Ik}=U_m\sin\varphi_k$；

U_{m0}——直流分量，即第 0 次谐波。

根据三角函数系在区间 $[0, T_1]$（T_1 为基频周期）上的正交性和傅里叶系数的计算方法，可在式（9.31）中直接导出实、虚部计算式为

$$
\left.
\begin{aligned}
U_{Rk} &= \frac{2}{T_1}\int_0^{T_1} u(t)\sin(k\omega_1 t)\mathrm{d}t \\
U_{Ik} &= \frac{2}{T_1}\int_0^{T_1} u(t)\cos(k\omega_1 t)\mathrm{d}t
\end{aligned}
\right\}
\tag{9.32}
$$

取每基频周期 N 点采样，并采用按采样时刻分段的矩形面积之和来近似上式连续积分，则有

$$
\left.
\begin{aligned}
U_{Rk} &= \frac{2}{N}\sum_{i=0}^{N-1} u(i)\sin\left(ki \times \frac{2\pi}{N}\right) \\
U_{Ik} &= \frac{2}{N}\sum_{i=0}^{N-1} u(i)\cos\left(ki \times \frac{2\pi}{N}\right)
\end{aligned}
\right\}
\tag{9.33}
$$

该算法的数据窗为一个完整的基波周期，称之为全周傅氏算法。注意到全周傅氏算法的滤波系数为可事先算得的常数，故算法的实时计算量不大。如取 $k=1$，则得到基频分

量的实部和虚部为

$$\left.\begin{aligned}U_{R1}&=\frac{2}{N}\sum_{i=0}^{N-1}u(i)\sin\left(i\times\frac{2\pi}{N}\right)\\U_{I1}&=\frac{2}{N}\sum_{i=0}^{N-1}u(i)\cos\left(i\times\frac{2\pi}{N}\right)\end{aligned}\right\}\tag{9.34}$$

式 (9.34) 的幅频特性如图 9.11 所示。由图可见，全周傅氏算法可保留基波并完全滤除恒定直流分量及所有的整次谐波分量；虽不能完全滤除非整次谐波分量，但有很好的抑制作用，尤其对高频分量的滤波能力相当强。分析表明，全周傅氏算法的主要缺点是易受衰减的非周期分量影响，在最严重情况下，此时的计算误差可能超过 10%。为减小由衰减直流分量引起的计算误差，一个简单可行的方法是对输入信号的原始采样数据先进行一次差分滤波，然后再进行傅氏计算。

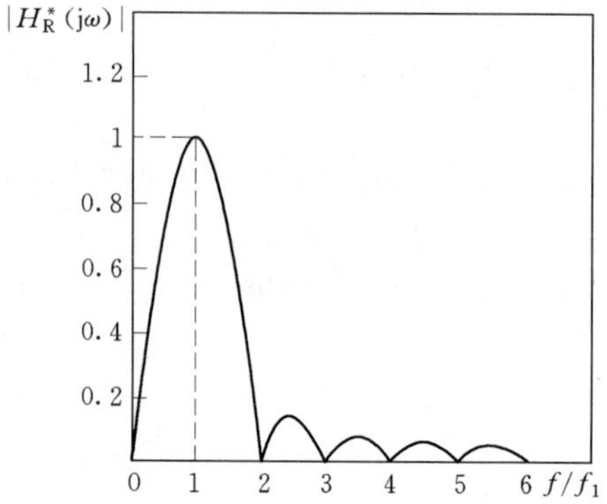

(a)

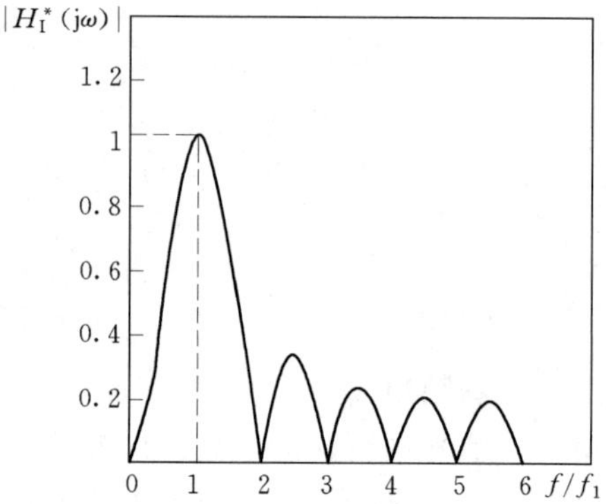

(b)

图 9.11　计算基频分量的全周傅氏算法的幅频特性

(a) 实部算法的幅频特性；(b) 虚部算法的幅频特性

观察式 (9.33)，其实部和虚部算法实质上是两个 FIR（或递归型）数字滤波器，而这两个 FIR 数字滤波器的系数严格满足正交条件，因此全周傅氏算法的实部和虚部算法构成了一组正交滤波器。正是这种正交特性，使其可正确获得基波及各次谐波对应相量的实部和虚部。由此可以看出，输入信号特征量的实、虚部算法与数字滤波器可以统一起来，构造实、虚部算法是为了要找到一组正交滤波器。

总的来看，全周傅氏算法原理清晰，计算精度高，因此在数字保护装置中得到了广泛应用。不过该算法的数据窗较长（一个基频周期），使保护的动作速度受到一定限制。实际上，无论采用何种算法或数字滤波器，要提高滤波性能，都不可避免地需要延长它们的数据窗，这需要根据实际要求在这两者之间进行权衡。

9.5.3　基于输电线路简化物理模型的阻抗算法

在输电线路距离保护中，通过保护安装处到故障点的线路正序阻抗（以下简称线路阻抗）来反映故障距离，因此需要计算线路阻抗。常用方法是以输电线路模型为基础，通过求解线路模型的微分方程，直接计算线路阻抗。采用微分方程算法进行线路阻抗计算时，对输电线路模型有不同的处理方法。目前最简单也是最常用的模型是忽略分布电容的影响，假设输电线路仅由电阻和电感串联组成，称为基于输电线路 RL 模型的微分方程算法。

对于输电线路的 RL 模型，当线路上发生金属性短路故障时，测量端的电压和电流满足微分方程

$$u=R_1 i+L_1\frac{\mathrm{d}i}{\mathrm{d}t} \tag{9.35}$$

式中 R_1、L_1——故障点至测量端之间线路段的正序电阻和正序电感。

式（9.35）中的测量电压 u 和电流 i 的选取同样与故障类型和相别有关。对于相间短路，u、i 分别应为故障相的电压差和电流差；而对于单相接地短路，应采用故障相电压，而电流 i 则为故障相电流加上零序补偿电流。

在式（9.35）中，u、i 和$\frac{\mathrm{d}i}{\mathrm{d}t}$都是可以通过测量和计算得到的，待求解的参数为 R_1 和 L_1。对于输电线路来说，由于 $R_1/L_1=r_1/l_1$（r_1、l_1 分别为单位长度正序电阻和电感）是可事先确定的常数，因此，实际需求解的未知参数只有一个，即 R_1 和 L_1。令 $K_{\mathrm{rl}}=R_1/L_1$，式（9.35）可写为

$$u=L_1\left(K_{\mathrm{rl}}i+\frac{\mathrm{d}i}{\mathrm{d}t}\right) \tag{9.36}$$

因此可解得正序电感值为

$$L_1=\frac{u}{\left(K_{\mathrm{rl}}i+\frac{\mathrm{d}i}{\mathrm{d}t}\right)} \tag{9.37}$$

然后再根据 $R_1=K_{\mathrm{rl}}L_1$ 可计算正序电阻值。

在采用离散采样值进行计算时，电流的导数通常采用中点差分近似代替，即

$$\frac{\mathrm{d}i(t)}{\mathrm{d}t}=\frac{i(n+1)-i(n-1)}{2T_{\mathrm{S}}} \tag{9.38}$$

将式（9.38）代入式（9.37）并写成采样值形式，得

$$\left.\begin{aligned}L_1&=\frac{u(n)}{K_{\mathrm{rl}}i(n)+\frac{i(n+1)-i(n-1)}{2T_{\mathrm{S}}}}\\R_1&=\frac{u(n)}{i(n)+\frac{1}{K_{\mathrm{rl}}}\frac{i(n+1)-i(n-1)}{2T_{\mathrm{S}}}}\end{aligned}\right\} \tag{9.39}$$

求出电抗 L_1 后，根据 $X_1=\omega L_1$ 即可算出电抗值。

相间短路故障的过渡电阻主要是电弧电阻，其值较小，可直接应用式（9.39）计算。接地短路故障的过渡电阻则往往较大，实用中需要对上述算法加以改进，具体见相关的参考文献。

微分方程算法是以线路的简化模型为基础，忽略了输电线路分布电容的作用，由此会带来一定的计算误差，特别是对于高频分量，分布电容的容抗较小，误差更大。因此，微分方程算法在实际应用时，需与数字滤波器配合使用。

9.6　数字式保护装置的软件构成

数字式保护装置的软件通常可分为监控程序和运行程序两部分。所谓监控程序包括人机对话接口键盘命令处理程序及为插件调试、定值整定、报告显示等所配置的程序。所谓运行程序就是指保护装置在运行状态下所需执行的程序。

数字式保护运行程序软件一般可分为两个模块：

(1) 主程序。包括初始化、全面自检、开放及等待中断等。

(2) 中断服务程序。通常有采样中断、串行口中断等。前者包括数据采集与处理、保护启动判定等，后者完成保护 CPU 与保护管理 CPU 之间的数据传送。例如，保护的远方整定、复归、校对时间或保护动作信息的上传等。中断服务程序中包含故障处理程序子模块。它在保护启动后才投入，用以进行保护特性计算、判定故障性质等。下面以一个简单程序框图为例说明数字式保护的软件构成。

9.6.1　主程序

给保护装置上电或按复归按钮后，进入主程序框图 9.12 上方的程序入口，首先进行必要的初始化（初始化一）。如堆栈寄存器赋值、存储器清零控制口的初始化等。然后，CPU 开始运行状态所需的各种准备工作（初始化二）。首先是给并行控制口置位，使所有继电器处于正常状态。然后，按照用户选定的定值套号从 EEPROM 中取出定值，放至规定的定值 RAM 区。准备好定值后，CPU 将对装置各部分进行全面自检，在确认一切良好后才允许数据采集系统开始工作。完成采样系统初始后，开放采样定时器中断和串行口中断，中断发生后转入中断服务程序。若中断时刻未就进入循环自检状态，不断循环进行通用自检及专用自检项目。如果保护有动作或自检错报告，则向管理 CPU 送报告。全面自检内容包括有：RAM 区读写检查，EPROM 中程序 EEPROM 中定值求和检查，开出量回路检查等。通用自检包括有：定值套号的监视和开量的监视等。专用自检项目依不同的被保护元件或不同保护原理而设置。例如，超高压线保护的静稳判定、高频通道检查等。

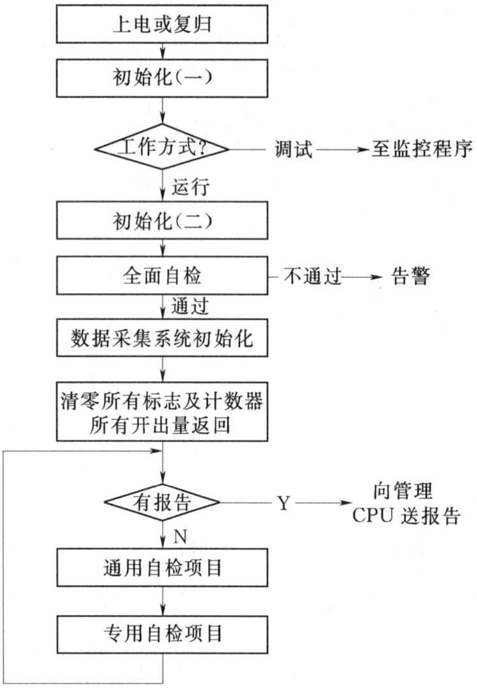

图 9.12　主程序框图

9.6.2　采样中断服务程序

采样中断服务程序框图示于图 9.13，这部分程序主要有以下几个内容：

(1) 数据采样、处理及存储。

(2) 保护启动判定。

(3) 故障处理。

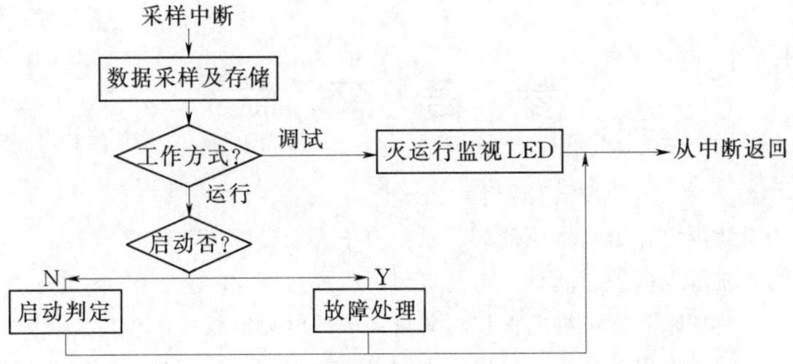

图 9.13 采样中断服务程序框图

习 题 及 思 考 题

9.1 什么是数字式保护装置？有何特点？

9.2 数字式保护装置与模拟式继电保护装置的主要区别是什么？

9.3 数字式保护装置硬件与软件各有何特点？

9.4 数字式保护装置的硬件主要由哪几部分组成？各自承担何功能？

9.5 数字式保护装置的数字核心部件主要由哪些元器件构成，作用如何？

9.6 数字式保护装置的模拟量输入（AI）接口主要由哪几部分构成？

9.7 数字式保护装置的开关量输入（DI）及开关量输出（DO）接口如何构成？

9.8 什么是数字式保护装置人机接口（MMI）？有哪些主要功能？

9.9 数字式保护装置外部通信接口（CI）有哪两类，各自功能如何？

9.10 何谓数字信号采集系统？数字信号采集包括哪两个基本离散化过程？

9.11 何谓采样定理？请简单说明采样定理的必要性。实用中如何选择采样率？

9.12 前置模拟低通滤波器（ALF）有何作用？通常应如何实现？

9.13 模数变换器（A/D 变换器）有哪些主要技术指标？解释其含义。

9.14 什么是数字滤波器的频率响应？如何求取？

9.15 比较 FIR 滤波器与 IIR 滤波器。

9.16 何谓全周傅氏算法？它有何特点？

9.17 何谓微分方程算法？它有何特点？

9.18 数字式保护装置的软件如何构成的？

参 考 文 献

[1] 王维俭．电力系统继电保护基本原理．北京：清华大学出版社，1992.
[2] 李骏年．电力系统继电保护．北京：水利电力出版社，1993.
[3] 陈德树，张哲，尹项根．微机继电保护．北京：中国电力出版社，2000.
[4] 陈生贵．电力系统继电保护．重庆：重庆大学出版社．2003.
[5] 贺家李，宋从矩．电力系统继电保护原理．增订版．北京：中国电力出版社，2004.
[6] 李丽娇．电力系统继电保护．北京：中国电力出版社，2004.
[7] 罗钰玲．电力系统微机继电保护．北京：人民邮电出版社，2005.
[8] 李晓明．现代高压电网继电保护原理．北京：中国电力出版社，2007.
[9] 李火元．电力系统微机继电保护．北京：高等教育出版社，2007.
[10] 霍利民．电力系统继电保护．北京：中国电力出版社，2008.
[11] 李佑光．电力系统继电保护原理及新技术．2版．北京：科学出版社，2009.
[12] 张保会，尹项根．电力系统继电保护．2版．北京：中国电力出版社，2010.
[13] 韩笑．电力系统继电保护．北京：机械工业出版社，2011.
[14] 邰能灵．现代电力系统继电保护原理．北京：中国电力出版社，2012.